RDB技術者のための

NoSQL
ガイド

渡部 徹太郎 ［監修・著］

河村 康爾／北沢 匠／佐伯 嘉康／佐藤 直生
原沢 滋／平山 毅／李 昌桓 ［著］

秀和システム

謝　辞

　本書を発刊するに当たって共著していただいた河村 康爾さん、北沢 匠さん、佐伯 嘉康さん、佐藤 直生さん、原沢 滋さん、平山 毅さん、李 昌桓さんに感謝いたします。

　また、本書の執筆に際して業務内容を調整していただいた菊地原 拓さん、内容を添削していただいた佐々木 政昭さん、清水 隆介さん、添田 健輔さん、饗庭 秀一郎さんに感謝いたします。

　最後に、私が執筆できる時間を作るために、休日に子供の面倒を見てくれた妻に深く感謝いたします。

渡部　徹太郎

注　意

1. 本書は著者が独自に調査した結果を出版したものです。
2. 本書は内容に万全を期して作成しましたが、万一ご不審な点や誤り、記載漏れなどお気づきの点がありましたら、出版元まで書面にてご連絡ください。
3. 本書の内容に関して運用した結果の影響については、上記にかかわらず責任を負いかねますのであらかじめご了承ください。
4. 本書およびソフトウェアの内容に関しては、将来予告なしに変更されることがあります。
5. 本書の例に登場する会社名、名前、データは特に明記しない限り、架空のものです。
6. 本書の一部または全部を出版元から文書による許諾を得ずに複製することは禁じられています。

商　標

本書に記載されている会社名、製品名は各社の商標または登録商標です。

はじめに

　近年、NoSQLが当たり前になってきています。数年前は、NoSQLといえばオープンソースの尖った技術というイメージでしたが、近年は大手ベンダが商用製品やクラウドサービスを続々と登場させてきており、エンタープライズでの利用事例も増えています。

　今までに出版されたNoSQLの書籍は「最先端技術の解説書」というイメージが強かったと思います。それらに対し本書では、一般のRDBエンジニアを対象として、エンタープライズ環境でNoSQLをどのように活用すべきかを説明します。

　本書で伝えたい事は三つあります。

　一つ目は、NoSQLというバズワードの実態を説明することです。NoSQLという言葉は、特定のプロダクトを意味する場合もあれば、RDBに搭載されたSQLではないインターフェースを意味する場合もあり、定義があいまいです。そこで本書ではKVS、ドキュメントDB、グラフDB、そしてRDBのNoSQLインターフェースという明確な用語を用いて、NoSQLを分解し、説明していきます。

　二つ目は、エンタープライズ視点でのNoSQL活用方法です。エンタープライズでデータベースを使う場合は、機能の評価だけでなく、運用、セキュリティ、サポート体制といった非機能に関する評価が重要ですので、その点をしっかり説明します。また、企業におけるRDBの課題を解決するという視点で、NoSQLだけではなく、HadoopやDWHといったデータ処理技術との使い分けを明確に説明します。

　三つ目は、NoSQLの正確な最新情報を記載している点です。NoSQLは進歩が速いため、昔の書籍やインターネットのブログに載っている情報は、間違っている可能性があります。本書では、紹介するデータベースの最新情報について、それぞれのデータベースのスペシャリストに正確な情報を掲載してもらっています。

2016年1月

渡部　徹太郎

Contents 目次

第1章 前提

1-1 この本で伝えたいこと 2
1-1-1 NoSQLというバズワードの実態を理解 …… 2
1-1-2 エンタープライズ視点のNoSQL活用方法 …… 3
1-1-3 NoSQLの最新情報 …… 6

1-2 想定する読者 6

1-3 本書の構成 7

第2章 イントロダクション

2-1 RDBだけだと辛くないですか? 10
2-1-1 RDBはデファクトスタンダード …… 10
2-1-2 SIerのエンジニアにとってのデータベースの経験 …… 11
2-1-3 業務データを扱うだけでは不十分になってきている …… 12
2-1-4 RDBだけでは立ちいかない …… 14
2-1-5 RDBが適さない身近なエピソード …… 16
2-1-6 RDB以外を知ることが重要 …… 24
2-1-7 これまでのまとめ …… 26

2-2 NoSQLとは 26
2-2-1 NoSQLはバズワード …… 27
2-2-2 KVS, ドキュメントDB, グラフDBの違い …… 27
2-2-3 NoSQLがバズワードになった背景 …… 29

2-3 NoSQLにすると嬉しいこと・辛いこと 30
2-3-1 アプリケーション開発者にとって …… 31
2-3-2 データベース管理者にとって …… 37
2-3-3 マネージャや経営者にとって …… 40

2-4 よくあるNoSQLの勘違い 44
2-4-1 「バッチが高速になる」は勘違い …… 44
2-4-2 「トランザクションが高速になる」は勘違い …… 45

2-4-3	「ビッグデータを分析できる」は勘違い …… 46
2-4-4	「非構造データが効率的に扱える」は正確ではない …… 46
2-4-5	「RDBから置き換えると速くなる」は正確ではない …… 47
2-4-6	「オープンソースしかない」は昔の話 …… 48
2-4-7	「スキーマがない」は昔の話 …… 49
2-4-8	「SQLが使えない」は昔の話 …… 49

第3章 データベースの中のNoSQLの位置づけ

3-1 データベースを分類する2つの軸 …………… 52

3-1-1 重視する性能による分類軸 …… 52

3-1-2 性能拡張モデルによる分類軸 …… 54

3-2 データベースの4つのエリア ……………… 56

3-2-1 RDB（OLTP）…… 57

3-2-2 RDB（DWH）…… 57

3-2-3 Hadoop（HDFS+MapReduce）…… 60

3-2-4 KVS …… 61

3-2-5 ドキュメントDB …… 62

3-2-6 グラフDB …… 63

3-3 RDB（OLTP）とKVS/DocDBの違い ………… 65

3-3-1 RDB（OLTP）は強い整合性 …… 66

3-3-2 強い整合性を保ったまま性能をスケールするのは困難 …… 67

3-3-3 KVS/DocDBでは3つの工夫で性能をスケールさせている …… 69

3-3-4 CAPの定理 …… 74

3-4 HadoopとKVS/DocDBの違い …………… 78

3-4-1 Hadoop（HDFS+MapReduce）の動作 …… 78

3-4-2 Hadoopと比較したときのKVS/DocDBの動作 …… 81

3-4-3 4つのデータベースの比較表 …… 82

3-5 4つのエリアを超えて成長するデータベース達 ……… 83

3-5-1 応答が速くSQLを使えるHadoop …… 83

3-5-2 集計できるKVS/DocDB …… 84

3-5-3 SQLを使えるNoSQL …… 84

3-5-4 JSONを格納するRDB（OLTP）…… 84

3-5-5 スケールアウトするRDB（DWH）…… 85

| Contents 目 次 |

3-5-6　オペレーションも分析もできるRDB（DWH）…… 86

3-5-7　まとめ …… 86

第4章　データモデルごとの NoSQLプロダクト紹介

4-1　データモデルの種類　　　　92

4-1-1　データモデルの説明 …… 92

4-1-2　複雑度比較 …… 98

4-1-3　データ間の関連度とスケーラビリティ比較 …… 99

4-2　データモデル毎のプロダクトの紹介　　101

4-2-1　キーバリューモデルを採用するプロダクト …… 103

4-2-2　ワイドカラムモデルを採用するプロダクト …… 105

4-2-3　ドキュメントモデルを採用するプロダクト …… 107

4-2-4　グラフモデルを採用するプロダクト …… 111

第5章　NoSQLの代表プロダクト紹介を 読む前に

5-1　紹介するプロダクトの選定基準　　114

5-1-1　データモデルの中で広く使われていること …… 114

5-1-2　国内のサポート体制が整っているもの …… 115

5-2　プロダクト紹介の観点　　115

第6章　Redis

6-1　概要　　120

6-2　データモデル　　121

6-2-1　データ型 …… 122

6-2-2　永続化 …… 127

6-3　API　　131

6-3-1　クエリの実行例 …… 131

6-3-2　利用できるクエリ …… 133

6-3-3　アプリケーションからの通信手段 …… 135

RDB技術者のためのNoSQLガイド

6-3-4	部分的トランザクション …… 137	

6-4　性能拡張 ・・・・・・・・・・・・・・・・・・・・・・・・・・・・・・・・・ **139**

6-4-1	Redis Cluster のシャーディング …… 139	
6-4-2	クエリの分散 …… 140	
6-4-3	リシャーディング …… 141	
6-4-4	Redis Cluster のレプリケーションによる読み取り負荷分散 …… 142	
6-4-5	ハッシュタグを用いた Redus Cluster 上での複数キー操作 …… 142	

6-5　高可用 ・・・・・・・・・・・・・・・・・・・・・・・・・・・・・・・・・・・ **143**

6-5-1	レプリケーションによる可用性向上 …… 143	
6-5-2	フェイルオーバ …… 144	
6-5-3	非同期レプリケーションによるデータのロスト …… 144	
6-5-4	永続化していないマスターのリカバリ時の注意点 …… 145	

6-6　運用 ・・・・・・・・・・・・・・・・・・・・・・・・・・・・・・・・・・・・ **146**

6-6-1	バックアップ …… 146	
6-6-2	監視 …… 147	
6-6-3	稼働統計 …… 147	
6-6-4	バージョンアップ …… 148	

6-7　セキュリティ ・・・・・・・・・・・・・・・・・・・・・・・・・・・・・・ **148**

6-7-1	パスワード認証 …… 148	
6-7-2	コマンドのリネーム・無効化 …… 149	
6-7-3	暗号化 …… 150	

6-8　出来ないこと ・・・・・・・・・・・・・・・・・・・・・・・・・・・・・・ **150**

6-8-1	条件検索や集計などの処理が存在しない …… 150	
6-8-2	ロールバック機能が存在しない …… 150	
6-8-3	厳密な一貫性の担保 …… 151	
6-8-4	セキュリティ機能に乏しい …… 151	

6-9　主なバージョンと特徴・・・・・・・・・・・・・・・・・・・・・・・・・ **151**

6-10　国内のサポート体制 ・・・・・・・・・・・・・・・・・・・・・・・・ **152**

6-11　ライセンス体系 ・・・・・・・・・・・・・・・・・・・・・・・・・・・・ **153**

6-12　効果的な学習方法 ・・・・・・・・・・・・・・・・・・・・・・・・・・ **153**

6-13　その他 ・・・・・・・・・・・・・・・・・・・・・・・・・・・・・・・・・・・ **154**

6-13-1	Redis Cluster の詳細 …… 154	
6-13-2	シャーディングとレプリケーションを組み合わせ …… 156	

Contents 目 次

第7章 Cassandra

7-1 概要 **160**

7-1-1 Cassandraの特徴 …… 163

7-1-2 Cassandraのユースケース …… 164

7-1-3 OSS版と商用版 …… 165

7-2 データモデル **165**

7-2-1 Cassandraオブジェクト …… 167

7-3 API **168**

7-3-1 Cassandra Query Language（CQL） …… 168

7-3-2 Cassandraのドライバ/コネクタ …… 170

7-3-3 軽量トランザクション …… 171

7-3-4 バッチ分析 …… 171

7-3-5 外部Hadoopのサポート …… 172

7-3-6 データの検索 …… 172

7-3-7 分析と検索に対応したワークロードの管理 …… 173

7-3-8 高速な書き込みと読み込み …… 174

7-4 性能拡張 **176**

7-4-1 クラスタアーキテクチャの概要 …… 176

7-4-2 Cassandraのクラスタ、データセンタ、ノード …… 178

7-4-3 データの分散 …… 179

7-4-4 クエリの分散 …… 180

7-5 高可用 **180**

7-5-1 レプリケーションの基礎 …… 181

7-5-2 マルチデータセンタとクラウドという選択 …… 182

7-5-3 レプリケーション係数とクエリの整合性レベル …… 184

7-6 運用 **186**

7-6-1 クエリツール、管理ツール …… 186

7-6-2 バックアップとリカバリ …… 187

7-6-3 パフォーマンス管理 …… 189

7-6-4 データの移行 …… 195

7-7 セキュリティ **196**

7-7-1 認証 …… 196

7-7-2 権限管理 …… 197

7-7-3 暗号化 …… 197

7-7-4 データの監査 …… 198

7-8 出来ないこと ……………………………………… 199

7-9 主なバージョンと特徴 ……………………………… 199

7-10 国内のサポート体制 ……………………………… 200

7-11 ライセンス体系 …………………………………… 201

7-12 効果的な学習方法 ………………………………… 201
7-12-1 Cassndraの技術マニュアル …… 201
7-12-2 Cassandra トレーニング …… 202
7-12-3 Cassandraの技術情報、不具合情報 …… 203

第8章 HBase

8-1 概要 ………………………………………………… 206

8-2 データモデル ……………………………………… 207

8-3 API ………………………………………………… 209
8-3-1 テーブルの作成 …… 210
8-3-2 データの格納 …… 212
8-3-3 データの参照 …… 213
8-3-4 データの更新 …… 214
8-3-5 データの削除 …… 215
8-3-6 テーブルの削除 …… 215
8-3-7 APIについての補足 …… 217
8-3-8 部分的トランザクション …… 217

8-4 性能拡張 …………………………………………… 219
8-4-1 HBaseクラスタのコンポーネント …… 219
8-4-2 データの分散とクエリの分散 …… 221

8-5 高可用 ……………………………………………… 222

8-6 運用 ………………………………………………… 224
8-6-1 データのバックアップとリストア …… 224
8-6-2 監視と稼働統計 …… 226
8-6-3 バージョンアップ …… 228

8-7 セキュリティ ……………………………………… 228
8-7-1 データへのアクセス制御 …… 228

| 8-7-2 | 操作記録 …… 229 |
| 8-7-3 | 暗号化 …… 229 |

8-8 出来ないこと ……………………………… 230

8-9 主なバージョンと特徴 ………………………… 231

8-10 国内のサポート体制 ………………………… 232

8-11 ライセンス体系 …………………………… 232

8-12 効果的な学習方法 …………………………… 232

第9章 Amazon DynamoDB

9-1 概要 ……………………………………… 236
| 9-1-1 | 概要 …… 236 |
| 9-1-2 | 特徴 …… 237 |

9-2 データモデル ………………………………… 238
9-2-1	アトリビュートのデータ型 …… 239
9-2-2	DynamoDB JSON …… 240
9-2-3	キー …… 241
9-2-4	インデックス …… 242
9-2-5	DynamoDB Stream …… 243

9-3 API ……………………………………… 244
9-3-1	APIとCRUD …… 244
9-3-2	アプリケーションから利用する …… 247
9-3-3	低レベルAPIと高レベルAPI …… 247

9-4 性能拡張 …………………………………… 250
9-4-1	結果整合性 …… 250
9-4-2	スループット、キャパシティーユニット …… 251
9-4-3	パーティション …… 252

9-5 高可用 ……………………………………… 253
| 9-5-1 | レプリケーション、フェイルオーバ …… 253 |
| 9-5-2 | クロスリージョンレプリケーション …… 254 |

9-6 運用 ………………………………………… 255
| 9-6-1 | 監視 …… 255 |
| 9-6-2 | バックアップ …… 259 |

Contents 目次

9-7	**セキュリティ**	**260**
9-7-1	セキュリティの考え方 …… 260	
9-7-2	通信暗号化 …… 260	
9-7-3	アクセスコントロール …… 261	
9-7-4	監査 …… 262	

9-8	**出来ないこと** ・・・・・・・・・・・・・・・・・・・・・・・・・・・・・・・ **264**

9-9	**国内のサポート体制** ・・・・・・・・・・・・・・・・・・・・・・・・ **264**

9-10	**効果的な学習方法** ・・・・・・・・・・・・・・・・・・・・・・・・・・ **265**

9-11	**その他** ・・・・・・・・・・・・・・・・・・・・・・・・・・・・・・・・・・・・・ **266**
9-11-1	バージョンと利用料 …… 266

第10章 MongoDB

10-1	**概要** ・・・・・・・・・・・・・・・・・・・・・・・・・・・・・・・・・・・・・ **270**
10-1-1	MongoDBの主な特徴 …… 271	

10-2	**データモデル** ・・・・・・・・・・・・・・・・・・・・・・・・・・・・・ **272**
10-2-1	格納するデータの階層 …… 272	
10-2-2	格納できるデータ型 …… 274	
10-2-3	JSONのスキーマの事前チェック（ドキュメントバリデーション）…… 274	

10-3	**API** ・・・・・・・・・・・・・・・・・・・・・・・・・・・・・・・・・・・・・ **275**
10-3-1	Mongoクエリ言語の概要 …… 275	
10-3-2	CRUDのサンプル …… 276	
10-3-3	CRUDの特徴 …… 278	
10-3-4	集計 …… 279	
10-3-5	アプリケーションからの使い方 …… 281	
10-3-6	インデックス …… 282	

10-4	**性能拡張** ・・・・・・・・・・・・・・・・・・・・・・・・・・・・・・・・ **284**
10-4-1	シャーディングによる性能拡張 …… 284	
10-4-2	セカンダリ読み込みによる読み込み負荷分散 …… 287	

10-5	**高可用** ・・・・・・・・・・・・・・・・・・・・・・・・・・・・・・・・・・・ **287**
10-5-1	レプリケーションの概要 …… 288	
10-5-2	フェイルオーバ …… 290	
10-5-3	セカンダリの種類 …… 290	
10-5-4	書き込み台数指定クエリ …… 291	

Contents 目 次

10-6 運用 ・・・ **292**
　10-6-1　バックアップ ・・・・・・ 292
　10-6-2　ヒューマンエラー対策（遅延レプリケーション）・・・・・・ 293
　10-6-3　監視・稼働統計 ・・・・・・ 293
　10-6-4　バージョンアップ ・・・・・・ 294
　10-6-5　MongoDB Ops Manager ・・・・・・ 295

10-7 セキュリティ ・・・・・・・・・・・・・・・・・・・・・・・・・・・・・・・・・ **296**
　10-7-1　通信暗号化 ・・・・・・ 297
　10-7-2　データ暗号化 ・・・・・・ 297
　10-7-3　アクセスコントロール ・・・・・・ 297
　10-7-4　監査 ・・・・・・ 297

10-8 出来ないこと ・・・・・・・・・・・・・・・・・・・・・・・・・・・・・・・・・ **298**

10-9 主なバージョンと特徴 ・・・・・・・・・・・・・・・・・・・・・・・・・ **299**
　10-9-1　バージョンのつけ方 ・・・・・・ 299
　10-9-2　主なバージョンとその機能 ・・・・・・ 300

10-10 国内のサポート体制 ・・・・・・・・・・・・・・・・・・・・・・・・・ **300**

10-11 ライセンス体系 ・・・・・・・・・・・・・・・・・・・・・・・・・・・・・・ **301**

10-12 効果的な学習方法 ・・・・・・・・・・・・・・・・・・・・・・・・・・・ **302**

10-13 その他 ・・・・・・・・・・・・・・・・・・・・・・・・・・・・・・・・・・・・・ **302**
　10-13-1　便利な機能一覧 ・・・・・・ 302

第11章　Couchbase

11-1 概要 ・・・ **306**
　11-1-1　Couchbaseという言葉 ・・・・・・ 306
　11-1-2　Couchbase Serverの主な特徴 ・・・・・・ 307

11-2 データモデル ・・・・・・・・・・・・・・・・・・・・・・・・・・・・・・・・・ **310**

11-3 API ・・ **311**
　11-3-1　データへのアクセス方法 ・・・・・・ 311
　11-3-2　クライアントライブラリの各API実行サンプル ・・・・・・ 320

11-4 性能拡張 ・・・・・・・・・・・・・・・・・・・・・・・・・・・・・・・・・・・・ **324**
　11-4-1　データ分散 ・・・・・・ 325
　11-4-2　データアクセスの分散 ・・・・・・ 326

Contents 目 次

11-4-3 リバランスによる無停止でのクラスタ伸縮 ······ 328

11-5 高可用 ······ 329

11-5-1 クラスタ内レプリケーション ······ 329

11-5-2 物理構成を意識したレプリケーション ······ 330

11-5-3 複数クラスタ間のレプリケーション（XDCR）······ 331

11-6 運用 ······ 334

11-6-1 バックアップ ······ 334

11-6-2 監視・稼働統計 ······ 335

11-6-3 バージョンアップ ······ 336

11-7 セキュリティ ······ 337

11-7-1 通信暗号化 ······ 337

11-7-2 管理者ユーザ、LDAP連携 ······ 338

11-7-3 監査ログ ······ 338

11-8 出来ないこと ······ 339

11-9 主なバージョンと特徴 ······ 340

11-9-1 バージョンの振り方 ······ 340

11-9-2 主なバージョンとその機能 ······ 341

11-10 国内のサポート体制 ······ 341

11-11 ライセンス体系 ······ 342

11-12 効果的な学習方法 ······ 343

11-13 その他 ······ 344

11-13-1 モバイルソリューション ······ 344

11-13-2 便利な機能 ······ 346

11-13-3 ロードマップ ······ 348

11-13-4 Couchbase Serverアーキテクチャ詳細 ······ 349

第12章 Microsoft Azure DocumentDB

12-1 概要 ······ 358

12-1-1 Microsoft Azure ······ 358

12-1-2 Microsoft Azureのデータベース関連のサービス ······ 360

12-1-3 Microsoft Azure DocumentDB ······ 362

RDB技術者のためのNoSQLガイド xiii

| | 12-1-4 | DocumentDBを使ってみよう …… 365 |
| | 12-1-5 | Azureの他の機能との連携 …… 368 |

12-2 データモデル ・・・・・・・・・・・・・・・・・・・・・・・・・・・・・・・・・ 369

12-2-1 リソースモデル …… 369

12-2-2 データモデル …… 371

12-3 API ・・ 374

12-3-1 REST API …… 374

12-3-2 クライアントSDK …… 378

12-3-3 インデックス …… 379

12-3-4 SQLクエリ（DocumentDB SQL）…… 383

12-3-5 ストアドプロシージャ、トリガ、UDF（ユーザ定義関数）、
トランザクション …… 389

12-3-6 文字列の検索 …… 393

12-4 高可用 ・・・ 394

12-4-1 高可用性のためのアーキテクチャ …… 394

12-4-2 整合性レベルとレプリケーション …… 396

12-4-3 クライアントからの接続 …… 401

12-5 性能拡張 ・・・・・・・・・・・・・・・・・・・・・・・・・・・・・・・・・・・・・・・ 403

12-5-1 コレクション …… 403

12-5-2 パーティション分割 …… 405

12-5-3 パーティション分割に対応したアプリケーションの開発 …… 407

12-5-4 .NET SDK を使用したパーティション分割 …… 409

12-6 運用 ・・・ 412

12-6-1 管理と監視 …… 412

12-6-2 バックアップ/リストア …… 413

12-7 セキュリティ ・・・・・・・・・・・・・・・・・・・・・・・・・・・・・・・・・・・・ 414

12-8 出来ない事 ・・・・・・・・・・・・・・・・・・・・・・・・・・・・・・・・・・・・・・ 416

12-9 国内のサポート体制 ・・・・・・・・・・・・・・・・・・・・・・・・・・・・・ 417

12-10 効果的な学習方法 ・・・・・・・・・・・・・・・・・・・・・・・・・・・・・・・ 417

第13章 Neo4j

13-1 概要 ･･ **420**
　13-1-1　グラフDBに向いている処理 ‥‥‥ 421
　13-1-2　グラフDBに向いていない処理 ‥‥‥ 422

13-2 データモデル ･･････････････････････････････ **422**
　13-2-1　グラフを構成する要素 ‥‥‥ 423
　13-2-2　グラフデータの格納形式 ‥‥‥ 425
　13-2-3　グラフデータモデル ‥‥‥ 427

13-3 API ･･･ **430**
　13-3-1　Cypherクエリ ‥‥‥ 430
　13-3-2　アプリケーションからのアクセス方法 ‥‥‥ 441

13-4 性能拡張 ･･･････････････････････････････････ **443**
　13-4-1　HAクラスタによる処理性能向上 ‥‥‥ 444
　13-4-2　キャッシュシャーディングによる処理性能向上 ‥‥‥ 444

13-5 高可用 ･･･････････････････････････････････････ **445**
　13-5-1　HAクラスタのアーキテクチャ ‥‥‥ 445
　13-5-2　システム構成 ‥‥‥ 446

13-6 運用 ･･･ **449**
　13-6-1　バックアップ ‥‥‥ 449
　13-6-2　リストア ‥‥‥ 449
　13-6-3　バルクロード ‥‥‥ 450
　13-6-4　監視 ‥‥‥ 450
　13-6-5　ログ出力 ‥‥‥ 452
　13-6-6　稼働統計 ‥‥‥ 452

13-7 セキュリティ ･････････････････････････････ **452**

13-8 出来ないこと ･････････････････････････････ **453**

13-9 国内のサポート体制 ･････････････････････ **454**

13-10 主要バージョンと特徴 ･････････････････ **455**
　13-10-1　Neo4jのエディション間の比較 ‥‥‥ 455
　13-10-2　ライセンス体系 ‥‥‥ 456

13-11 効果的な学習方法 ･･･････････････････････ **457**
　13-11-1　公式ドキュメント ‥‥‥ 458

Contents 目 次

13-11-2 ユーザ会 …… 458

13-11-3 書籍 …… 459

13-11-4 他の日本語の資料 …… 459

第14章 想定されるNoSQLのユースケース

14-1 キャッシュ（Redis） 462

14-1-1 RDBのスケールアップ・スケールアウトによる対処 …… 462

14-1-2 RedisによるWebアプリケーションキャッシュ …… 463

14-1-3 まとめ …… 465

14-2 IoT（モノのインターネット）基盤（Cassandra） 465

14-2-1 RDBを用いた場合の課題 …… 465

14-2-2 NoSQLによる課題解決 …… 467

14-3 メッセージ基盤（Cassandra） 471

14-3-1 なぜNoSQL向きなのか …… 472

14-3-2 NoSQLを用いたメッセージ基盤の具体例 …… 474

14-3-3 まとめ …… 477

14-4 Hadoop連携（HBase） 478

14-4-1 RDBの課題 …… 478

14-4-2 HBaseによる解決 …… 479

14-4-3 HBaseとMapReduceアプリケーションの連携 …… 480

14-5 モバイルアプリケーションに代表されるアプリケーションでの利用（DynamoDB） 483

14-6 AWSサービスとの連動性を意識した利用（DynamoDB） 484

14-7 ログ格納システム（MongoDB） 485

14-7-1 RDBだと大変 …… 486

14-7-2 MongoDBだと楽 …… 487

14-7-3 まとめ …… 489

14-8 ECサイトのカタログ管理（MongoDB） 490

14-8-1 RDBだと大変 …… 490

14-8-2 MongoDBだと楽 …… 491

14-8-3 まとめ …… 492

14-9 高速開発（MongoDB） 493

14-9-1　RDBだと大変 …… 493

14-9-2　MongoDBだと楽 …… 493

14-9-3　Webフレームワークに組み込まれるMongoDB …… 495

14-9-4　まとめ …… 495

14-10 業界横断型アプリ（MongoDB） ・・・・・・・・・・・・・・・・・ 496

14-10-1　RDBだと大変 …… 496

14-10-2　MongoDBだと楽 …… 497

14-10-3　まとめ …… 498

14-11 Webアプリ（ユーザプロファイル/セッションストレージ）（Couchbase） ・・・・・・・・・・・・・・・・・・・・・・・・・・ 498

14-11-1　RDBで実現しようとした時の課題 …… 499

14-11-2　Couchbaseによる解決 …… 499

14-12 Webアプリ（オムニチャネル/パーソナライズ）（Couchbase） ・・・・・・・・・・・・・・・・・・・・・・・・・・・・ 500

14-13 データベースのグローバル展開/ディザスタリカバリ（Couchbase） ・・・・・・・・・・・・・・・・・・・・・・・・・ 502

14-14 モバイルとサーバのデータ同期（Couchbase） ・・・・・・ 503

14-15 リアルタイム詐欺摘発システム（Neo4j） ・・・・・・・・・・・ 505

14-15-1　概要 …… 505

14-15-2　Neo4jによる解決 …… 506

14-15-3　RDBでは実現が難しい …… 507

14-16 適材人材の検索システム（Neo4j） ・・・・・・・・・・・・・・・ 508

14-16-1　概要 …… 508

14-16-2　Neo4jによる解決 …… 508

14-16-3　RDBでは実現が困難 …… 511

14-17 経路計算システム（Neo4j） ・・・・・・・・・・・・・・・・・・・・ 511

14-17-1　概要 …… 511

14-17-2　Neo4jによる解決 …… 512

14-17-3　RDBでは非効率 …… 513

第15章 NoSQLの選び方

15-1 データ処理の課題を見極める ・・・・・・・・・・・・・・・・・・ 517

15-1-1　NoSQLで解決するのが最適な課題はどれか？ …… 518

| Contents | 目　次 |

15-1-2　NoSQLでは解決できないRDB（OLTP）の課題 …… 520

15-1-3　NoSQLで解決するかわからないRDB（OLTP）の課題 …… 521

15-1-4　NoSQLで解決が期待できるRDB（OLTP）の課題 …… 524

15-2　高い処理性能を出すためのNoSQLの選び方 …… 525

15-2-1　小規模なキーバリューならRedis …… 525

15-2-2　マルチデータセンタでどこでも書き込めるようにしたいなら
　　　　Cassandraか Couchbase …… 526

15-2-3　MongoDBは柔軟なデータ分散やレンジ指定クエリを速くしたい場合
　　　　…… 528

15-2-4　Hadoopと一緒ならHBase …… 528

15-2-5　クラウド上でのスケーラビリティ獲得ならばDynamoDBや
　　　　Microsoft Azure DocumentDBを検討 …… 529

15-3　半構造データを処理しやすいNoSQLの選び方 …… 530

15-3-1　ドキュメントDBはどれを選ぶべきか …… 531

15-4　その他の選定の観点 …… 536

15-4-1　可用性の高いNoSQLの選び方 …… 536

15-4-2　セキュリティの高いNoSQLの選び方 …… 537

15-5　本書にないNoSQLを選ぶ時のポイント …… 537

15-5-1　ありがちな謳い文句に踊らされない …… 538

15-5-2　性能比較を当てにしない …… 539

15-5-3　最新ドキュメントを見る …… 541

Index　索引 …… 542

Profile　著者プロフィール …… 547

第 1 章

前提

第1章 前提

1-1
この本で伝えたいこと

本書で伝えたいことは3つあります。

- NoSQLというバズワードの実態を理解
- エンタープライズ視点のNoSQL活用方法
- NoSQLの最新情報

1-1-1
NoSQLというバズワードの実態を理解

　世の中のデータベースのほぼ全てはRDBです。読者の方もRDBだけを使ってきた人がほとんどでしょう。しかし、近年NoSQLと呼ばれるRDBではないデータベースが人気になってきています。昔は、NoSQLといえばオープンソースソフトウェアしかなく、最先端の技術というイメージでしたが、近年では大手ベンダからNoSQLの商用製品やクラウドサービスが続々と登場しており、いまやNoSQLは当たり前の技術の一つになってきました。

　しかしNoSQLとはなんでしょうか?それを正しく説明するのはかなり困難です。言葉通り「RDB以外のデータベース」と思ってしまうと、大きな誤解になります。

　NoSQLはバズワードです。NoSQLに明確な定義はなくNoSQLと呼ばれるデータベースの中でも各々性質が大きく異なります。

　本書では、NoSQLという言葉はできるだけ使わずに、具体的なKVS、ドキュメントDB、グラフDBといったデータベース種別で分類します。そし

て関連するHadoopやDWHも絡めて、図1-1のように整理しています。この図を見てわかる通り、NoSQLはRDB以外の全てのデータベースを含んでいるわけではなく、かといってある特定の性質があるわけでもないのです。これがNoSQLがバズワードであることを物語っています。この図については本書で詳しく説明しますので、これを理解することでNoSQLの実態がはっきりと浮かび上がるでしょう。

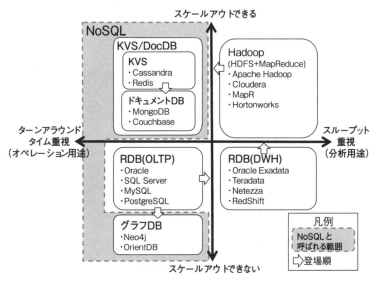

● 図1-1　NoSQLと呼ばれるデータベースが所属する範囲

1-1-2
エンタープライズ視点のNoSQL活用方法

　NoSQLに分類されるデータベースは数多く存在します。オープンソースだけでなく商用製品やクラウドサービスでもNoSQLと名のつくプロダクトが数多く登場しています。また、既存のデータベース製品もNoSQLのインターフェースを設けるようになってきました。NoSQLが氾濫していると言ってもいいでしょう。

第1章 前提

　そこで本書では、NoSQLの中からエンタープライズの本番運用に耐え
うるプロダクトに絞り込んで詳細に紹介します。一部の人しか使っていな
いマニアックなNoSQLや、開発体制やサポートが十分でないNoSQLは、
エンタープライズでは利用できませんので紹介からは外します。広く普及し
て品質が安定しており、サポートが受けられ、エンタープライズでの事例
があるNoSQLだけに絞り込んで紹介します。具体的には、キーバリュース
トアからはRedis、Cassandra、HBase、Amazon DynamoDB、ドキュ
メントデータベースからはMongoDB、Couchbase、Microsoft Azure
DocumentDB、グラフデータベースからはNeo4jを紹介します（図1-2）。

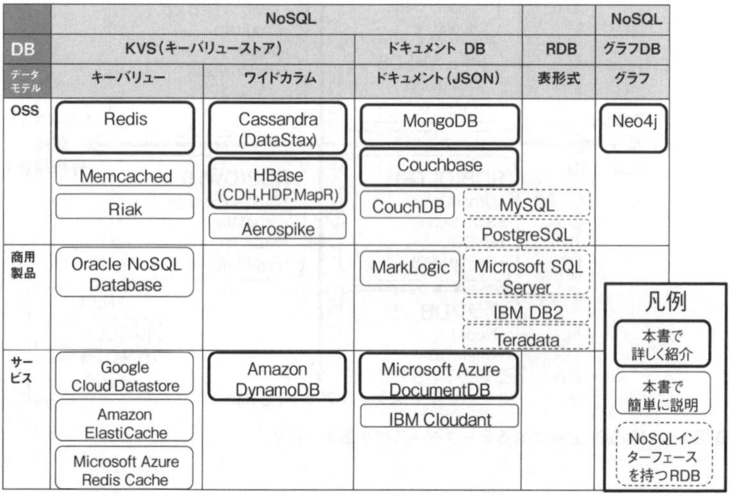

DB	NoSQL				RDB	NoSQL
	KVS（キーバリューストア）		ドキュメント DB			グラフDB
データモデル	キーバリュー	ワイドカラム	ドキュメント（JSON）		表形式	グラフ
OSS	Redis	Cassandra (DataStax)	MongoDB			Neo4j
	Memcached	HBase (CDH,HDP,MapR)	Couchbase			
	Riak		CouchDB	MySQL		
		Aerospike		PostgreSQL		
商用製品	Oracle NoSQL Database		MarkLogic	Microsoft SQL Server		
				IBM DB2		
				Teradata		
サービス	Google Cloud Datastore	Amazon DynamoDB	Microsoft Azure DocumentDB			
	Amazon ElastiCache		IBM Cloudant			
	Microsoft Azure Redis Cache					

凡例
本書で詳しく紹介
本書で簡単に説明
NoSQLインターフェースを持つRDB

● 図1-2　NoSQL一覧と紹介するプロダクト

　各プロダクトの説明は、プロダクトを選定する立場の読者を意識して、
アーキテクチャや処理方式といった高い目線から説明します。よって、実作
業で必要となるインストール手順やサンプルコードなどの詳細な情報は本
書では省略します。プロダクトを選定するのに最低限必要な知識を提供す
る本だと思ってください。

　また、各プロダクトを横並びで比較しやすいように、各プロダクトの説
明では観点をそろえています。具体的には、以下の観点でプロダクトを説

明します。

- ●概要
- ●機能
  - ・データモデル
  - ・API
- ●非機能
  - ・性能拡張
  - ・高可用
  - ・運用
  - ・セキュリティ
- ●その他有用な情報
  - ・出来ないこと
  - ・主なバージョンと特徴
  - ・国内のサポート体制
  - ・ライセンス体系
  - ・効果的な学習方法

　加えて、NoSQLの想定されるユースケースを数多く紹介します。ユース
ケースは「商品カタログ管理」や「リアルタイム詐欺摘発」など、可能な限り
アプリケーションに近い視点で紹介します。この説明を読んでいただくこと
によりどのプロダクトがどのユースケースに向いているか理解できるととも
に、NoSQLを利用するイメージがアップするでしょう。

　以上のように、本書を読んでいただければ、読者が直面している問題を
解決するのに最適なNoSQLプロダクトを選択して活用できるようになるで
しょう。

第1章 前提

1-1-3
NoSQLの最新情報

　現在、NoSQLは非常に活発に開発されており、多くのプロダクトは年に数回バージョンアップしています。また変化も激しく、1年前はサポートされていなかった機能が今ではサポートされていることは多いです。

　本書では、NoSQLの代表プロダクトについて、それぞれのスペシャリストを集め最新の情報を記載しています。他のNoSQLの日本語書籍もありますが、それらとの違いは、本書が2015年12月時点の最新情報を集めた書籍であるという点です。具体的にはRedis 3.0、HBase 1.1、Cassandra 3.0、MongoDB 3.2、Couchbase 4.1、Neo4j 2.3、Amazon DynamoDB(2015年12月時点)、Microsoft Azure DocumentDB(2015年12月時点)であり、これらの日本語の正確な情報というのはあまり多くありません。

　また、各プロダクトの最新情報については、各プロダクトをエンタープライズでサポートしているスペシャリストの方々に執筆してもらっています。そのため、情報は正確で的確です。インターネットのブログの情報や英語のドキュメントを読むよりも遥かに効率的に最新情報をキャッチアップできるでしょう。

1-2
想定する読者

　本書が想定する読者は、RDBだけでシステムを開発しており、NoSQLについては初心者の方を対象としています。RDBの概念や基本用語については理解していることを前提としていますので、データベースを全く触ったことのない読者には向いていません。

また、NoSQLをエンタープライズの本番環境で運用しようと考えている方を前提とします。そのため、純粋な技術以外の学習コストや国内保守体制といった内容についても言及します。エンタープライズ以外の領域でNoSQLを学習する方にとっては少し的外れな内容になってしまいますので、その点はご了承ください。

最後に、想定している読者の職域は、技術を選定する立場にある方です。現場のアプリケーション開発者やデータベース管理者の方に対しては、ある程度有益な情報はあると思いますが、具体的な構築手順や操作手順など細かい内容は掲載されていません。

1-3
本書の構成

2章「イントロダクション」では、NoSQLの必要性や、NoSQL自体の簡単な説明、NoSQLを使うと嬉しいこと、NoSQLのよくある勘違い、など気軽に読める内容になっています。

3章以降は、体系立てた説明をしていきます。

3章「データベースの中のNoSQLの位置づけ」では、データベース全体を俯瞰した際にNoSQLがRDB（OLTP）、RDB（DWH）、Hadoopとどのように違うか説明します。また、NoSQLというあいまいな言葉をKVS、ドキュメントDB、グラフDBの三つに分けてそれぞれの特徴を説明します。

4章「データモデルごとのNoSQLプロダクト紹介」ではNoSQLをデータモデルで分類し、分類の中の具体的なプロダクトを紹介します。

5章「NoSQLの代表プロダクト紹介を読む前に」では代表プロダクトの詳細な説明をする上で、先に読んでおいてほしい点について記載していま

す。そして、6章「Redis」以降から13章「Neo4j」までは具体的なプロダクトの詳細な説明になります。

14章「想定されるNoSQLのユースケース」ではNoSQLの想定されるユースケースを多数紹介します。これにより、NoSQLを利用するイメージをより具体化してもらえるでしょう。

最後に、15章「NoSQLの選び方」では、RDBの課題を整理した上で、それがNoSQLで解決できるのか、解決できるとしたらどのNoSQLを選ぶべきなのかを説明します。

第2章

イントロダクション

NoSQLを知らない人向けに、NoSQLの必要性や特徴について、わかりやすい説明を行います。

第2章 イントロダクション

2-1
RDBだけだと辛くないですか？

2-1-1
RDBはデファクトスタンダード

　現在、ほとんどのコンピュータシステムにおいてデータベースとしてRDB
が採用されています。皆さんの担当されているシステムでもデータベース
はRDBではないでしょうか。DB-Engines[1]というWebサイトでは、デー
タベースの各プロダクトについてWeb上での登場回数や転職サイトでの
スキル保有数などを集計し、データベースの人気ランキングを紹介してい
ます。このサイトによると、ランキング上位3つのデータベースはOracle、
MySQL、そして Microsoft SQL Serverであり、これらは全てRDBです。
ポイントも4位以下と比較してダントツに高いです（図2-1参照）。

283 systems in ranking, October 2015

Rank			DBMS	Database Model	Score		
Oct 2015	Sep 2015	Oct 2014			Oct 2015	Sep 2015	Oct 2014
1.	1.	1.	Oracle	Relational DBMS	1466.95	+3.58	-4.95
2.	2.	2.	MySQL	Relational DBMS	1278.96	+1.21	+15.99
3.	3.	3.	Microsoft SQL Server	Relational DBMS	1123.23	+25.40	-96.37
4.	4.	↑5.	MongoDB ➕	Document store	293.27	-7.30	+52.86
5.	5.	↓4.	PostgreSQL	Relational DBMS	282.13	-4.05	+24.41
6.	6.	6.	DB2	Relational DBMS	206.81	-2.33	-0.86
7.	7.	7.	Microsoft Access	Relational DBMS	141.83	-4.17	+0.19
8.	8.	↑10.	Cassandra ➕	Wide column store	129.01	+1.41	+43.30
9.	9.	↓8.	SQLite	Relational DBMS	102.67	-4.99	+7.71
10.	10.	↑12.	Redis ➕	Key-value store	98.80	-1.86	+19.42

◉ 図2-1　DB-ENGINESのランキング（2015年10月時点）

---

[1]　http://db-engines.com/en/ranking

|2-1-2|
SIerのエンジニアにとっての
データベースの経験

ほとんどのデータベースがRDBであることから、多くのエンジニアにとってデータベース＝RDBです。筆者はSIerの出身ですが、SIerのエンジニアにとってデータベースの経験は次のようなものでした。

新人で入社するとまずプログラミング言語と一緒にSQLを学習します。研修の一環で情報処理の資格を取りますが、データベースとして出題されるのはRDBに関する問題です。配属後は既存システムのRDBを保守することが多いでしょう。最初は先輩から言われたとおりの手順でSQLを実行してデータ操作を行い、作業に慣れてくると新しいSQLを自分で書くようになるでしょう。経験を積めば、アプリケーション要件をもとにER図を書いてテーブルを設計するようになります。

テーブル設計は次のような感じです。例えば「ユーザのメールアドレスは今まで一つだったが、今後は複数のメールアドレスを持たせたい」という要件があったとしましょう。ユーザとメールアドレスは一対多の関係なので、ユーザテーブルとは別にメールアドレステーブルを新たに作り、メールアドレステーブルにはユーザIDを外部キーとして持たせるでしょう。いわゆる正規化です。このように設計した上、データを挿入する際はトランザクションを用いて、二つのテーブルに対する挿入をまとめて行います。問い合わせる際は、結合を用いてユーザテーブルとメールアドレステーブルを結合して取り出すでしょう。

これが多くのSIerエンジニアにとってのデータベースの経験であり、テーブル設計の標準的な技法です。これら経験や技法が特に有効に働くのは、データが少量で、データベースに対する負荷が予想でき、すべてデータ構造が明確に定義されている場合です。具体的には社内で使う業務システムをイメージすればわかりやすいでしょう。業務システムでは利用ユーザは

第2章 イントロダクション

社内の人間に限られ、データの構造も自身で設計するので全て把握できます。SIerにいる多くのシステムエンジニアは、このような業務システムを作ることが主務なので、RDBで十分なわけです。

|2-1-3|
業務データを扱うだけでは不十分になってきている

しかし、今や企業にとってITは単なる業務の効率化の道具ではなく、ビジネス戦略を担う存在になってきました。よって、業務を単純にシステム化すればよいというだけではなく、ITを活用してビジネスを拡大する必要が出てきました。そうなると、業務システムのように「低速」で「少量」で「リレーショナルモデルの」データを扱うだけでは不十分になります。

今後求められてくるデータ処理とは「高速」で「大量」の「リレーショナルモデルではない」データを処理することです。この「大量」「高速」「リレーショナルモデルではない」の3つのキーワードは、近年のデータ処理における「3つのVの増加」とよばれています。つまり、Volume（量）、Velocity（処理速度）、Variety（多様性）の増加です。

この「3つのV」は、具体的にどのようなデータ処理のことを意味しているのでしょうか？

|2-1-3-1| Volume（データ量）の増加

Googleは1日に24ペタバイトのデータを処理しています（2008 MapReduce: simplified data processing on large clusters）。またFacebookの写真は1.5ペタバイトにも及びます（2009 Needle in a haystack: efficient storage of billions of photos）。世界中にユーザがいるような大規模Webサービスでは、このような量のデータを扱っているのです。

12 RDB技術者のためのNoSQLガイド

これは極端に大規模な例ですが、そこまで大きくなくともインターネットでユーザが利用できるようなWebサービスであれば、数十テラバイトのデータを扱うことは珍しくありません。これだけのデータ量になると、一つのハードウェアに格納するのは困難になってきます。

|2-1-3-2| Velocity（処理速度）の増加

インターネットの高速化やスマートフォンの普及により、インターネットを流れる情報の量は爆発的に増えました。そのため、インターネットに公開されているサービスでは、業務システムとは比べ物にならないほどのアクセスが来ます。例えば、orangeという海外の大規模Webサービスでは秒間に11万件ものアクセスを受け付けています。私の知り合いである国内のベンチャー企業では、ブラウザ上のマウスの軌跡を解析するサービスを行っていますが、マウスの軌跡データは秒間に万単位の書き込み、月間にすると10億ページビューにも上ります。

|2-1-3-3| Variety（多様性）の増加

業務システムで扱うリレーショナルデータの対象は、会計や商品管理などであり、データは正規化され完全に構造が固定されています。しかし、そうではないデータが数多く生成されるようになってきました。代表的な例を以下に挙げます。

- ソーシャルメディアに投稿されたテキスト（例：Twitter、Facebook）
- インターネットに公開されているオープンデータ（例：気象情報、環境情報）
- センサーデータ（例：スマートフォンのGPS、IoTにおける各種デバイス）
- メタデータ（例：商品やコンテンツに対する属性情報）
- ログ（例：サーバログ、アプリケーションログ）
- 電子メール
- マルチメディア（例：音声、画像、動画）
- ソーシャルネットワークのユーザの関連グラフデータ

これらの中には、フラットなテキストやマルチメディアのバイナリデータ

第2章 イントロダクション

などまったく構造を持っていないデータもあれば、XMLやJSON[*2]などの型や構造はあるものの、構造を自由に変更できるデータもあります。本書では前者を非構造データ、後者を半構造データと呼びます。

この分類に従い、各データを図示すると図2-2になります。

データの分類		説明	データの例			
			社内		社外	
非リレーショナルデータ	非構造データ	バイナリやテキストなど全く構造がない。	電子メール	テキスト・音声（顧客対応履歴など）	センサー情報	マルチメディア　口コミ文章
						位置・地図　SNS
	半構造データ	構造はあるがスキーマが無い。頻繁に構造が変わる。	システムログ　オフィス文書		他社が保有するデータ	気象・交通　健康・医療
リレーショナルデータ	構造化データ	スキーマがあり、構造があまり変わらない。	経理・財務・人事　商品・在庫			
			営業・CRM　決済・残高		各種統計　行政　金融取引	

◈図2-2　非構造データと半構造データ

|2-1-4|
RDBだけでは立ちいかない

|2-1-4-1| これから求められるデータ処理

このようにVolume（量）、Velocity（処理速度）、Variety（多様性）の3つが増加していることから、データベースはこの3つの増加に耐えられる必要があります。

量と処理速度の増加に耐えられるように、データベースは、高速で大量に処理ができること、そして速度やデータ量が増えても処理できることが要件です。

また、多様性に対応するために、非構造データや半構造データを扱える

[*2] JSON（JavaScript Object Notationの略）は、人が簡単に読み書きできることを目的とした、軽量でテキストベースのデータ交換形式です。公式の解説は、IETFのRFC 4627を参照してください。http://www.ietf.org/rfc/rfc4627.txt?number=4627

必要があります。非構造データはRDBのバイナリ列に格納すればよいため、いかに半構造データを扱うかがポイントになるでしょう。

|2-1-4-2| RDBは高速で大量データを処理するのは不向き

RDBにおいて高速で大量のデータを処理するためには、大容量で高性能なストレージと高い計算能力が必要です。ある程度までは、高価なハードウェアを買うことで容量や計算能力を増やすことができます。これをスケールアップによる性能向上といいます。

しかし、単体のハードウェアにはどうしても限界があります。例えば1ペタバイトのデータを格納するためには、市販の1テラバイトハードディスクを1000個以上接続する必要がありますが、それが可能なハードウェアはありません。またデータの処理速度にしても、秒間数万件にも上るクエリを一つのハードウェアで処理するには限界があります。

そこで必要となってくるのがスケールアウトによる分散処理です。多くのハードウェアを並列に並べて、データの格納と計算を分散するのです。

しかし、RDBはその性質上スケールアウトできるようにはできていません。専用のミドルウェアと組み合わせれば可能ですが、簡単ではありませんし、高価なものが多いです（図2-3）。

●図2-3 　RDBはビッグデータ処理には不向き

|2-1-4-3| RDBは半構造データ処理には不向き

半構造データは、表構造ではないためそのままではRDBには格納でき

ません。無理やりJSONやXMLの文字列を文字列型の列に格納すること
はできますが（そうしているプロダクトはありますが）これは本質的ではあ
りません。内部にインデックスが張れませんし、検索や部分的な更新もで
きないでしょう。それではRDBに入れるメリットの大部分が失われてしま
います。

|2-1-5|
RDBが適さない身近なエピソード

ここまでの説明を聞いて「そのとおり！ビジネスを拡大するためには、
RDBでは不十分！」と感じ取れる人は、この話は読み飛ばしていただいて
構いません。おそらく、そう思える方は自社でWebサービスの開発等で普
段からこのようなデータを扱っている人でしょう。

しかし、業務システムだけを担当してきたエンジニアからするとピンと来
ないと思います。私自身も最初はピンと来ませんでした。そこで一つ身近な
例を挙げて、RDBが向かないケースがあるということを理解していただき
たいです。

|2-1-5-1| Twitterのデータを集めるエピソード

Aさんは入社4年目、ずっと業務システムの受託開発しておりRDBを
使ってきました。今回異動とともに新たにマーケティング支援システムの開
発部隊になりました。そこで上司から次のようなことを言われました。

「顧客が商品のSNS上での評判を知りたいと言っているので、Twitter
の情報を溜めて、ぱっと好きな属性で検索できるようにできないかな？プロ
トタイプのデモを1週間後にしたいのでよろしく」

Aさんは上司に対して納期が短いと言いましたが、顧客が他社にも同じ
ような相談を持ちかけているらしく、プロトタイプに時間をかけたら案件の

2-1 RDBだけだと辛くないですか？

機会を失ってしまう恐れがあるとのことでした。

　Aさんは慣れ親しんだRDBにデータを格納しようと作業に取り掛かりました。まず手始めにTwitterから取得できる情報を調べます。その結果Twitterの API からは JSON 形式のデータを取得でき、一回のつぶやきあたり約90個ものキーと値のペアが入っていることがわかりました（リスト2-1）。これは思いもよらない量です。さて、これをどうやってRDBに格納したらよいのでしょう。

⊗ リスト2-1　Twitter APIから取れる一回のつぶやきのデータ

```
{
  "_id" : ObjectId("558baf1569fbfdc109e222111c"),
  "contributors" : null,
  "coordinates" : null,
  "created_at" : "Thu Jun 25 07:32:36 +0000 2015",
  "entities" : {
    "urls" : [
      {
        "display_url" : "dismaying.pw/detail.php?id=…",
        "expanded_url" : "http://dismaying.pw/detail.php?id=12335",
        "indices" : [
          0,
          22
        ],
        "url" : "http://t.co/T6zFL4bklg"
      },
      {
        "url" : "http://t.co/Sn3BCFZXhO",
        "display_url" : "abc.xyz/view.php?vid=8…",
        "expanded_url" : "http://abc.xyz/view.php?vid=82240",
        "indices" : [
          44,
          66
        ]
      }
    ],
    "user_mentions" : [ ],
    "hashtags" : [ ],
    "symbols" : [ ],
    "trends" : [ ]
```

RDB技術者のためのNoSQLガイド　17

```
    },
    "favorite_count" : 0,
    "favorited" : false,
    "filter_level" : "low",
    "geo" : null,
    "id" : 613973048597680100,
    "id_str" : "613973048597680128",
    "in_reply_to_screen_name" : null,
    "in_reply_to_status_id" : null,
    "in_reply_to_status_id_str" : null,
    "in_reply_to_user_id" : null,
    "in_reply_to_user_id_str" : null,
    "lang" : "ko",
    "place" : null,
    "possibly_sensitive" : false,
    "retweet_count" : 0,
    "retweeted" : false,
    "source" : "<a href=\"https://mobile.twitter.com\"...
    "text" : "ここ http://xx.co/XXX にあるA商品買ったけどすごく使いやすい！おすすめです！...
    "timestamp_ms" : "1435217556510",
    "truncated" : false,
    "user" : {
      "profile_link_color" : "0084B4",
      "profile_sidebar_fill_color" : "DDEEF6",
      "profile_text_color" : "333333",
      "contributors_enabled" : false,
      "default_profile_image" : true,
      "following" : null,
      "listed_count" : 0,
      "name" : "Clare Mei",
      "profile_image_url" : "http://abs.twimg.com/sticky/...
      "default_profile" : true,
      "favourites_count" : 0,
      "id" : 3069104994,
      "lang" : "ko",
      "screen_name" : "mei_clare",
      "description" : null,
      "notifications" : null,
      "profile_background_color" : "C0DEED",
      "protected" : false,
      "friends_count" : 0,
      "id_str" : "3069104994",
      "location" : "",
```

2-1 RDBだけだと辛くないですか？

```
    "profile_sidebar_border_color" : "C0DEED",
    "utc_offset" : 32400,
    "created_at" : "Mon Mar 09 05:16:30 +0000 2015",
    "follow_request_sent" : null,
    "is_translator" : false,
    "profile_background_image_url_https" : "https://abs.twimg.com/...
    "profile_use_background_image" : true,
    "verified" : false,
    "geo_enabled" : false,
    "profile_image_url_https" : "https://abs.twimg.com/sticky/defa...
    "statuses_count" : 68896,
    "time_zone" : "Seoul",
    "followers_count" : 0,
    "profile_background_image_url" : "http://abs.twimg.com/images/...
    "profile_background_tile" : false,
    "url" : null
  }
}
```

|2-1-5-2| テーブル設計が大変

はじめに問題となったのはテーブル設計です。以下の取得したJSONの一部に着目してみましょう。

❤リスト2-2　取得したTwitterデータの一部

```
  "entities" : {
    "urls" : [    ·····(1)
      {
        "display_url" : "dismaying.pw/detail.php?id=…",
        "expanded_url" : "http://dismaying.pw/detail.php?id=32323735",
        "indices" : [    ·····(2)
          0,
          22
        ],
        "url" : "http://t.co/W6zFL4bklg"
      },
```

"entries"の中にある"urls"（リスト2-2の(1)）のキーの値には[という記号が書いてありますが、これは配列の始まりを意味します。この後に続く要素は複数個ある可能性があるわけです。テーブル設計をする場合こ

RDB技術者のための NoSQL ガイド　**19**

第2章 イントロダクション

のような関係は一対多の関係になるため、テーブルを分けるのが一般的です。さらに、"urls"の中にある"indices"（リスト2-2の(2)）も一対多の関係にあります。よって、この部分を表現するためには、追加で2つのテーブルが必要になりました。

他にも悩ましい部分がありました。リスト2-3をみてください。

❤リスト2-3 取得したTwitterデータの一部

```
"user_mentions" : [ ],
"hashtags" : [ ],
"symbols" : [ ],
"trends" : [ ]
```

"user_mentions"も配列であるため同様にテーブルを分ける必要があります。しかし"user_mentions" : [ ],となっており中身は空です。何が入ってくるかはこのJSONからはわからないため、英語で書かれたTwitter APIの仕様書を読む必要があります。これは大変です。"hashtags"、"symbols"、"trends"についても同じことが必要です。結局この部分を格納するためには、追加で合計4つのテーブルが必要になりました。

|2-1-5-3| 列の定義が大変

次に問題になったのは、列の定義が大変ということです。ご存知の通り、RDBではデータを挿入する前に列名とその型を定義する必要があります。全てのデータを格納するためには、90個ある全ての値に対して列名を決めて型を調べる必要があります。列名はキーの値を採用すれば良いとしても、型の決定が大変です。リスト2-4をみてください。

❤リスト2-4 取得したTwitterデータの一部

```
"geo" : null,
"id" : 613973048597680100,
"id_str" : "613973048597680128",
```

RDB技術者のためのNoSQLガイド

"id"の値は613973048597680100となっていますが、これは最大何桁でしょうか?一見18桁に思えるかもしれませんが、より大きな桁数かもしれません。正しい型を調べるためには、またしても英語で書かれたTwitter APIの仕様書を読む必要があります。

では、必要そうな情報だけを絞り込んでテーブルに格納する作戦はどうでしょうか?テーブル定義は簡単になりますが、運用を始めた後にとるべき情報が足りなかったことに気づいた場合は取り返しがつきません。なぜならばTwitterのストリームAPIはリアルタイムでしかデータは取得できないためです。

|2-1-5-4| 性能がでない・今後の増加が不安

なんとかテーブル設計とデータの型定義を終えて、それを定義するためのとても長いCREATE TABLE文ができました。

次に、そのテーブルに挿入するためのSQLを書き終えました。複数テーブルにまたがる挿入であるため、教科書通りトランザクション宣言の中に複数の長いトランザクションとCREATE TABLE文ができました。これでようやくデータの挿入ができます。

いざ挿入を始めると思わぬところに落とし穴がありました。それはつぶやきの数が多すぎて、性能が耐えきれないということです。つぶやきは商品名のキーワードで絞り込んでいますが、商品のキャンペーンを出した際に一時的に負荷が上がり、秒間で何百件というつぶやきがあり、その流量にRDBは耐えられず、挿入するアプリケーションはタイムアウトしてしまいました。

Aさんは、手元にあった最もスペックの高いハードウェアにデータベースを乗せ換えることにより対応しましたが、今後収集対象が増え高い負荷が来た際、正常に動作するかどうかが不安です。

第2章 イントロダクション

|2-1-5-5| 突然のAPI変更でデータロスト

　ようやくデータの挿入ができるようになって安心してきたところ、ある日突然思わぬことが起こります。なんとTwitterのAPIに変更があり、今まであった項目がなくなってしまいました。アプリケーションはデータのパースに失敗して、丸1日データが取れない日がありました。

　TwitterのAPIのリリースノートを見ると項目が減るとのアナウンスが書いてありました。しかし、英語で書かれたリリースノートを定期的にチェックすることは、Aさんにとっては大変負荷になる作業で簡単にできるものではありません。

|2-1-5-6| 何が悪かったのか?

　なぜこんな苦労をすることになったのでしょうか?それは、RDBに固執したからです。

|2-1-5-7| 適切なデータモデルとAPIを考えていなかった

　データベースはプロダクト毎に格納するデータモデルと提供するAPIの種類が異なります。そのため、格納したいデータと実現したい機能をよく考え、それにあったデータベースを選択することが重要です。RDBでは、データモデルは表形式のリレーショナルモデル、アプリケーションからのインターフェース、即ちAPIはSQLになります。今回の例でRDBは適切でしたでしょうか?答えはNoです。

　まずデータモデルですが、TwitterのAPIから取得できるデータはJSONです。JSONは階層構造であり、一つのデータの中に一対多の構造が入れ子になって入ります。さらにJSONはデータ構造が事前に定義されないため、データの形や値の型が同じである保証はありません。これを表形式に無理やり変換しようとしたところに無理がありました。

　次にAPIについてはどうでしょうか?要件は「特定の属性で絞り込みたい」でしたのでSQLのSELECT文が発行できれば良いことになります。そ

れ以外の高度な検索はいりません。参照の際に古いデータが見えたり、挿入の順番が前後してもよいでしょう。つまりSQLやトランザクションはオーバースペックだったのです。

|2-1-5-8| 性能を拡張できるように作るべきだった

業務システムでは、性能は考えやすいです。業務内容は全て把握できているため、利用ユーザ数もデータ容量も計算すればわかります。業務のピーク時間もわかるでしょう。RDBではその性質上性能を向上させるためには高価なハードウェアを購入するしかありません。そのため、ピーク時間を見越して性能を見積もり、それに耐えられるだけのハードウェアを買うことになるでしょう。

しかし、インターネットからデータを取得しようとすると話は違います。潜在ユーザは全人類でありデータ容量は予測できません。ブログなどの口コミにより突然流量が増えることもあり、ピークも予測できません。それでもピークを想定してそれ合わせてハードウェアを購入しようものなら、数千万円もするラック丸ごとでストレージを数多く搭載したデータベース製品を購入する必要があるでしょう。

今回のケースでは、つぶやきの流量は読み取れないため、あらかじめ性能を拡張できる作りにしておく必要がありましたが、RDBで性能を拡張できるような作りを実現しようとすると、かなり骨が折れる作業になります。

|2-1-5-9| どうすべきだったか

一つの案に、JSONの文字列を直接値としてRDBに格納するという方法も考えられます。これならばテーブルを分けたり列の型を定義するのに工数をかける必要はありません。しかし、こうしてしまうと属性による絞り込みや検索がSQLではできません。JSONの文字を無理やり全文検索することはできますが、非効率であるため性能は期待できないでしょう。そして何よりも、性能が拡張できないという問題が残ります。

第2章 イントロダクション

では、Amazon S3 などの分散ストレージで JSON のファイルに文字列を直接格納して保存するのはどうでしょうか？これならば容量が拡張できるため安心ですが、検索はさらに困難になります。検索するためには一度ローカルマシンにファイルをもってきてメモリに乗せて検索する必要があり、非常に時間がかかるでしょう。

|2-1-5-10| ドキュメント DB を使うべきだった

この場合、ドキュメント DB を使うべきでした。

ドキュメント DB は JSON をデータモデルとして格納するデータベースです。そしてキーや値で絞り込むことができます。負荷が増えてくれば簡単にスケールアウトすることもできるため、性能の心配はありません。突然データ構造の変更があっても、JSON をそのまま格納できるのでデータロストせずにとりあえず溜めておくことができたでしょう。

もし A さんがドキュメント DB の存在を知っていたのならば、こんな苦労をすることなく、数時間でシステムを実現できたでしょう。

|2-1-6|
RDB 以外を知ることが重要

いかがでしょうか。ここまでの説明で RDB が必ずしも最適ではないということを理解いただけましたでしょうか？業務システムを離れるとこういったケースにすぐ出くわしますが、業務システム開発を行っていたとしても RDB 以外のデータベースは身近に使われています。

例えば、Microsoft Active Directory や OpenLDAP でしょう。これらはディレクトリサーバと呼ばれていますが、データを溜めてそれに対してクエリをかけるという意味ではデータベースと何ら変わりはありません。た

24 RDB 技術者のための NoSQL ガイド

2-1 RDBだけだと辛くないですか?

だ、リレーショナルモデルではなくDIT[*3]とよばれる階層型データモデルであり、APIはLDAPクエリを用いて行われます。そして認証機能が強いことから、認証データの蓄積に使われます。

　他にも、全文検索エンジンと呼ばれるSolrなどがあります。これらのデータモデルはフラットなテキストであり、それに対して検索キーワードを入力するというAPIを提供します。もちろんRDBでも全文検索はできますが、検索速度は全文検索エンジンにはおよびません。

　このように、身近にもRDB以外のデータベースは沢山あります。そしてそれぞれに得意と不得意なデータ処理があります。つまり、RDBだけを知っていても最適な解決策は導けないということです。知っておくべきことはリレーショナルモデル以外のデータモデル、SQL以外のAPI、即ちRDB以外の選択肢です。常にいろいろなカードを用意して、適材適所でカードを切れるようにならないと、最適なデータ処理は実現できません。

　ディレクトリサーバはメタデータ管理と認証が得意です。全文検索エンジンは全文検索が得意でした。では、今我々が問題としている、高速で大量のデータを処理出来たり、半構造データ処理を得意とするデータベースは何でしょうか?

|2-1-6-1| Hadoopは大量データを扱えるけど 応答は遅い

　ここまで聞いて「Hadoopは?」と思った方もいるかもしれません。Hadoopといえばビッグデータ処理なので、高速で大量のデータを処理出来たり、半構造データ処理が得意そうな気がします。Hadoopは大量のデータを処理できますが、実は高速な応答はできません。バッチで分析する用途なので、クエリの応答は数分〜数時間かかります。また、Hadoopが格納するデータは半構造データではなく、HDFSと呼ばれるファイルシステム上にテキストファイルとしておかれます。この点も要件とは違うでしょう。HadoopはNoSQLを理解するうえで非常に重要なので、3章「データ

＊3　Directory Information Tree（ディレクトリ情報ツリー）

RDB技術者のためのNoSQLガイド 25

第2章 イントロダクション

ベースの中のNoSQLの位置づけ」で詳しく解説します。

|2-1-6-2| NoSQLこそが高速、大量、半構造

　高速で大量のデータを処理出来たり、半構造データ処理を得意とするデータベースこそが、本書のタイトルにもあるNoSQLです。ではいよいよNoSQLの説明に移りましょう。

|2-1-7|
これまでのまとめ

- ●RDBはデファクトスタンダードであり、業務システムを作るうえでは最適な選択肢である場合が多い
- ●しかし、ビジネスを拡大するために、社内業務以外のデータを扱おうとすると、高速大量データや半構造データを扱うことが求めらる
- ●これらのデータはRDBではうまくいかない場合がある
- ●そこでNoSQL

2-2
NoSQLとは

　前の節では高速で大量のデータを処理出来たり、半構造データ処理を得意とするデータベースこそがNoSQLと言いましたが、正確ではありません。

　NoSQLの中でも大量データを扱えるものとそうでないものがありますし、半構造データを扱えるものもそうでないものもあります。NoSQLは非常に曖昧な言葉、いわゆるバズワードなのです。

2-2-1
NoSQLはバズワード

「NoSQL」というのは「No SQL」または「Not Only SQL」の略であるといわれており、RDBだけではないデータベースを表す総称です。ただし、どのデータベースがNoSQLに含まれるかという明確な定義はありません。バズワードといってよいでしょう。

現在NoSQLと呼ばれているデータベースは大きく分けて、3つに分類されます。それはキーバリューストア（以下KVSと略記）とドキュメントDB、そしてグラフDBです。

これらの違いを見ていきましょう。

2-2-2
KVS, ドキュメントDB, グラフDBの違い

3つのデータベースをデータモデルごとに整理すると図2-4になります。

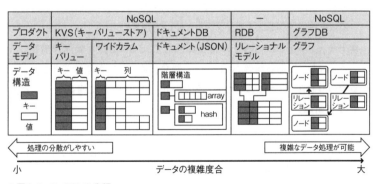

●図2-4　NoSQLの分類

KVSは、キーに対して一つの値をとる「キーバリューモデル」とキーに対して複数の値をとる「ワイドカラムモデル」の2つに分類することもあります。

> **Note** いろんなデータモデル
>
> 今回紹介した以外では、XML、オブジェクト、RDFトリプル、多次元など様々なデータモデルのデータベースがありますが、広くは使われてはいないようです。

 図では右に行くほどデータの複雑度合いが増していきます。データの複雑度が高いほど、高度なデータ処理が出来ます。データの複雑度が低いと、データ処理は低機能になりますが、スケールアウト能力が高い傾向になります。

 この図を見るとわかるようにKVSやドキュメントDBはRDBよりも左側にあるのに対して、グラフDBはRDBより右側にあり、同じNoSQLとして分類されていますが特徴が大きく違うことがわかります。このイメージを頭のなかに入れておくと、NoSQLのプロダクトを見た時にイメージがつきます。特にRDBよりも右なのか左なのかは重要です。

 各データベースの特徴を一言で表現すると以下の通りです。

- KVS：スケールアウトして大量データに対するクエリを高速に応答できる。キーでアクセスするシンプルな使い方がメイン。
- ドキュメントDB：KVSの特徴に加えてJSONを扱う機能が豊富。スキーマレスである特性も相まって、開発効率アップも期待できる。
- グラフDB：スケールアウトできないが、RDB以上に複雑なデータ処理が可能。

 この分類については4章「データモデルごとのNoSQLプロダクト紹介」にて詳細に説明します。

2-2 NoSQLとは

Note スキーマレス

　スキーマレスとは、データの構造を事前に定義する必要がなく、値の型が固定されないということです。例えば、"id"というキーに対して、あるデータでは123という数値をもたせ、他のデータでは"0123"という文字列を持たせることができます。リレーショナルデータモデルでは列ごとに型が固定ですが、そうではないということです。

　Oracleデータベースのオブジェクト「スキーマ」とは全く意味が異なるため注意してください。

　このように全く違うデータベースがNoSQLという一つのバズワードでくくられてしまった背景はなんなのでしょうか?

|2-2-3|
NoSQLがバズワードになった背景

　まだNoSQLという名前がないころに、GoogleやAmazonといった巨大Webサービス事業者が、RDBでは処理しきれない大量で高速なデータをオンラインで扱うために作ったのが、KVSでした。KVSの目的はビッグデータ処理をオンライン操作することでした。そして、その目的を達成するためにはリレーショナルモデルでは実現できなかったため、半構造データのデータモデルを採用しました。

　その後、キーバリューのバリューにJSONを格納できるドキュメントDBが登場し、これらの半構造データを格納するデータベースに対して「NoSQL」という単語があてはめられました。ここで少し本質とは違った名前が付けられてしまったことが、ことの発端でしょう。

　ちょうどこの頃、KVSやドキュメントDBを本来の目的であるスケールアウト用途ではなく、半構造データを効率よく扱いたいという別の目的で使うケースが増えてきます。これにより、それまでNoSQLと呼ばれていなかっ

RDB技術者のためのNoSQLガイド　29

たRDB以外のデータベースが、後付けでNoSQLの仲間に組み込まれてしまいました。

この一番の被害者はグラフDBでしょう。グラフDBはKVSやドキュメントDBとは全く違った歴史を歩んできたデータベースで、ビッグデータ処理を苦手とするデータベースですが、単にリレーショナルモデルではないという理由から、NoSQLの一種として呼ばれてしまったのです。

2-3
NoSQLにすると
嬉しいこと・辛いこと

NoSQLのメリットとは何でしょうか？先ほどのTwitterのデータ格納のような例があればドキュメントDBを用いるメリットは明確ですが、それ以外はどんなケースがあるのでしょうか。

また、何がデメリットでしょうか？NoSQLはいいことばかりではありません。ソフトウェアエンジニアリングの世界ではよく「No Silver Bullet（銀の弾丸など無い）」といいますが、これはデータベースにおいても同じです。ビッグデータや半構造データを扱うことができる反面、できないことも沢山あります。RDBに慣れ親しんだ人がNoSQLを初めて使うと、できないことの多さに愕然とするでしょう。

そして、これらのメリットやデメリットは、誰にとってのものでしょうか？ITはビジネスの道具です。ITでビジネスをする上で、登場する人物は現場の開発者だけではなくマネージャや経営者もいます。マネージャや経営者にとってNoSQLにはどのようなメリット、デメリットがあるのでしょうか。

順番に説明していきましょう。

2-3-1

アプリケーション開発者にとって

アプリケーション開発者とは、RDBを用いた開発ではデータベースを利用する人であり、SQLを発行したりテーブル定義を担当する人です。データベース管理者からデータベースを用意してもらい、それを利用します。彼らの責務は要件に沿って機能を実装することです。それもできるだけ安いコストで実装したいでしょう。

|2-3-1-1| 長所1：データにあったデータモデルを選択できる

NoSQLの名前の由来ともなっている特徴である、リレーショナルデータモデル以外を使えることは、大きなメリットの一つです。

RDBでは、格納するためにはすべて表形式（リレーショナルモデル）にしなくてはいけません。しかし世の中のデータにはリレーショナルモデルでないものもあります。そういったものをRDBに入れると無理が生じます。具体的な例を挙げて説明しましょう。

扱うデータがキーバリューデータの場合はRDBに入れるのは適切ではありません。"hostname"="db01"といったソフトウェアの設定値を想像すればわかりやすいでしょう。この場合"hostname"がキーであり"db01"が値です。これをRDBで格納しようとすると、値の型ごとに表を用意しなければならず面倒です。また、そうまでして値を入れても、その表はキーと値の二つの列からなる表であり、リレーショナルデータモデルの良さを全く引き出せていません。

また、Twitterの例の様に、すでにJSONのデータが提供されているにもかかわらず、無理やりRDBに入れるのも工数がかさむだけでしょう。また深い階層構造を持つデータをRDBにすると結合の多用になり大変ですが、JSONであれば一つのJSONに深い階層構造をそのまま格納できます。

第2章 イントロダクション

　最後にグラフデータを扱う場合です。グラフとは棒グラフや折れ線グラフ
といった数字を可視化した図のことではありません。グラフとは「ノード」と
「ノード間関連」からなるデータ構造のことを言います。典型的なグラフデー
タの例はSNSにおける人物間の関連でしょう。人物はノードで、人物間の関
係性（友達である、フォローしている、交際している）が関連になります。こ
れをRDBに入れるためには、人物テーブルと関連テーブルを作り、お互い
に外部参照しあうことで実現できますが、「友達の友達の友達」といったよ
うにグラフを辿ろうとするとクエリは結合の多用になってしまい低速ですし、
直感的ではありません。グラフ型のNoSQLであれば、そのグラフ構造をそ
のままデータモデルとして扱えますし、クエリも直感的に書けます。

|2-3-1-2| 長所２：スキーマを定義することなく
　　　　 データを格納できる

　NoSQLの多くは事前にスキーマを定義しなくてもデータを格納できます。

　Twitterのデータ格納の例でもわかるように、自分の手の内にない外部
のデータのスキーマを定義するのは簡単ではありません。外部データの仕
様をすべて調べなければなりませんし、外部のデータに変更があった場合
は常にそれに追従してスキーマを変えていかなければなりません。RDBで
はALTER TABLEコマンドによりスキーマ変更を実施しますが、膨大な
データに対してこのコマンドを発行すると非常に時間がかかりますし、デー
タベースに大きな負荷がかかります。私の知っているシステムではALTER
TABLEを打つ度にシステムを止めなければなりませんでした。

　一方NoSQLであればこれらの一切の手間を省くことができます。
NoSQLは事前準備なくデータを格納できます。これはデータを格納するま
での開発時間を短くし、スキーマ変更にかかる工数をなくします。

　具体的な例を見てみましょう。例えばMongoDBではデータベースやテー
ブルの定義を一切することなく以下のJSONのデータを投入することができ
ます。そのため、APIから取得したJSONを直接格納することができます。

```
> db.user.insert({id : 123, name : "watanabe", friendId : [3,6,10] })
```

一つ勘違いしてはいけないのは、スキーマ管理自体は無くならないということです。ER図は書くべきですし、全ての型を整理したドキュメントはメンテナンスしていく必要があります。そうしなければ、このデータを使うアプリケーションはどこに欲しいデータがあるかわかりませんし、データの型もわかりません。

しかし、NoSQLにすると、スキーマが変わってもとりあえず溜めておくことができるようになります。とりあえず溜めておいて、必要になってからアプリケーションを修正すればよいのです。これによりスキーマが突然変わってデータを取得できないというリスクを回避できます。

|2-3-1-3| 長所3：ドキュメントDBならば高速な開発が可能

Twitterの例でも説明したように、高速にプロトタイプを開発することはビジネスの上で欠かせない手段になってきました。ドキュメントDBとスクリプト言語を用いることにより、RDBよりも高速な開発が可能になります。

ドキュメントDBはテーブル定義をすることなくデータの挿入ができます。これはプロトタイプ開発のように短い期間で成果物を作ることが求められる開発では、データベースの操作にかかる時間が不要になり、開発を高速化できます。

また、型宣言の必要ないスクリプト言語と相性が良い事も開発を高速化する要因の一つでしょう。代表的な例を挙げると、JavaScript、Ruby、Php、Pythonといった言語です。これらの言語は変数の型宣言をする必要がなく、コンパイルも必要ないため、高速に開発することができます。また、多くのドキュメントDBはライトウェイトな言語の配列や連想配列[4]といったオブジェクトをそのままドキュメントDBに挿入することができるた

---

*4　連想配列とは、キーと値で表現される記憶構造です。言語によってはハッシュと呼ばれることもあります。JSONはJavaScriptの連想配列そのものです。

第2章 イントロダクション

め、ORマッパー*5を利用する必要はありません。言語のオブジェクトをそのまま挿入できますし、データを取得するとそれがそのままオブジェクトになります。

このようにドキュメントDBとスクリプト言語は高速開発に向いています。しかし、大規模にかっちりと開発する場合は型宣言ができる言語とRDBの方が向いているでしょう。なので、プロトタイプはスクリプト言語とNoSQLで高速に開発し、採用が決まったら型宣言ができる言語とRDBで本番アプリケーションを開発する、といった手法がとられるようになってきました。

MongoDBを用いた高速開発の説明については14-9「高速開発（MongoDB）」にて説明しています。

|2-3-1-4| 短所1：KVSとドキュメントDBはRDBより機能が乏しい

KVSとドキュメントDBはスケールアウト能力を高めるために、機能を削っているものが多いです。

まずはクエリが乏しいです。KVSとドキュメントDBの多くは集計クエリをサポートしていません。任意のキーでソートすることができないものもあります。シンプルなCRUDのクエリであっても、主キー以外の値で検索できなかったり、データの中の一部を更新できず丸ごと置き換えるしかなかったりと、SQLで当たり前のようにできていたクエリが使えないことが多いです。特にKVSはスケールアウト能力を高めるために、限られたクエリしか提供していない場合が多いです。

クエリ以外にも、RDBにはある様々な機能がありません。例えば、インデックスを主キーにしか付けることができなかったり、トリガやストアドプロシージャやシーケンスが無かったり、扱えるデータ型がバイナリデータし

---

*5　ORマッパーとは、言語のオブジェクトをリレーショナルデータに紐づけるためのライブラリです。最も有名なORマッパーはJavaのHibernateでしょう。

かなかったりといったことです。そのため、利用するからには何ができないのか入念に調べる必要があります。本書では、この「RDBと比較して何ができないのか」について代表プロダクト毎に専用の章を設けて解説していきますので、参考にしてください。

また、近年はKVSとドキュメントDBもさまざまな機能を盛り込んできており、特にドキュメントDBのMongoDB、Couchbase、Microsoft Azure DocumentDBはRDBにかなり近い使い勝手になってきています。本書では、それらの最新機能を紹介しますので、こちらも参考にしてください。

|2-3-1-5| 短所2：KVSとドキュメントDBはトランザクションや整合性を保つ機能がつかえない

多くの場合、KVSとドキュメントDBはトランザクションを実装していません。

トランザクションは複数のクエリを束ねて、一つでも失敗したら全てのクエリを無かったことにする機能です。また、トランザクションが並行して実行された場合、厳格に順序を制御する必要があります。こういった機能はKVSとドキュメントDBにはありません。トランザクションがないと何が起こるのでしょうか？例えば、ショッピングサイトにおいて、ユーザの残高を管理するデータと、ユーザの買い物を管理するデータが分かれていたとしましょう。その場合、「買い物データを作成して残高を更新する」ということをACID特性をもって実行できません。途中でサーバがダウンすれば買い物データだけがある中途半端な状態になりますし、複数の買い物を行った場合は競合して残高が正しくない状態になるかもしれません。では、どうすればよいのでしょうか？答えは簡単で、KVSとドキュメントDBを使わなければよいのです。トランザクションが必須とされる業務では、KVSとドキュメントDBは絶対に使ってはいけません。RDBを使うべきです。

また、データの整合性を保つ機能としての参照制約が使えません。RDBでは、参照制約を用いることにより他のテーブルに参照するデータが

第2章 イントロダクション

存在することを強制する機能があります。これにより、複数のテーブル間の
データの整合性を保つことができるのです。しかしKVSとドキュメントDB
ではこの機能はありません。

このようにKVSとドキュメントDBにはトランザクションや整合性を保つ
機能がありません。しかし、それはスケールアウト能力を得るための代償
です。データをスケールアウトできる能力と整合性を持ったオペレーション
はトレードオフの関係にあります。スケールアウトするノードが増えれば増
えるほど、それら全体を一貫して処理することは難しくなります。

KVSとドキュメントDBは、トランザクションや強い整合性を保証しな
い代わりに、結果整合性という弱い整合性を提供しています。詳細は3-3
「RDB（OLTP）とKVS/DocDBの違い」で紹介します。

|2-3-1-6| 短所3：スキーマ管理をしないと何が 入っているかわからなくなる

スキーマがないのはいいことばかりではありません。RDBが整理され
た本棚であるのに対して、NoSQLはなんでも詰め込むことのできるワゴン
セールみたいなものです。どこに何が入っているかはわかりません。RDB
のDISCRIBEコマンドのように何が入っているか調べるコマンドはありま
せん。そのため、RDB以上にスキーマ管理は重要になってきます。プロト
タイプでとりあえず動くものを作ればよいという段階であれば、スキーマ管
理はいらないかもしれませんが、本番アプリケーションとして動かすのであ
ればスキーマ管理は必須です。

加えて、データのバリデーションもできないものがほとんどです。数字を
入れる予定のところに、間違えて文字列を入れても気づけません。アプリ
ケーションを動かした時に初めて間違いに気づくでしょう。

また、人為的な打ち間違いに気づけないというのも大きなデメリットで
す。どんなデータでも入るため、一文字キーを打ち間違って挿入しても、何

36 RDB技術者のためのNoSQLガイド

のエラーも起きません。私の知り合いでNoSQLを本番運用している人に聞いたところ、本番障害の一定数はコマンドの打ち間違いによるものだと言っていました。

こういったデメリットを解消するために、アプリケーション側でスキーマのバリデーションをするラッパーを利用しているシステムは多いです。

ただし、最近のNoSQLはこのデメリットを解消するために、データのバリデーション機能を提供し始めています。例えばMongoDB、Microsoft Azure DocumentDBではデータのバリデーションに対応していますし、Cassandraに至っては、バージョン0.8からはスキーマの定義を必須としています。

|2-3-2|
データベース管理者にとって

アプリケーション開発者がRDBを利用する側に対して、データベース管理者はデータベースを提供する側です。彼らにとって最大の責務は、データベースの非機能要件を満たすことです。具体的には、いつでも使えて（可用性）、遅延することなく（性能）、安全に（セキュリティ）、手間がかからない（運用性）データベースを作ることです。

|2-3-2-1| 長所1：KVSとドキュメントDBは性能増強が容易になる

最も大きいメリットは、スケールアウトにより性能増強が容易になることです。

RDBで性能増強をする場合には、メモリやCPUを増強してハードウェアの処理性能を上げるか、高価なストレージやクラスタウェアを組み合わせて性能増強できる環境を構築するしかありません。

第2章 イントロダクション

　一方、KVSとドキュメントDBであればもともとスケールアウトするために作られているため、一般的なハードウェアを横に並べれば性能を増強することができます。ストレージやクラスタウェアは不要です。

　なぜKVSとドキュメントDBがスケールアウトできるのか、この点については3-3「RDB（OLTP）とKVS/DocDBの違い」で詳しく解説しています。

|2-3-2-2| 長所2：KVSとドキュメントDBは 高可用構成を簡単に構築できる

　KVSとドキュメントDBはレプリケーションを行うことにより簡単に高可用構成（HA構成、High Availability構成ともよばれます）を構築できます。レプリケーションとはデータの複製を他のハードウェアに配置することにより、ハードウェアの障害発生時にアプリケーションに対して機能提供を継続し、データロストを回避する機能です。

　RDBで高可用構成をとる場合は、共有ストレージにデータを配置して、クラスタウェアを用いてアクティブ-スタンバイ構成をとることが多いでしょう。しかしストレージは高価であることが多く、クラスタウェアの設計も仮想IPを用いたりと簡単ではありません。多くの工数をかけて高可用構成を構築したにもかかわらず、いざハードウェアが故障した時にはにうまくフェイルオーバ[*6]しなくて障害になってしまうというのは、データベース管理者の「あるある」ではないでしょうか。

　KVSとドキュメントDBであれば、一般的なハードウェアを多くならべてレプリケーションをすることを前提に設計されているため、高可用構成の構築が簡単にできます。また、レプリケーションは標準機能として搭載されているいためアドオンなどを追加する必要はありません。簡単なコマンドでレプリケーションノードの追加・削除ができます。またフェイルオーバは自

[*6]　フェイルオーバは、処理を受け付けるノードが故障した際に、他のノードに処理を受け付けてもらうように引き継ぐ操作です。

動的に発生しますし、リカバリ*7もコマンド一つで簡単にできます。

加えて、KVSとドキュメントDBのレプリケーションはデータセンタ間で行うことを前提として作られているため、ネットワークの細い場合でも問題なく動作します。

|2-3-2-3| 短所1：トラブルシューティングが難しい

RDBであれば、どんな製品であれ、ある程度似ています。ある一つのRDBを習熟すれば、その他のRDBは簡単に習熟できるでしょう。例えば、SQLの実行が遅ければスロークエリログを見てSQLを特定し、EXPLAINコマンドによる実行計画を見て、インデックスをチューニングする、といった感じです。また、日本語のドキュメントやノウハウも充実しているため、エラーメッセージから容易に原因が特定できるでしょう。

しかしNoSQLの場合はそうはいきません。プロダクトごとにクエリ言語は違いますし、そのクエリがどのように実行されるかもプロダクトによって全く異なります。インデックスの作り方もプロダクト毎に全然違います。RDBのようにその場でインデックスを更新するプロダクトもあれば、非同期でインデックスを更新するものもあります。単体でも難しいのに、スケールアウトをしようものなら、トラブルシューティングはさらに複雑になります。そのうえ、日本語のドキュメントやノウハウは乏しく、エラーメッセージを見ても原因はすぐにはわからないでしょう。ソースコードまで見なければならないかもしれません。

最近になり、広く使われているNoSQLは日本語のドキュメントやノウハウが充実してきましたが、まだまだRDBには遠く及びません。そのため、エンタープライズの本番環境でNoSQLを使う場合は、トラブルに備えて、有償サポートに加入しておく必要があるでしょう。

---

*7　リカバリは、フェイルオーバしたノードを復旧させて再び処理を受け付けられるようにする操作です。

第2章 イントロダクション

|2-3-2-4| 短所2：運用に関する機能が乏しい

　NoSQLはRDBと比較すると歴史が浅いため、運用に関する機能が乏しいことが多いです。

　バックアップや監視などの基本機能はどのNoSQLでも備えていますが、クエリの統計や診断レポートの出力となると、ほとんどのNoSQLはその機能を備えていません。また、RDBでは性能問題の原因を調べるために、SQLの実行計画[*8]を出す機能がありますが、NoSQLではスロークエリログを出す程度で、実行計画を出したりそれを解析できるNoSQLはほとんどありません（Cassandraは遅いクエリを解析するGUIツールを提供しています）。

　このように、RDBを運用してきた人にとっては当たり前のツールが提供されていないことが多いです。足りない部分は独自で作りこんだりする必要があり、余計な工数がかかります。

|2-3-3|
マネージャや経営者にとって

　マネージャは、アプリケーション開発者やデータベース管理者等の実際に手を動かす人の上司に当たり、技術の選定や人材の教育や管理をする役割の人です。また経営者はコンピュータシステムを使ってビジネスを拡大し利益を拡大する責務があります。これらの人にとってNoSQLはどのようなものなのでしょうか。

|2-3-3-1| 長所1：KVSとドキュメントDBはハードウェア、ライセンスのコスト削減が期待できる

　KVSとドキュメントDBの嬉しいところの一つとして、ビッグデータ処理

[*8]　SQLの実行計画とは次のような事柄を決めることを言います：検索する際に全件検索するかインデックスを用いるか、インデックスはどれを用いるか、どのような順序で表を結合するか。

40 RDB技術者のためのNoSQLガイド

をするためにかかるハードウェアやライセンスコストを、RDBに比べて安くできる点です。

ビッグデータ処理と呼ばれるのは、数十テラバイトのデータに対して、秒間数万リクエストがあるような状況でしょう。この負荷をRDBで実現しようとすると、1ラック丸ごとのストレージ込みの製品を何千万円も出して買う必要があるところ、KVSとドキュメントDBであれば百万円程度の一般的なサーバを10台横に並べれば同等の性能が出せるようなこともあるでしょう。また、オープンソースのKVSとドキュメントDBを利用すればライセンスコストもかかりません。

他にも、Webアプリやオンラインゲームのように、アプリケーションの流行によってデータベースに対する負荷が一気に増えたり減ったりするようなシステムにおいても、KVSとドキュメントDBのほうがコストメリットは大きいです。KVSとドキュメントDBであれば、最初はスモールスタートで運用を始めて、アプリケーションが流行って負荷が10倍、100倍になってきたときは、それに合わせてデータベースをスケールアウトして性能を拡張することができます。つまり初期投資が少なく、売り上げが上がってきてから投資を増やせばよいのです。しかし、RDBではスケールアウトができないため、最初からデータベースの負荷のピークを予測して、ピークに耐えられるようにハードウェアを購入する必要があります。また、万が一ピークを越える流量が来た時には、ハードウェアを買い替える必要があったり、場合によっては負荷に耐えられずに機会損失する可能性もあります。

また、そこまで大規模データでない場合でも、トランザクションやSQLが必須でないシステムであれば、RDBよりもKVSとドキュメントDBを選択したほうが費用当たりの処理性能は高いことが多いです。例えば、社内のサーバのログを集めて蓄積しておくだけのシステムを構築するときに、わざわざ高価なRDBを買う必要はありません。オープンソースのKVSとドキュメントDBを使えばライセンスコストは0円でRDBよりも高速に動作するでしょう。

第2章 イントロダクション

|2-3-3-2| 長所2：ドキュメントDBは開発生産性向上による新製品投入速度向上が期待できる

アプリケーション開発者の長所にも挙げた通り、ドキュメントDBは高速な開発に向いています。特に、「外部のデータを集めてきて付加価値をつける」や「大量のログを集めてきて価値のある情報を提供する」といったアプリケーションの開発においては、集めるデータは半構造データが多いため、ドキュメントDBで開発したほうが高速です。

一例として、不動産情報を集めて提供する会社の例を挙げます。この会社では物件情報を集めてきて各店舗に提供するシステムを作っていましたが、集めてくる物件情報は物件毎に様々な属性があり、かつ頻繁に列の変更があるため、RDBに格納したり変更する手間が非常にかかっていました。このデータベースの変更作業は毎回アプリケーションを停止させる必要があり、その都度業務が止まるという課題がありました。これをKVSとドキュメントDBに替えたところ、物件情報ごとに異なった属性でも関係なくデータベースに格納でき、変更のたびにデータベースを操作する必要もなくなりました。これにより業務停止はなくなり業務効率は改善されました。

この例のように、RDBに格納すること自体が非効率なケースにおいては、ドキュメントDBに切り替えることにより、開発や保守の効率が上がる可能性があります。これは業務改善や新製品投入の速度を速めます。

|2-3-3-3| 短所1：技術者の確保・育成に苦慮

NoSQLの技術者の確保は非常に困難です。NoSQLがそれほど普及していない日本では、NoSQLの技術者はほとんどいません。特に、長年RDBだけでシステムを構築してきた会社にはいないでしょう。そのためNoSQLを自社で使おうとしても、まずはエンジニアの教育から始める必要があります。ただし、一般的なエンジニアがNoSQLを学習し、他人の力を借りずに本番運用をこなせるようになるのは、かなり難易度が高いと思ってください。

2-3 NoSQLにすると嬉しいこと・辛いこと

　まず、日本にはNoSQLを学習する基盤が整ってはいません。ドキュメントの多くは英語ですし、日本語の書籍があったとしても古いものが多いです。公式トレーニングなど一部のNoSQLは開催されていますが、そうではないもののほうが多いでしょう。

　次に、NoSQLそのものが難しいです。そもそもデータベースという分野自体がITの中でも難しい分野ですが、それに輪をかけてNoSQLは難しいです。アーキテクチャはどれもバラバラですし、クエリもバラバラ、標準化されている物は一切ありません。RDBを利用するレベルのエンジニアでは手が出ないでしょう。データベースの本質を理解し、ハードウェア、ネットワーク、OSなど幅広く知っているエンジニアがいて初めてNoSQLを理解できると思ってください。

　以上の事から、自社のエンジニアの技術力に自信がないのであれば、NoSQLを独学で学習するのはあきらめたほうが良いです。必ず他人の力を借りるようにしましょう。つまりNoSQLをサポートしているベンダにお金を払って、有償サポートを購入したり、トレーニングを受けることをお勧めします。もしくは、フルマネージドなサービスを利用して、NoSQLを利用するだけにとどめるべきでしょう。

　幸い、NoSQLが普及してきたおかげか、主要NoSQLであれば日本にもサポートするベンダは増えてきましたし、マネージドサービスも充実してきました。詳細は各NoSQLの紹介ページに記載します。

|2-3-3-4| 短所2：開発の標準化が困難

　NoSQLを多くのチームで幅広く使っている会社では、開発の標準化が困難であるという課題があります。

　RDBであれば、関係データベース理論によってデータの格納方法が体系化されて整理されていますし、データの利用はSQLという非常に強力な標準化がされています。また、性能の問題になりそうなところは、ノウハウ

RDB技術者のためのNoSQLガイド　43

第2章 イントロダクション

として長年蓄積され、それを回避するためのベストプラクティスも確立しています。そのため、開発メンバにRDBのトレーニングを受けさせて、資格を取らせれば、どんなRDBであっても設計はほぼ標準化されます。

しかし、NoSQLは違います。スキーマレスでデータの格納はいかようにもでき、問い合わせ方もNoSQLごとにばらばらです。歴史が浅いため、性能問題のノウハウも蓄積されていません。あったとしても英語でしょう。

このような問題から、近年のNoSQLは、スキーマをチェックできるようにしたり、SQLライクなクエリ言語を用意したりと、より開発の標準化を助けるような機能が多く搭載されてきています。

2-4
よくあるNoSQLの勘違い

NoSQLは多種多様で数多くのプロダクトがあるため、あるプロダクトの特徴をそのままNoSQLの特徴としてとらえると、間違っていることが多いです。また、開発速度も速いため、旧バージョンの特徴が今でも残っていると勘違いしている場合もあります。

この節では、よくあるNoSQLの勘違いについて簡単に説明していきます。

2-4-1
「バッチが高速になる」は勘違い

NoSQLに対する勘違いで最も多いのは、バッチが高速になるということです。

ITR社によるNoSQLに関するアンケート[9]によりますと、NoSQLに対する期待の上位5は以下のとおりです。

- 1位 クエリ（検索）の性能向上
- 2位 データローディングの処理性能向上
- 3位 トランザクション処理性能向上
- 4位 バッチ処理性能の向上
- 5位 データレイテンシの改善

この中の「2位 データローディングの処理性能向上」、「4位 バッチ処理性能の向上」はどちらもバッチ処理に関する性能向上ですが、NoSQLではバッチは速くなりません。

NoSQLはビッグデータをオンラインで処理するためのデータベースであり、ビッグデータをバッチで処理するためのデータベースではありません。ビッグデータのバッチができるデータベースはHadoopです。この点は3-4「HadoopとKVS/DocDBの違い」で詳しく説明します。

|2-4-2|
「トランザクションが高速になる」は勘違い

上記のアンケートでは、「トランザクション処理性能向上」が3位に入っていますが、本章のNoSQLの短所でも説明したとおり、NoSQLはトランザクションをサポートしていません。

トランザクションがあると謳っているNoSQLもありますが、RDBのように厳密にACID特性を保証したトランザクションをサポートしているNoSQLは無いです。なぜならば、ACID特性とスケールアウトによる性能向上はトレードオフの関係にあるためです。

---

[9] ITRがNoSQLに関する調査結果を発表、2015年5月12日 株式会社アイ・ティ・アール https://www.itr.co.jp/company/press/150512PR.html

第2章 イントロダクション

|2-4-3|
「ビッグデータを分析できる」は勘違い

バッチが出来ないのと同じ理由で、NoSQLは分析をするためのものではありません。ビッグデータの分析を得意とするデータベースはHadoopです。

分析とは、データを一括で書き込んで、そのデータに対して集計や抽出（読み込み）を多用する使い方です。この使い方はNoSQLの得意とするものではありません。NoSQLが得意とするのは、読み書きがランダムに来るクエリを高速に処理する使い方です。

NoSQLの中でもしばしば集計機能を提供して、分析できると謳っているものがありますが、それは比較的小規模なデータに対してオンラインで集計するものであり、世の中でいわれるビッグデータ分析ではありません。この点は3-4「HadoopとKVS/DocDBの違い」で詳しく説明します。

|2-4-4|
「非構造データが効率的に扱える」は正確ではない

NoSQLが得意なのは半構造データであって、非構造データではありません。「何それ？」という場合は、ページを戻って、今一度図2-2を見直してください。

多くの場合、非構造データと半構造データをごっちゃにして「非構造データ＝リレーショナルデータ以外」と扱われることが多いです。そのためNoSQLは非構造データが得意と勘違いされますが、それは正確ではありません。

46　RDB技術者のためのNoSQLガイド

正しい意味の「非構造データ」は音声、画像、動画といったマルチメディアデータや生のテキストデータのことを言います。マルチメディアデータであれば一つのデータの容量が大きいため、NoSQLが扱うのは不得意です。NoSQLは細かいデータを素早く出し入れするのが得意なので、マルチメディアデータは格納しないのが普通です。テキストデータであれば、自然言語処理や全文検索機能に優れたデータベースを利用すべきでしょう。多くのNoSQLは全文検索できないため、これも苦手です。

最後に念を押しますが、NoSQLが得意なのは、JSONなどの構造を事前に定義できない「半構造データ」です。

|2-4-5|
「RDBから置き換えると速くなる」は正確ではない

「NoSQLだからRDBより速い」、これは正確ではありません。正しく言うのであれば「速くしたい処理が分散でき、かつその分散処理をできるNoSQLを使えば、RDBより速い」です。

まず、NoSQLに置き換えて速くなるためには、分散できる処理である必要があります。例えば、今使っているRDBで複数のテーブルに跨る結合の性能が遅かったとしましょう。これは結合を提供していないNoSQLでは置き換えることができません。結合の整合性を犠牲にしてよいのであれば、NoSQLのほうが速いかもしれませんが、これは現状の置き換えではなく機能を削っていることになります。

また、仮にNoSQLで提供している機能であっても、RDBよりも速いとは限りません。例えば、RDBにおいて、あるユニークなキーでデータを取得する際のターンアラウンドタイム（応答時間）を、今以上に速くしたいと考えたとしましょう。もしRDBにメモリが潤沢にあり、メモリ上にクエリの結

第2章 イントロダクション

果がキャッシュとして存在しているとしましょう。この場合は、NoSQLで分散処理してもターンアラウンドタイムはRDBとさほど変わらないです。なぜならば、どちらもメモリからデータを取得するだけの処理であるためです。分散するオーバヘッドがある分NoSQLのほうが遅いかもしれません。

さらに、NoSQLには得手不得手があります。書き込みが得意なNoSQLもあれば、読み込みが得意なNoSQLもあります。また、提供するAPIも様々であり、現状のSQLの置き換えができるとは限りません。なので、NoSQLの選択を誤ると、速くしたい処理を適切に分散処理できない事もあります。

このように、「速い」という一言で片づけるのはよくありません。具体的に現状どの処理が遅いのかを見極めましょう。また、「速さ」といってもターンアラウンドタイムのことを言っているのかスループット（単位時間あたりの処理量）のことを言っているのかも考える必要があります。これらをすべて把握したうえで、それに適した分散処理ができるNoSQLを選択することにより、初めて速くできるのです。

|2-4-6|
「オープンソースしかない」は昔の話

昔はオープンソースのNoSQLしかありませんでしたが、現在はクラウドサービスにNoSQLのサービスがあったり、商用製品が出たり、既存のRDBがNoSQLに対応したりと、さまざまなNoSQLが登場してきました。

クラウドでは、Amazon Web Servicesには「DynamoDB」「ElastiCache」、Microsoft Azureには「DocumentDB」「Azure Redis Cache」、Google Cloud Platformには「Cloud Datastore」、IBMには「Cloudant」というNoSQLサービスがあります。

48 RDB技術者のためのNoSQLガイド

商用製品では、Oracle社から「Oracle NoSQL Database」という商用データベースがリリースされ、MarkLogic社は自社の「MarkLogic」をJSON対応させてNoSQLデータベースにしました。

また、「Microsoft SQL Server」、「MySQL」、「PostgreSQL」、「IBM DB2」、「Teradata」といった既存のRDBもJSONを格納できるNoSQLインターフェースを搭載しました。

|2-4-7|
「スキーマがない」は昔の話

スキーマが無いことによる管理上の問題は昔からあったため、最近のNoSQLでは変わりつつあります。

Cassandraでは、NoSQLでありながらもスキーマを定義しないとデータを格納できないようになりました。また、MongoDBも最新版の3.2ではドキュメントのバリデーションができるようになり、型が間違っているデータをはじけるようになっています。

|2-4-8|
「SQLが使えない」は昔の話

以前、NoSQLはそれぞれ独自のクエリ言語を提供していました。しかし最近は多くのNoSQLでSQLライクな問い合わせ言語を提供し始めています。例えばCassandraのCQL、CouchbaseのN1QL等です。これらの言語は、SQLの一部の文法をそのまま使えて、かつ半構造データに特化した拡張文法を備えています。加えて、Couchbaseでは結合をサポートしていますが、これはクエリを複数回実行して結果をまとめてくれるものであり、トランザクション性のある処理にはなっていません。

このように多くのNoSQLがSQLライクになってきたことから、「Not Only SQL」という言葉は不適切になりつつあります。

> ### Column NoSQLの流行
>
> 技術の流行を知る一つの手段として、ガートナー社のハイプサイクルが有名です。2015年度のガートナー社のレポート「Hype Cycle for Information Infrastructure」ではドキュメントDBとKVSは流行期を終えて幻滅期に入り始めていると評価しています（図2-5参照）。
>
>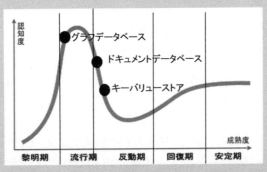
>
> ●図2-5　2015年ITインフラのハイプサイクルより抜粋（参照元：Hype Cycle for Information Infrastructure, 2015 - Gartner）
>
> これは、アーリーアダプタと呼ばれる最先端技術をいち早く評価する人々が一通り使い終わって、過度な熱や期待が冷めた状態です。日本においてもブームは終わった印象を受けます。流行期に数多くのデータベースが登場しましたが、ここからは良いものだけが残り、他は淘汰されていくでしょう。
>
> またグラフDBは流行期に入り始めたと評価されています。本書ではNeo4jだけを紹介していますが、Neo4j以外にも数多くのグラフDBがあり、これらが今後流行していくでしょう。

第3章

データベースの中の NoSQLの位置づけ

データベース全体を俯瞰して、その中で NoSQL がどこに位置するのか説明します。

第3章 データベースの中のNoSQLの位置づけ

3-1

データベースを分類する2つの軸

　データベースは世の中に数多く存在します。例えば、DB-Engines[1]とい
うデータベースの情報サイトでは、254個のデータベースが登録されていま
す。これら数多くのデータベースの中でNoSQLに分類されるKVS（キーバ
リューストア）、DocDB（ドキュメントDB）、グラフDBはどこに位置づけ
され、どういう特徴があるのでしょうか？

　データベースを分類する上で、本書では以下の2つの評価軸を設けます。

- 重視する性能が、ターンアラウンドタイム重視か、スループット重視か
- 性能拡張するときに、スケールアウトできるかどうか

順番に説明していきましょう。

3-1-1

重視する性能による分類軸

　データベースはターンアラウンドタイムを重視するデータベースと、スルー
プットを重視するデータベースの二種類に分けられます。

3-1-1-1 ターンアラウンドタイム重視

　ターンアラウンドタイム重視のデータベースは、クエリの応答速度を重視
したデータベースです。

　主な用途としてはオンラインでオペレーションする用途です。「オンライ
ン」とは、ユーザから任意のタイミングでクエリが発行され、それに即座に

---

*1　http://db-engines.com/en/ranking

52　RDB技術者のためのNoSQLガイド

応答するという意味です。「オペレーション」とは一部の少量のデータに対してCRUDを同程度の頻度で行うような使い方を意味しています。具体的には、業務システムにおいて複数のユーザが登録画面、編集画面、参照画面などを介して、マスターデータに対して読み書きする用途を想像すればよいでしょう（図3-1参照）。この使い方では、どれだけ速く応答を返すかが重要になってきます。

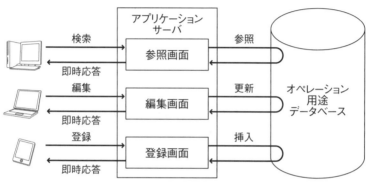

◎図3-1　ターンアラウンドタイム重視のデータベースの主な用途

|3-1-1-2| スループット重視

スループット重視のデータベースは、単位時間あたりのデータ処理量を重視したデータベースです。

主な用途としてはバッチで分析をする用途です。「バッチ」とはデータを一括処理することをいい、「分析」では一度だけデータを書き込んで、データの全量に対して集計や抽出をするという使い方です。具体的には、夜間バッチで売り上げデータをマスターデータベースやCSV等のファイルからロードしてきて、BIツールと接続して様々な方法で集計したり、バッチでレポートを出す用途を想像すればよいでしょう（図3-2）。この使い方では、いかに大量のデータを短い時間で処理するかが重要になってきます。

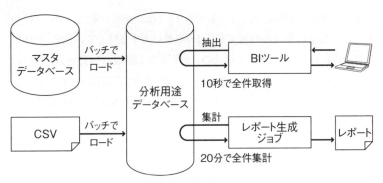

⌃ 図3-2　スループット重視のデータベースの主な用途

|3-1-2|
性能拡張モデルによる分類軸

　データベースには性能を拡張する際に、スケールアウトによって性能拡張できるものと、スケールアップでしか性能拡張できないものの2種類があります。

|3-1-2-1| スケールアウトできるデータベース

　ここに分類されるデータベースは、性能が足りなくなった場合にノードを横に並べて処理を分散すること（スケールアウト）により、性能を拡張することができるデータベースです。このデータベースはデータモデルやクエリの性質上、データを分散配置して、それに対してクエリを分散できる作りになっています。ポイントは、分散されたクエリはクラスタ内の単一ノードで完結して、複数のアプリが同時にクエリをかけても互いに悪影響を与えないようにしていることです（図3-3）。そのため整合性が犠牲になりますが、それでも良いという考え方です。

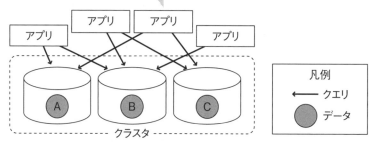

◎図3-3　スケールアウトできるデータベース

|3-1-2-2| スケールアウトできないデータベース

　ここに分類されるデータベースは、性能が足りなくなった場合にハードウェアのスペックを上げること（スケールアップ）でしか性能を拡張できないデータベースです。なぜスケールアウトできないかというと、それはデータモデルやクエリの特性や、守らなければならない整合性のレベルから、処理が複数のノードに跨るため、複数のアプリで並行してクエリを処理することができないためです。

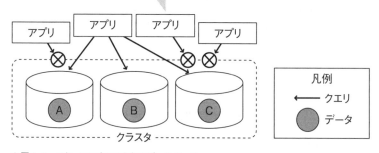

◎図3-4　スケールアウトできないデータベース

　抽象的な言い回しをしてしまいましたが、RDBにおけるリレーショナルモデルとSQL、そしてトランザクションのACID特性の事を想像するとわ

かりやすいです。リレーショナルモデルはテーブル間の参照制約があるため、クエリをかけるたびに複数のデータをチェックしなければいけません。他にもSQLの結合や副問い合わせは、複数のデータに跨るため、処理が分散しにくいです。そして、何よりもトランザクションでACID特性を守るためには2フェーズコミットが必要で、これも分散の妨げになります。

3-2 データベースの4つのエリア

前節で紹介した二つの軸でデータベースの世界を分けると、4つのエリアができます。これらのエリアに代表的なデータベースの種類を当てはめると、図3-5のようになります（「KVS/DocDB」はKVSとドキュメントDBを合わせた用語で、この章だけで用います）。

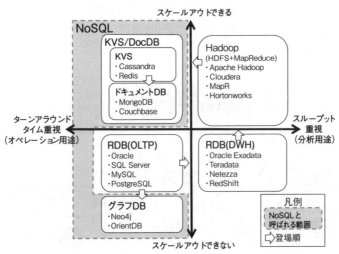

● 図3-5 データベースの4つのエリアと、そこに属するNoSQLに関係の深いデータベースグループ

ここで紹介しているデータベースグループはRDB（OLTP）、RDB（DWH）、Hadoop（HDFS+MapReduce）、KVS/DocDB、グラフDB

の5つですが、もちろんこれ以外のデータベースのグループはあります。ただ、NoSQLの位置づけを説明するためにはこの5つで十分であるため、他のデータベースグループは省略しています。

見てわかるように、NoSQLに分類されるKVS/DocDBとグラフDBは全くエリアが異なることがわかります。それぞれ、説明していきましょう。

|3-2-1|
RDB（OLTP）

RDB（OLTP）は、皆さんが最もよく利用している、本書で今までRDBと呼んできたデータベースそのものです。本章ではより厳密にRDB（OLTP）と表記します。OLTPという文字列を括弧で付与していますが、OLTPはOnline Transaction Processingの略であり、オンラインのCRUDをトランザクションとして処理する方法です。

DB-Enginesの上位プロダクトは、商用製品であればOracle、Microsoft SQL Server、オープンソースであればMySQL、PostgreSQLとなっています。RDB（OLTP）は皆さんがよく知っていると思うので、細かい説明は不要でしょう。

RDB（OLTP）はデータの一部を高速に処理できますが、データの全件に対して集計をかけるのは時間がかかります。そこで次に紹介するRDB（DWH）が登場するわけです。

|3-2-2|
RDB（DWH）

RDB（DWH）もRDBの一種ですが、データの使い方がスループット重

RDB技術者のためのNoSQLガイド 57

視のためRDB（OLTP）とは区別されます。DWHはデータウェアハウスの略です。RDB（DWH）では一括でロードされたデータに対する集計・抽出に特化した作りになっています。

DB-Enginesの上位プロダクトでは、Teradata、SAP HANA、IBM Netezza、HP Verticaとなっています。また、Oracle Exadataもここに属します（普段、単に「Oracle」と呼ぶデータベースはOLTPのRDBを意味していますが、ExadataはRDB（DWH）の性質が強いです）。クラウドサービスに目を向けるとAmazon Web ServicesのRedshiftや、Google Cloud PlatformのBig Query、MicrosoftのAzure SQL Data Warehouseが有名です。

DWHはOSの上で動作するソフトウェアとして提供されている物もありますが、TeradataやOracle Exadata等では、ハードウェアも含めたアプライアンスとして提供しています。アプライアンスでは大量のハードディスクを接続して、そこにテーブルを分割して保存し、一斉にデータを読み込むことにより抽出のスピードを高めています。

近年では、DWHは列指向（またはカラムナー）とよばれる性質を持っており、RDB（OLTP）よりも全量データに対する集計・抽出機能に特化した作りになっています。通常のRDB（OLTP）では行ごとにデータを格納するのに対して、列指向ではデータを列ごとに圧縮して格納します（図3-6）。集計・抽出では、ある列の値を連続して取得して計算するため、列ごとにデータが圧縮されて固まっている列指向は、IOが少なく短い時間でより多くのデータを処理できます。

その代わり、列指向では一つの行を処理しようすると大変です。ストレージ上の複数箇所に散在した行のデータをかき集めて処理する必要があります。そのため、列指向では一度データを入れたら部分的な削除や更新はしないことが基本です。一部のプロダクトは部分的な削除や更新に対応している物もありますが、それは高速ではありません。

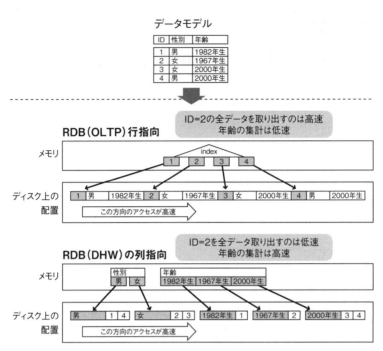

◎図3-6 RDB（OLTP）とRBD（DWH）列指向の違い

Note 列方向の方がデータ圧縮できる

データを圧縮する場合、行方向でデータを圧縮するよりも列方向で圧縮するほうが高い圧縮率です。この理由は、連続する列の値は型が同じでありデータの種類も限られることが多いため、行ごとの違いが小さくよく圧縮できます。一方、行方向のデータは、行の中に多様な型のデータを持つため、あまり圧縮できません。

RDB（DWH）の登場により、分析用途であれば多くのデータを短時間で処理できるようになりました。しかし、インターネットが本格的に普及してデータの量が爆発的に増えると、一つのハードウェアやアプライアンスで処理するには限界を迎えます。いわゆる「ビッグデータ」です。そこでスケールアウトによる分散集計という考え方が登場し、それこそが次に紹介するHadoopです。

|3-2-3|
Hadoop（HDFS+MapReduce）

　Hadoopは、ノードを横に並べてスケールアウト構成を取り、分散して集計をするために作られた分散処理基盤フレームワークです。その中に分散ファイルシステムであるHDFSと、その上で動く分散集計フレームワークMapReduceがあり、この二つを用いてスケールアウトして集計することができます。また、HDFSではそれまであったリレーショナルモデルのデータは扱わず、テキストファイルを処理対象としています。

　HadoopというのはApacheソフトウェア財団*2のオープンソースプロジェクトの名称であり、実態はいくつかの分散処理のためのコンポーネントを束ねるための枠組み（フレームワーク）です。Hadoopという名前のソフトウェアがあるわけではないので注意してください。本書では、この後「Hadoop」という言葉を使う場合は、「Hadoopフレームワークで実現されるデータ処理基盤」という意味合いで使います。

　フレームワークに含まれる代表的なものは、分散ファイルシステムであるHDFS、リソースを管理するYARN、および分散計算フレームワークであるMapReduceやSparkなどです。このほかにも様々なオープンソースソフトウェアが連携し動作します。これらをHadoopエコシステムと呼ぶことがあります。

　HadoopはオープンソースのApache Hadoopから始まりましたが、今はそれをラッピングして商用製品に仕立て上げたCDH（Cloudera Distribution for Hadoop）、HDP（Hortonworks Data Platform）、MapR等が登場しています。また、Hadoopをサービス化したAmazon Web ServicesのElastic MapReduceやMicrosoftのAzure HDInsightなどもHadoopの仲間といえるでしょう。商用製品ではHadoopを組み込ん

＊2　Apacheソフトウェア財団：オープンソース開発を支援する団体です。Webサーバのことではありません。Webサーバの正式名称はApache HTTP Serverです。　http://www.apache.org/

だOracle社のOracle Big Data Applianceや、Hadoop上で基幹バッチ処理を行うためのAsakusa Framework[3]などが有名です。

> **Note エコシステムとは**
>
> エコシステムとは本来「生態系」を表す言葉ですが、ITの文脈で使われる場合は、複数のソフトウェアが互いの技術を生かしあいながら、大きなシステムを形作っていることをいいます。Hadoopエコシステムのほかには、パブリッククラウドのAmazon Web Servicesのエコシステムもよく話に上がります。

　Hadoopの登場により、ビッグデータに対して分析を出来るようになりました。Webの検索等のサーバ側のデータを参照するだけの処理であればこれで事足りました。しかし、更に時代は進み、ユーザがインターネット経由でサーバのデータを操作するようになってきます。オンラインショッピングサイトなどを想像すればよいでしょう。こうなると、ビッグデータに対してオンラインでオペレーション処理をする必要が出てきました。そこで登場するのが、KVSです。

|3-2-4|
KVS

　KVS（キーバリューストア）はHadoopとは異なり、オンラインでオペレーションを行うためのデータベースであり、NoSQLに分類されています。KVSではスケールアウトして処理を分散することにより、ビッグデータに対するランダムなCRUDに対して短いターンアラウンドタイムで応答できます。KVSのデータ構造は、キーに対して一つの値を格納するキーバリューモデルと、複数の列を格納するワイドカラムモデルがありますが、どちらもデータ間は疎結合であり分散して配置しやすいという特徴があります（図3-7）。

＊3　http://www.asakusafw.com/

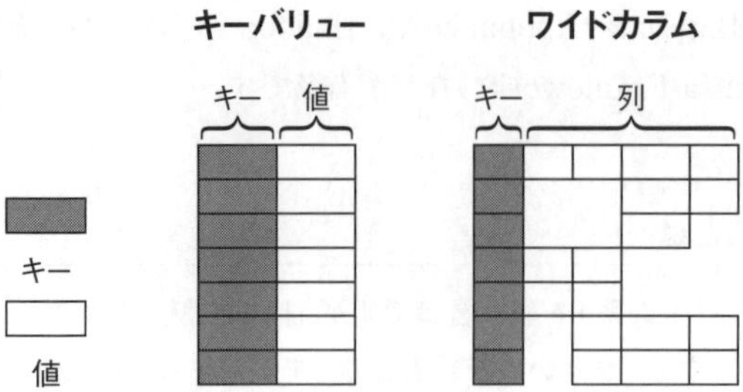

第3章 データベースの中のNoSQLの位置づけ

キーバリュー　　　ワイドカラム

キー　値　　　　キー　　　列

キー

値

◎図3-7　KVSの扱うデータの概念図

　DB-Enginesの上位プロダクトはCassandra、Redis、HBaseとなっており、すべてオープンソースです。クラウドではAmazon DynamoDBやGoogle Datastore等が登場してきています。

　シンプルなデータはKVSで十分でしたが、M2M通信*4においてJSONが流行り始めてきた背景もあり、シンプルなバリューではなくJSONを格納したいという要求が出てきました。そこでドキュメントDBの登場です。

|3-2-5|
ドキュメントDB

　ドキュメントDBは、KVSと同様にオンラインでオペレーションを行うためのデータベースであり、NoSQLに分類されています。KVSとの違いは格納するデータがJSONで、JSONに特化した機能を有している点です（図3-8）。単にキーバリューのバリューにJSONを格納するだけのデータベースは、本書ではKVSに分類しています。そうではなく、JSONの中身の値で検索できたり、JSONの中身にインデックスを張るなど、JSONの操作に特化したものをドキュメントDBに分類しています。

＊4　M2MはMachine to Machineの略で、クライアントからサーバのデータ取得や、サーバ間でSOAP通信するといった、機械同士が通信することをいいます。

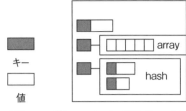

◎図3-8　ドキュメントDBの扱うデータの概念図

　ドキュメントDBはKVSとは異なり、スケーラビリティだけでなく開発生産性という点においても注力しています。JSONは記述が簡単でデータの可読性が高いこと、WebのAPIから取得する形式の標準になっていること、JavaScriptを始めとしたスクリプト言語で扱いやすいといった理由から、半構造データにおける開発生産性を高められます。

　DB-Enginesの上位プロダクトはMongoDB、Couchbase、CouchDBとなっており、すべてオープンソースです。最近は、商用製品ではMarkLogic、クラウドではMicrosoft Azure DocumentDBやIBM Cloudant等が登場してきています。

3-2-6
グラフDB

　グラフDBは、RDBでは表現が困難なデータとデータの繋がりを簡単に表現でき、そしてRDBでは時間がかかりすぎる結合でデータを辿っていくような複雑なクエリを、高速に実行できます。

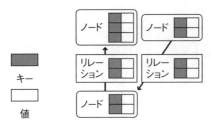

◎ 図3-9　グラフDBで扱うデータの概念図

　一方で、RDBよりもデータ間の関係性が強いため、データを分散したりクエリを分散することが難しいです。そのため、RDB（OLTP）以上にスケールアウトすることができず、エリアの中でもRDB（OLTP）よりも下に位置しています。

　グラフDBは、これまで説明したドキュメントDBに至る歴史とは全く異なります。グラフDBが登場した背景は、社会経済全般における情報化とともに複雑な情報が増えたこと、そして、企業が情報と情報の繋がりに存在する新しい価値の発見に気付き始めたことです。

　Google、Facebook、Twitterなどインターネットビジネスを先導しているこれらの企業では、インターネットによる情報の複雑化が始まる前から、彼らのビジネスの中心に繋がりのあるデータ（グラフ）を据えていたと言われています。ガートナーのレポート「Making Big Data Normal With Graph Analysis for the Masses」によると、「2018年には、大企業の70%がグラフDBを利用するパイロット事業や概念実証努力に取り組んでいるであろう」と報告しています。詳細は88ページのコラム「情報と情報の繋がりに存在する新しい価値の発見」で話しましょう。

　DB-Enginesの上位プロダクトでは、Neo4jやOrientDBなどがあります。

3-3

RDB（OLTP）と KVS/DocDBの違い

　ここから各データベースの違いを比較していきましょう。はじめはRDB（OLTP）とKVS/DocDB（KVS+ドキュメントDB）の違いです。

　RDB（OLTP）と比較したときのKVS/DocDBの特徴の違いは、以下の3つです。

1. **ビッグデータ処理**: スケールアウトすることによりビッグデータを分散して高速に処理できる
2. **非リレーショナル**: リレーショナルモデル以外を採用している
3. **スキーマレス**: 事前にデータ構造を定義することなくデータを扱える

　この中で、2.非リレーショナルと3.スキーマレスについてはこれ以上説明する必要はないでしょう。

　特に理解すべきは1.ビッグデータ処理の部分です。KVS/DocDBはRDB（OLTP）とは異なり、スケールアウト構成により性能を台数に比例して増やすことができます。それにより、一台では格納できないような大量データや、一台では処理しきれないような負荷に耐えることができます。言い換えるとRDB（OLTP）はスケールアウトして台数に比例した性能を出すことはできないということになります。これはなぜでしょうか？

　これを理解するためには、まずRDB（OLTP）が保証する「強い整合性」について理解する必要があります。

|3-3-1|
RDB（OLTP）は強い整合性

RDB（OLTP）は強い整合性を保ちます。

　強い整合性とは、データベースから取得したデータが常に最新であり、決められたルールに従ってデータに矛盾が無い状態のことを言います。逆にそうではない状態では、取得したデータが古かったり、データ間で矛盾が生じていることがあります。例えば、銀行の残高データと振り込みデータを扱うデータベースであれば、ルールとして振込金額と残高データの減少金額が一致していなければなりません。あるユーザが振り込みをコミットしたら、たとえデータベースがクラッシュしたとしても、そのコミットは実行されなければなりません。つまり「振込データがあり、残高が変わっていない」という矛盾は許されないわけです。

　この強い整合性を保つための機能がトランザクションです。トランザクションはACID特性を持っています。ACID特性とは、以下の4つの特性です。

- ●原子性（Atomicity）：トランザクションに含まれる操作は、全て行われるか全く行われないかのいずれかである。
- ●整合性（Consistency）：トランザクションがデータベースに課したデータの整合性ルールを満たすことを保証し、ルールを満たさないトランザクションは成功させない。
- ●独立性（Isolation）トランザクション同士が互いに影響を与えることはない。
- ●永続性（Durability）コンピュータシステムがクラッシュしても成功したトランザクションの結果は失われない。

原始性と整合性によりデータの整合性が確保され、独立性によりクエリがデータを操作している途中の中途半端なデータを読み取ることはありま

せん。これにより強い整合性が確保されるのです。

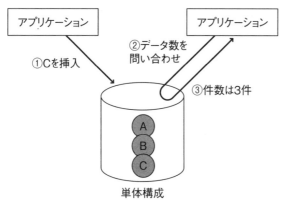

● 図3-10　一つのデータベースであれば強い整合性

3-3-2
強い整合性を保ったまま性能をスケールするのは困難

　RDB（OLTP）は強い整合性を保つためにトランザクションを提供しなければなりません。そのため、RDB（OLTP）はスケールアウトにより性能を台数に比例してあげることが困難です。

　強い整合性を保ったまま、複数のデータベースでデータを扱うことはできます。それは分散トランザクションを用いる方法です。分散トランザクションでは、2フェーズコミットの手法を用いて、複数のノードでコミュニケーションを取りながら一斉に全ノードのデータを更新します。例として、2つのノードで2フェーズコミットを行う処理フローを図3-11に示します。コミットをする前に2つのノードに対してコミットの準備ができているか尋ねます。そして両方から準備が整った返答を受け取ったのち、一斉にコミット指示を送ります。これにより両方のノードが同時にトランザクションをコミットでき、複数ノードで整合性を保てます。また、その間他のアプリケー

ションが更新しようとしても、排他制御の機能により更新が終わるまで待たされます。これにより強い整合性が保てるのです。

　しかし、この手法の欠点として、処理が複数のノードにまたがるため、台数が多くなればなるほど応答が遅くなります。加えて他の更新アプリケーションはトランザクション終了まで待たされるため、クラスタ全体で処理できるクエリが頭打ちになってしまい、せっかくノード数を増やしたのに、ノード数に比例して処理能力が増えてくれません（図3-12）。

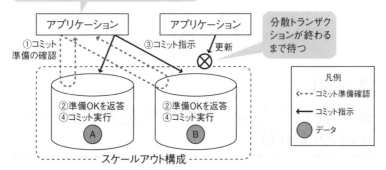

◎図3-11　2フェーズコミット

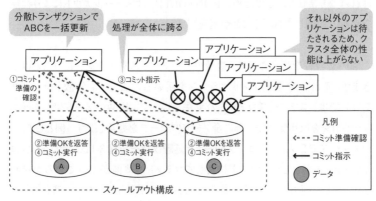

◎図3-12　2フェーズコミットでは性能はスケールしない

3-3-3

KVS/DocDBでは3つの工夫で性能を
スケールさせている

KVS/DocDBでは以下の3つの工夫を行うことにより、性能をスケールすることを実現しています。

1. 分散トランザクションを提供しない
2. 分散しやすいデータ構造とクエリだけを提供する
3. 強い整合性を犠牲にして、データの複製に対して読み書きする

|3-3-3-1| 分散トランザクションを提供しない

KVS/DocDBではトランザクションを提供しないことによりスケーラビリティを獲得しています。

KVS/DocDBではデータを分散し、それに対するクエリを分散する「シャーディング」ができます。KVS/DocDBのシャーディングでは、一つの更新クエリの中で複数のノードにある複数のデータの更新が必要な場合でも、分散トランザクションにはせずに「ばらばら」にクエリを実行します。これにより、処理を一つのノードで完結させることができ、複数のアプリケーションが同時にクエリを投げても、お互いに待たされることなく高速に応答できるのです（図3-13）。その代わり、一つの更新クエリの最初と最後で他のアプリケーションの更新が割り込んでくる可能性があります。これはACID特性でいうところの独立性（Isolation）が守られておらず、強い整合性は保たれません。

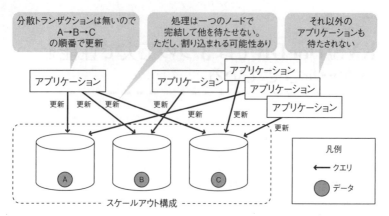

● 図3-13　処理が1ノードで完結するため、性能がスケールする

　もちろん、RDB（OLTP）でも分散トランザクションを用いずに複数のノードにテーブルを分けてそれぞれSQLを発行すればスケーラビリティは上がります。ですが、それをするためにはアプリケーション側で「このSQLはこのノードに」と振り分ける必要があり、開発工数がかさみます。その点、KVS/DocDBはアプリケーションから見えるインターフェースは一つであり、勝手にデータやクエリが分散されるというのが特徴でしょう。

　この話をすると、RDB（OLTP）でもテーブルパーティショニングの技術により、アプリケーションからのインターフェースは一つで、データを分散する技術があるじゃないか、と言われるかもしれません。しかしテーブルパーティショニングをするためのソフトウェアは一般的に高価です。KVS/DocDBはデータ分散を前提に作られているため、追加コスト無くデータの分散ができるので、コスト面で違いがあるでしょう。しかも、テーブルパーティショニングをしたとしても、スケーラビリティを出すためには結局分散トランザクションを捨てなければなりません。

|3-3-3-2| 分散しやすいデータ構造とクエリだけを 提供する

KVS/DocDBが採用するキーバリュー、ワイドカラム、ドキュメントといったデータ構造は分散しやすいデータ構造です。なぜならば、データ間に関連を定義しないためです。一方、RDB（OLTP）が提供するリレーショナルモデルは、外部キーや参照制約などがありデータ間の関連が強いです。そのため分散配置するのが困難になります。

クエリの性質もKVS/DocDBとRDB（OLTP）では異なります。KVS/DocDBではクエリは分散しやすいようにできています。クエリはキーで問い合わせるだけのシンプルなものが多く、複数のデータを結合したり参照制約をつける機能は提供していません。これにより、処理は確実に一つのノードで完結します。一方SQLは複数のデータを跨るクエリを提供しなければなりません。それは参照制約、結合、副問い合わせ、集約などです。これらは分散しにくいクエリの典型例です。

これらの事から、RDB（OLTP）はデータ構造やクエリとしても分散しにくい作りになっています。ですのでテーブルパーティションでテーブルのデータだけ分散したとしても、そこにかかるSQLがクラスタ全体に跨るため、足を引っ張り性能が頭打ちになってしまうことでしょう。

|3-3-3-3| 強い整合性を犠牲にして、データの複製に 対して読み書きする

KVS/DocDBではデータを分散するシャーディングに加えて、データを複製する「レプリケーション」により、さらに処理性能をスケールできます。具体的には、複製から読み取ることにより読み取りをスケールできます。加えて、マルチマスターレプリケーションでは、複数の複製に対して同時書き込みができるため、ネットワーク的に近いマスターノードに書くことにより、書き込みレイテンシ（遅延）を減らすことが出来ます。

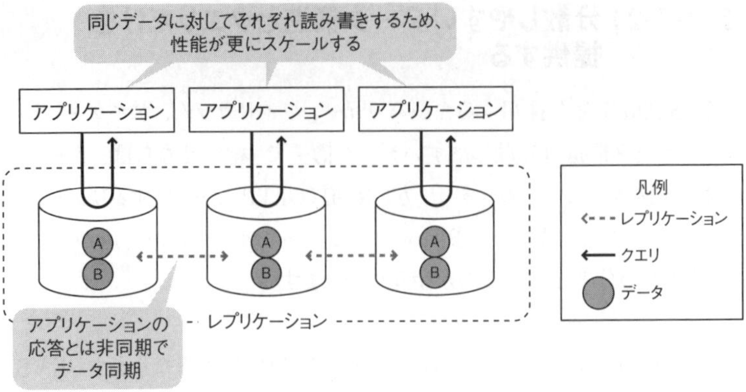

第3章 データベースの中の NoSQL の位置づけ

同じデータに対してそれぞれ読み書きするため、
性能が更にスケールする

◎ 図3-14 複製に対する読み書きで性能が更にスケールする

　上記の複製に対する読み込みや書き込みは、分散トランザクションを用いて行われずに、それぞれバラバラに行われます。そのため、強い整合性は保てません。

　例えば図3-15の例では2台のノードでデータの読み書きを分散していますが、あるノードに書いたCというデータを他のノードに伝搬する前に、その他のノードが件数の問い合わせに応答してしまい、クエリの結果が古い情報となり正しくなくなってしまいます。この問題は一時的なものであり、レプリケーションによりデータが最新化されれば無くなります。このようにあるタイミングではクラスタ全体でデータの整合性が取れていなくても、最終的には整合性が取れる状態になることを「結果整合性」といいます。

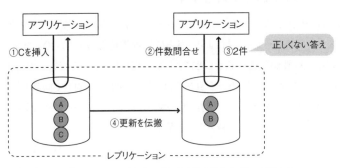

◎ 図3-15 レプリケーションだと古いデータを読み取るタイミングがある

更に、マルチマスターレプリケーションでは複製に対する書き込みも許可しているため、書き込みが競合するという問題も発生します。図3-16の例では2つのアプリケーションから同時に同じデータに対して別の書き込みをしています。この場合CとDのどちらを「正」とするかはKVS/DocDBの作りや設定次第ですが、仮にCを正とした場合、Dを書き込んだアプリケーションは一時的に間違ったクラスタの状態が見えたことになり、これも強い整合性が満たせていません。結果整合性となります。

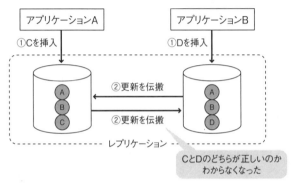

● 図3-16 マルチマスターレプリケーションだと書き込みの競合が起こる可能性がある

|3-3-3-4| BASE特性

このように、KVS/DocDBでは3つの工夫をすることにより、性能をスケールさせています。それによりビッグデータを扱えるようになっています。ここがRDB（OLTP）との最も大きな違いです。

このようなKVS/DocDBの思想は、RDB（OLTP）のACID特性になぞらえて「BASE特性」と呼ばれることがあります。BASE特性とは「アプリケーションは基本的にどんな時でも動き（Basically Available）、常に整合性を保っている必要はないが（Soft-state）、結果として整合性が取れる状態に至る（Eventual Consistency）」という特性です。KVS/DocDBの特徴を表す言葉として覚えておいて損はないでしょう。

3-3-4
CAPの定理

今まで紹介したような整合性の議論について言及した、有名な「CAPの定理」という定理がありますので、簡単に紹介します。CAPの定理[*5]とは、分散システムにおいては、Consistency（整合性）、Availability（可用性）、tolerance to network Partitions（分断耐性）、の3つうち最大2つまでしか満たすことはできない、という定理です（図3-17）。それぞれ以下の意味があります。

- C（整合性）：全てのノードで同時に同じデータが見える。「強い整合性」と同義。
- A（可用性）：単一障害など一部のノードで障害が起きても処理の継続性が失われない。
- P（分断耐性）：ノード群までネットワークが分断されても、正しく動作する。

◎図3-17　CAPの定理

[*5] 2000年にPODC基調講演にてEric Brewer氏が発表しました。http://www.eecs.berkeley.edu/~brewer/cs262b-2004/PODC-keynote.pdf

CAPの定理は分散データベースが難しい技術であるということを説明しています。どんなに優れた製品でも、可用性と分断耐性と整合性の3つを同時に満たすことはできません。もし、3つとも出来るという謳い文句のデータベースがあったのであれば、それは営業の誇大広告です。

> **Note** **CAPの定理は証明済み**
>
> CAPの定理は、ブリュワーが提唱し、その後2002年にギルバートとリンチが学術的に証明しています。

CAPの定理により、3つの特性を同時に満たすことはできないため、世の中のデータベースはその内2つの特性を備えたものになります。つまりAP、CA、CPのいずれかの特性になります。順番に説明しましょう。

|3-3-4-1| CA特性を持つシステムの特徴

C（整合性）とA（可用性）を持ち、P（分断耐性）がないシステムの典型的な例は、Active-Standbyのクラスタ構成のデータベースです。具体的には、RDB（OLTP）が該当します。これらは読み書きする箇所がActiveの1箇所であるため、CとAは保証されますが、ActiveノードとStandbyノードをつなぐネットワークが切れた場合に、スプリットブレイン状態になりどちらがActiveになるか判断できないため、正しく動作できなくなります。両方Activeになれば書き込みが競合してデータを破壊してしまいますし、両方がStandbyになれば利用できなくなります。そのため、このようなクラスタでは、間のネットワークは絶対に切れないように冗長化した専用線を用いることが多いです（図3-18）。

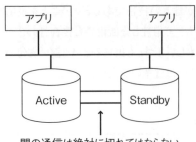

◎図3-18　CA特性のクラスタ

|3-3-4-2| CP特性を持つシステムの特徴

　C（整合性）とP（分断耐性）を持ち、A（可用性）がないシステムは、クラスタを構成するすべてのノードに対して同じデータを見ることができ、ネットワークが分断しても正しく動作します。ただし、その間読み書きができなくなります。多くの場合クラスタを奇数台の台数で構成し、ネットワークが切れた際にクラスタの過半数より多くのノードと通信できる集団を生きているクラスタとして動作を続けますが、残ったクラスタは利用できなくなるため、可用性が下がります（図3-19）。KVS/DocDBではRedis、MongoDB、HBase、Couchbase（通常のレプリケーション）などがこの特性を備えています。

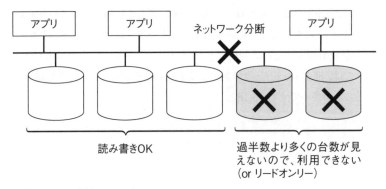

◎図3-19　CP特性のクラスタ

|3-3-4-3| AP特性を持つシステムの特徴

A（可用性）とP（分断耐性）を持ち、C（整合性）がないシステムは、クラスタを構成する全てのノードに読み書きができて、間のネットワークが切れたとしても読み書きが途切れません。イメージとしてはGitのような分散レポジトリを想像すればよいでしょう。Gitは同じレポジトリをクライアントで複製し、各々更新します。クライアントがネットワークから孤立していようとも、自身で複製したGitへの読み書きは出来なくなることはありません。しかし、同じデータに対して複数のクライアントで読み書きするため、古いデータが見えたり、書き込みが競合する可能性があります（図3-20）。つまりC（整合性）は保てないのです。競合が発生した場合は何かしらの方法で解消しますが、競合が発生することを前提として設計されているため動作を停止させるような事態にはなりません。Gitもそうですよね。KVS/DocDBではCassandra、CouchDB、Riak、Couchbase（クロスデータセンタレプリケーション）、Amazon DynamoDBなどがこの特性を備えています。

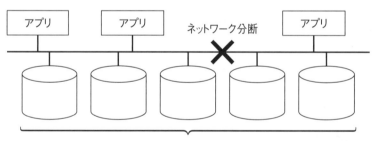

● 図3-20　AP特性のクラスタ

第3章 データベースの中のNoSQLの位置づけ

3-4
Hadoop と KVS/DocDB の違い

　HadoopのHDFS+MapReduce（以下Hadoopと略記）とKVS/DocDB、どちらもスケールアウトできて非リレーショナルデータを処理できますが、両者には明確な違いがあります。その違いを詳細に説明しましょう。

　前述のとおり、Hadoopはバッチ処理をするためのものです。一度に大量のデータを処理することが目的であるため、多少応答が遅くても単位時間あたりにできるだけ多くのデータを処理できるように作られています。

　それに対して、KVS/DocDBはオンライン処理をするためのものです。データの処理量よりも、ユーザから来る任意のタイミングのリクエストに即座に応答することを目的として作られています。

　ここからは具体的にHadoopとKVS/DocDBの動作を紹介します。これにより、HadoopとKVS/DocDBがどれほど違うかわかっていただけると思います。

3-4-1
Hadoop（HDFS+MapReduce）の動作

　Hadoopの動作概要を図3-21に示します

78　RDB技術者のためのNoSQLガイド

3-4 HadoopとKVS/DocDBの違い

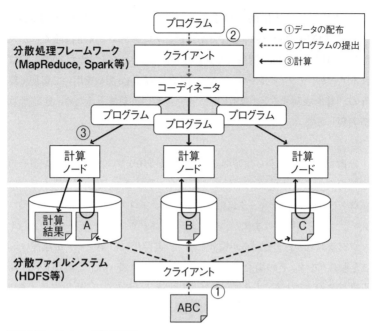

● 図3-21　Hadoopの動作概要

　Hadoopでは、まず最初にデータを分散ファイルシステム[*6]に書き込むところから始まります（図3-21の①）。分散ファイルシステムは各ノードにファイルを分割して保存します。例えば、30万行あるCSVファイルをクライアントに渡すと、3台のノードに分割して各ノードで10万行ずつ保存するといったことです。一度書き込んだらファイルの中身を更新することはできず、中身を変える場合はファイルを丸ごと置き換えることになります。つまり書き込みは一回です。

　次に、アプリケーションは分散処理したいプログラムをコーディネータに提出（submit）します（図3-21の②）。コーディネータはプログラムを各ノードにばらまいて、各ノードで実行をしてもらいます。例えば、CSVのある値でグルーピングしそのグループの平均値を計算したい場合は、集計して平均を求めるプログラムを作成してコーディネータに渡すといったことです。

[*6]　分散ファイルシステムはHDFSが使われることが多いですが、MapRの場合はMapRファイルシステムを使ったり、Amazon Elastic MapReduceであればAmazon S3を利用することもできます。

第3章 データベースの中のNoSQLの位置づけ

プログラムが具体的に何を指すかというと、最も有名なApache Hadoopの MapReduce の場合であれば、プログラムは Java 言語で書かれたMap 関数とReduce 関数です（より正確にはそれらを含んだJARと呼ばれるアーカイブファイルです）。Map 関数とReduce 関数を用いて参照・集計の計算を表現すると、複数のノードで並行に計算できるため、分散計算が実現します。

分散計算は数分から数時間かかることがあり、アプリケーションがその応答を待つことは現実的ではありません。そのため、アプリケーションはプログラムをコーディネータに渡すと終了し、プログラムの分散実行はバックグラウンドで行われます。その間コーディネータは各計算ノードが正しくプログラムを実行しているか監視します。実行中に計算ノードが故障することもあります。その場合は、自動的に新しい計算ノードを選出し、計算を継続させることもできます。また、各計算ノードのCPU使用率やメモリ使用率の空き状況を鑑みて、複数の計算を適切に実行することもできます。

プログラム計算が各ノードで順次終わるため、コーディネータはそれらの結果を集めて合算し、最終的な計算結果を分散ファイルシステムに格納します（図3-21の③）。

このように、書き込みは一回で、読み込みが多数。そして実行してから答えが出るまで時間がかかるバッチ処理。これがHadoopの動きなのです。

近年話題になっているSparkも動作原理は同じであり、プログラムの部分がMapReduceではなくSparkというメモリを効率的に使う計算方法にとって代わっています。

3-4-2
Hadoopと比較したときのKVS/DocDBの動作

一方KVS/DocDBではどうでしょうか。KVS/DocDBではプロダクトごとに動作は多少異なりますが、代表的なKVS/DocDBプロダクトであるMongoDBの動作概要を図3-22に示します。

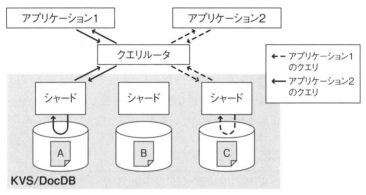

● 図3-22　KVS/DocDBの動作概要

KVS/DocDBではHadoopと同じようにデータを分散して格納することができます。これをシャードノードとよびます。

次に、データをCRUDオペレーションするためにクエリを投げますが、RDB（OLTP）と同様に、クエリを投げてから応答が返ってくるまでが同期処理です。即ち、アプリケーションはクエリの応答を待ちます。アプリケーションはクエリルータに対してクエリを投げると、クエリルータはデータのキーの値によって適切なシャードを選出しクエリを転送し、シャードではクエリを実行します。

KVS/DocDBではクエリを投げてから応答を受け取るまでの時間、ターンアラウンドタイムは数ミリ秒程度であり、Hadoopとは大きく異なります。

その一方で、すべてのデータに対して集計をかける等の大容量のデータを必要とするクエリは、Hadoopの方が速いです。また、クエリの実行中にシャードがダウンした場合は、KVS/DocDBはエラーになるものもありますが、Hadoopは別のノードに処理を移管して続けることができます。これは、Hadoopの集計処理は長時間（数時間〜数十時間）かかることを前提としているため、一部のノードがダウンしたからといって簡単に異常終了するわけにはいかないためです。

3-4-3
4つのデータベースの比較表

これまでの話を総合し、4つのデータベースの比較を行うと、表3-1のようになります。データ量や台数は正確な値ではありませんが、大体のイメージを掴むために具体的な数値を埋めています。

● 表3-1　4つのデータベースのイメージ

	RDB（OLTP）	KVS/DocDB	RDB（DWH）	Hadoop
重視する性能	ターンアラウンドタイム	ターンアラウンドタイム	スループット	スループット
主な用途	オペレーション	オペレーション	分析	分析
性能拡張モデル	スケールアップ	スケールアウト	スケールアップ	スケールアウト
応答時間	数ミリ秒	数ミリ秒	数秒〜数分	数分〜数時間
データモデル	リレーショナルモデル	キーバリュー、JSON	リレーショナルモデル	行データモデル
データ量	〜1テラバイト	〜100テラバイト	〜100テラバイト	〜10ペタバイト
主に使うクエリ	CRUD、トランザクション	CRUD	ロード、抽出、集計	ロード、集計
台数	1台、2台（正副構成）	3台〜20台	1台、2台（正副構成）	10台〜100台
レプリケーション	オプション	デフォルト	オプション	デフォルト

3-5
4つのエリアを超えて成長する データベース達

　ここまでの説明では、データベースの世界を4つに分けて説明しましたが、これはそれぞれのデータベースの生い立ちで分類したものです。しかし時代の変化とともに、それぞれのデータベースは生まれたエリアを飛び出し、それぞれ他のエリアに向けて成長しています。「隣の芝は青くみえる」のでしょうか、それぞれのプロダクトは自分の持っていない特性を獲得しようと必死です。

　そのため、現在の実情に合わせて各プロダクトを分類すると、きれいに分類できません。その点について説明していきましょう。

3-5-1
応答が速くSQLを使えるHadoop

　Hadoopはバッチの分析用途であり、KVS/DocDBのように高速な応答はできないと説明しました。しかし、そのHadoopの弱点を補うために、高速に応答できるHadoopエコシステムのプロダクトが登場してきました。具体的にはClouderaが開発したImpala、Facebookが開発したPresto、Hortonworksが主導になって開発したHive on Tez等です。これらは普通のHadoopに対してデータの格納形式や計算方法を工夫することにより、数秒、場合によっては1秒以内という高速な応答を可能にします。

　加えて、扱うクエリはSQLライクなクエリです。データはHDFS上にファイルとして格納しつつも、それにメタデータを付加することでリレーショナルモデルのように扱います。つまり列や型を定義できるのです。

とはいえRDB（OLTP）ほどは速くなく、用途も分析用途であるため、これらはRDB（DWH）に近いHadoopといえるでしょう。

|3-5-2|
集計できるKVS/DocDB

KVS/DocDBはオンラインのオペレーション用途であり、分析には向いていないと説明しました。しかし、KVS/DocDBの中でも集計機能が使えるものが増えてきました。具体的にはMongoDB、Couchbaseです。これらは集計のAPIを備え、集計計算もある程度分散します。またCassandraはHadoopの計算方法であるMapReduceやSparkがそのまま動きます。

これらはHadoopに近いKVS/DocDBといえるでしょう。

|3-5-3|
SQLを使えるNoSQL

NoSQLの中でも、クエリ言語にSQLに似た言語を用いることにより、より学習コストを下げようという動きが出てきています。Cassandra、Couchbase、Microsoft Azure DocumentDBではSQLライクなクエリ言語を使えます。

|3-5-4|
JSONを格納するRDB（OLTP）

近年、ドキュメントDBがJSONを効率よく扱えて、その有用性が認知されるようになってきたためか、既存のRDB（OLTP）がJSONを格納できるインターフェースを備えるようになってきました。具体的にはオープンソース

のMySQL[7]、PostgreSQL[8]、そして商用製品のIBM DB2[9]、Microsoft SQL Server[10]といったデータベースです。

これらのデータベースでは、ひとつのプロダクトの中で従来のリレーショナルモデルデータとJSONを格納できるようになっています。また、JSONに対するAPIとして、SQLを拡張してJSONの階層構造にあわせたクエリを発行できるようにしています。これによりリレーショナルモデルの方が都合の良いアプリケーションはリレーショナルモデルを、JSONの方が都合のよいアプリケーションはJSONを使うことができます。このようなデータベースを「マルチモデルデータベース」といいます。

しかし、ドキュメントDBとは異なりスケールアウトによる性能拡張はできません。データのレプリケーションや分散は、従来のRDB（OLTP）の実装に従うでしょう。データモデルとしてJSONが増えたという理解が正しいです。

|3-5-5|
スケールアウトするRDB（DWH）

RDB（DWH）はスケールアウトできないと説明してきました。しかし、近年のRDB（DWH）はMPP（Massively Parallel Processing）アーキテクチャにより、スケールアウトして集計する事を可能にしているプロダクトがあります。具体的には、Oracle Exadata[11]、Teradata、Netezza、HPのVertica、Greenplumなどがこれにあたります。

---

[7]　https://dev.mysql.com/doc/refman/5.7/en/json.html

[8]　https://www.postgresql.jp/document/9.4/html/functions-json.html

[9]　http://www.ibm.com/developerworks/jp/data/library/techarticle/dm-1306nosqlforjson1/

[10]　https://msdn.microsoft.com/library/dn921897.aspx

[11]　http://www.oracle.com/technetwork/jp/ondemand/database/db-technique/120409-20min-exa-1593984-ja.pdf

第3章 データベースの中のNoSQLの位置づけ

これらはHadoopに近いRDB（DWH）といえるでしょう。

|3-5-6|
オペレーションも分析もできる
RDB（DWH）

SAP HANA[12]はトランザクションを備えたオペレーション用途のデータベースでありながら、RDB（DWH）としてデータを高速に集計することもできるデータベースです。これを実現するために、データを行方向に格納する領域と列方向に格納する領域の二つを組み合わせて使うという手法をとっています。

|3-5-7|
まとめ

これまで紹介したきれいに分類できないデータベースを図示すると図3-23となります。

---

[12] http://www.cs.cmu.edu/~pavlo/courses/fall2013/static/papers/p731-sikka.pdf

3-5 4つのエリアを超えて成長するデータベース達

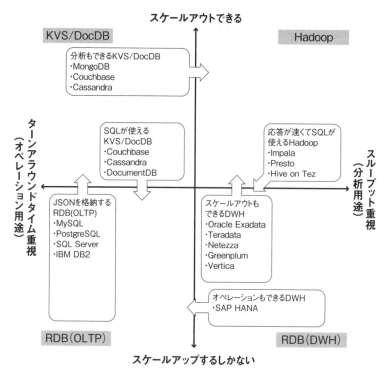

◎図3-23　きれいに分類できないデータベースを4つの領域に配置した図

　このように、実際のデータベースは生まれたエリアから出ようと必死です。その傾向は高価な商用データベースほど顕著です。商品であるデータベースの付加価値を高めようと、いろんな方向に成長するのです。ですので、複数のエリアに跨ったシステムを実現しようとすると、高価な商用データベースを買って全範囲をカバーするようにするか、それぞれの分野に特化したデータベースを組み合わせてシステムを作るか、そのどちらかになるでしょう。

　しかし忘れてはいけないのは、それぞれのデータベースの根幹がどの分類にあるかです。どんなに枝葉を広げて着飾っても、アーキテクチャの根幹を変えることはできないため、枝葉の機能は中途半端になるでしょう。

Column 情報と情報の繋がりに存在する新しい価値の発見

　Google、Facebook、Twitterなどインターネットビジネスを先導しているこれらの企業では、既に15年ぐらい前から彼らのビジネスの中心に繋がりのあるデータ（グラフ）を据えていたと言われています。そして、彼らは次々と新しいビジネスや技術を生み続けています。

　例えば、Googleの様々なビジネスの展開は、従来の考え方からみると同種や異種の境界線など関係なく繋がりを持たせながら広がりつつあります。今日、世界をリードするインターネット企業達は、繋がっているもの（同種）だけではなく、本来繋がりが存在していないもの（異種）に繋がりを作ることで、価値連鎖の歯車に組み込んでいるようにも感じます。

　このような企業では、単体の情報だけではなく、情報と情報の間に存在する「関係」を新しい価値として捉えています。グラフDBは、これらの企業を中心に独自のグラフ処理技術の開発から始まったと言われています。そして、その思想や技術に刺激を受ける形で、今日においては、グラフ固有の問題に加え、一般のビジネスの問題もグラフ化してデータ処理を行うことができる汎用型グラフDBが登場するに至っています。

　情報と情報の繋がりが価値であり、価値を生むという発想は、まだ日本のIT業界ではあまり浸透していないかも知りません。このような発想は、技術論の域を超えているような気がします。SQLに慣れている者において、繋がりとはデータを検索するための手段にすぎません。場合によっては、必要悪にまでされます。筆者のようなエンジニアの立場でパラダイムの変化を云々することは照れ臭いような気がして言いたくありませんが、グラフDBを見るときに、繋がりというものを単なる結合の一種だという考え方にしてしまうと、良い発想にも、良いビジネスにも、良いシステムにも繋がらないことは確かでしょう。

　パブリッククラウドの襲来は、本書のテーマではないので論外にしても、データ処理の領域において、この10年来に日本にやって来たデジタル黒船は沢山ありました。ここでは、代表的な3隻を紹介したいと思います。Hadoop（MapReduce）号、機械学習号、グラフDB号です（図3-24）。

この粒度では、グラフDBのランクが格上げではないかという反論があるかも知れません。しかし、筆者の見解としてグラフDBは、単なる特殊なデータ処理ツールを明らかに超えていると見ています。

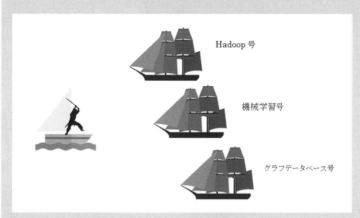

◎図3-24　デジタル黒船

　ガートナーのリポート「Making Big Data Normal With Graph Analysis for the Masses」によると、「2018年には、大企業の70%がグラフDBを利用するパイロット事業や概念実証努力に取り組んでいるであろう」と言っています。この数字には、筆者も首を傾げましたが、データベースの人気を調べているWebサイトDB-Enginesのデータによると、2014年に成長率がいちばん高かったデータベースとしてグラフDBをあげています。そして、MicrosoftやOracle、Amazonがそれぞれ参入しており、IBMはPower 8サーバにNeo4jをプレインストールして販売しています。HPもこれを追うような形になっています。デジタル黒船「グラフデータベース号」は、決して筆者の直感に頼った命名ではありません。

第4章

データモデルごとの NoSQL プロダクト紹介

NoSQLをデータモデルごとに分類し、そこに属するプロダクトを簡単に紹介します。

4-1
データモデルの種類

はじめにNoSQLのデータモデルをおさらいしましょう。

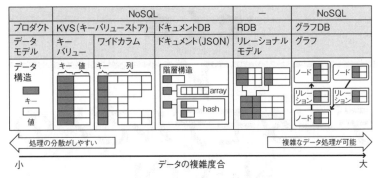

◎図4-1 NoSQLのデータモデルの種類

この図にはデータベースプロダクト毎のデータモデルとその複雑度を整理しています。

4-1-1
データモデルの説明

|4-1-1-1| キーバリュー

キーバリューは、一つのキーに対して一つの値をとる形をしています。ただし値の型は定義されていないため、値としては様々な型をとることができます。イメージとしては、ソフトウェアの設定ファイルをイメージすればよいでしょう(図4-2)。

4-1 データモデルの種類

キー	値
"hostname"	"db01"
"cpu_num"	4
"mem_mbytes"	4096
"ip_addresses"	["192.168.1.2", "124.231.352.13"]
"keystore_bin"	01011101001101001010001010101001...

◎図4-2　キーバリューの例

　キーバリューと一言で言っても、プロダクトによって値に格納できるデータの種類は大きく異なります。バリューとしてバイナリしか格納できないプロダクトもあれば、配列や集合など複雑なデータ構造を格納することのできるプロダクトもあります。詳細は後半の各プロダクトの紹介で説明します。

　注意していただきたいのは、値にバイナリしかとることができないプロダクトであっても、画像や動画などのバイナリデータしか扱えないわけではありません。多くの場合はアプリケーションに組み込まれるドライバにより、バイナリデータをその言語のデータ構造に自動的に変換するため、アプリケーションから見ると各言語の様々なデータ構造を格納できているように見えます。バイナリを格納できるということは、見方によってはどんなデータでも（バイナリ化できるのであれば）格納できるということです。ただし、ドライバを通さずにデータベースを直接見るとバイナリがあり何が入っているのかわかりません（図4-3参照）。

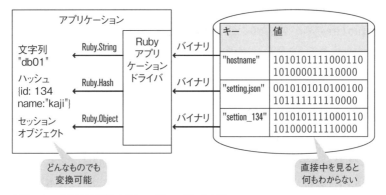

◎図4-3　バイナリを格納するキーバリューデータの例

第4章 データモデルごとのNoSQLプロダクト紹介

|4-1-1-2| ワイドカラム

ワイドカラムは、一つのキーに対して複数の列をとる形をしています。この列はRDBの列とは異なり、型が固定されておらず、列の数も自由です。一つ目の行では3列、二つ目の行では5列といったことが可能です。イメージとしては、穴が空いていて、どんな型でも格納できる表をイメージすればよいでしょう。

キー	net			hw		virtual_host		Cluster
	hostname	ip	vip	RAM	cpu-core	FQDN	doc_root	Role
web01	"web01"	"192.168.1.11"		8	2	"example.com"	"/var/www/"	
web02	"web02"	"192.168.1.12"		8	2	"example.com"	"/var/www/"	
web03	"web03"	"192.168.1.13"		16	4	"hoge.bar.jp"	"/var/nginx/home/"	
db01	"db01"	"192.168.4.11"	"192.168.4.10"	32	8			"Active"
db02	"db02"	"192.168.4.12"	"192.168.4.10"	32	8			"Standby"

◇図4-4　ワイドカラムの例

図4-4 にワイドカラムの例を示します。この例では各サーバの情報をワイドカラムで格納しています。一つの行と列に含まれる値は複数のキーとバリューの組になります。例えば行キーweb01に対してnetという列がありますが、その中にはhostnameとipの二つのキーバリューがあります。このキーバリューの組にはスキーマが定まっていないため、好きな値を好きな数だけ入れることができます。例えば行キーdb01のnetという列にはweb01には無いvipというキーバリューがあります。またwebではClusterの列が空であり、dbではvirtual_hostの列の値は空ですが、それでもかまいません。また穴が空いているといっても、それは論理的な穴であり、ディスク上のデータ容量としては消費されません。

|4-1-1-3| ドキュメント

ドキュメントは階層構造データを格納することができます。一つのドキュメントにはキーと値やキーと配列だけでなく、キーの値として入れ子のドキュメントを持つことができます。入れ子を重ねていけばどこまでも深い階

4-1 データモデルの種類

層を作ることができます。

　ドキュメントの具体的なデータフォーマットはJSON[*1]です。JSONは
JavaScript Object Notationの略であり、もともとJavaScriptにおけるオ
ブジェクトの表記方法でした。それが現在では階層構造を表すフォーマッ
トとして独立し、システム間でのデータのやり取りの形式として広く普及し
ています。
　図4-5にドキュメントの例を示します。

```
{
 ID      :  12345 ,
 name    : "渡部",
 address : {
           City   : "東京",
           ZipNo  : "045-3356",
          },
 friendID : [ 3134 , 10231 , 10974 , 11165 ] ,
 hobbies : [
            { name : "自転車" , "year" : 6 } ,
            { name : "インターネット" , "year" : 10 } ,
            { name : "読書" , "no" : 16 }
           ]
}
```

●図4-5　ドキュメントの例

　IDやnameといったキーは単一の値をとりますが、addressというキー
は入れ子ドキュメントを値として持っています。またfriendIDというキー
は値に配列を持っています。hobbiesでは入れ子ドキュメントを配列の値
として格納しています。

　この構造を見てXMLと似ていると思われた方も多いでしょう。XMLも
スキーマがなく階層構造を表すデータ形式ですので、ドキュメントと呼べ
なくもないですが、そのようには呼ばれておらず、「XMLデータベース」と
呼ばれています。

---

*1　JSON（JavaScript Object Notationの略）は、人が簡単に読み書きできることを目的
とした、軽量でテキストベースのデータ交換形式です。公式の解説は、IETFのRFC 4627
を参照してください。http://www.ietf.org/rfc/rfc4627.txt?number=4627

RDB技術者のためのNoSQLガイド　95

> **Note** XMLデータベースはNoSQLと呼ばれていない
>
> ドキュメントDBとXMLデータベースは非常に性質が似ていますが、ドキュメントDBだけがNoSQLと呼ばれて、XMLデータベースがNoSQLと呼ばれていないのは、「慣例だから」としか説明できません。それほどまでにNoSQLという言葉が意味する事は曖昧なのです。

XMLがあるのにJSONが普及してきた理由は、記述の簡単さ、可読性の高さ、文字数の少なさでしょう。まず、XMLは開始タグと閉じタグを両方書く必要があり面倒です。そして、値の持ち方が属性と要素の2通りがあり、それが混ざっているXMLはさらに書きにくくなります。この値の持ち方が複数であることが、可読性の低さを招いています。最後に文字数ですが、JSONは閉じタグが無い分だけ少なくなります。加えて、XMLでは配列の要素を\<item\>1\</item\>\<item\>2\</item\>のように書かなければならないのに対して、JSONであれば[1,2]と短く書ける点も、文字を少なくできるポイントです。これはIoTなどでデバイスから大量にデータを送る際に、通信量を減らすポイントになります。

|4-1-1-4| グラフ

はじめに「グラフ」という言葉ですが、「売り上げを折れ線グラフで表す」といった文脈で出てくる「グラフ」という言葉ではありません。「グラフ」という言葉は、物事の関連性を表すデータ表現方法を表す言葉です。具体的には点と、それらを結ぶ線を用いてデータを表します。図4-6では、川にかけられた橋を抽象化しグラフとして表現しています。

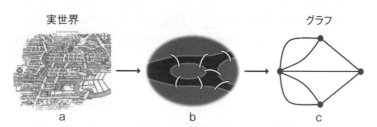

出典:ウィキペディア　a by Bogdan Giuşcă, b and c by Nux

● 図4-6　グラフ化の例

グラフでは、点を「ノード」、線を「リレーション」とよび、そしてノードやリレーションの属性を表す「プロパティ」を追加した3つのデータをデータ構造として扱います。プロパティは複数のキーバリュー値で表現されます。図4-7はグラフの例です。

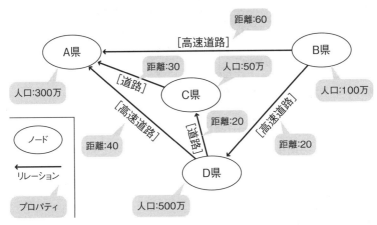

◎図4-7　グラフの例

この例では、各県をノード、交通手段をリレーションとして、それらに付随する情報をプロパティとして表現しています。他にもソーシャルネットワークにおける人物間の関連や、拠点間を結ぶ配送ルートなどは、典型的なグラフといえます。このようにグラフを単なる図形ではなく、データ処理ができるようにした構造のグラフをプロパティグラフといいます。

ここではNeo4jを例に挙げてグラフデータの基本構造の例を示しましょう（図4-8）。

第4章 データモデルごとのNoSQLプロダクト紹介

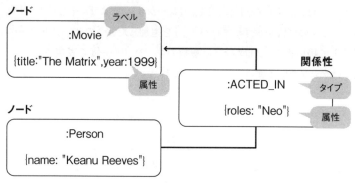

◎図4-8　グラフデータの基本構造の例

この例は映画「The Matrix」に俳優のKeanu ReevesがNeoという役で出演している関係を表しています。

4-1-2
複雑度比較

これまでNoSQLの4つのデータモデルを紹介しました。これらにリレーショナルモデルを加えた5つのデータモデルにおいて、そのデータモデルがどれだけ複雑なデータを表現できるかを考えていきましょう。

まずキーバリューを考えますと、キーバリューで扱えるデータはキーに対して一つのバリューをとれるだけですので、最もシンプルだといえるでしょう。

次に、ワイドカラムですが、これは一つのキーに対して複数の値を格納できるため、キーバリューよりも複雑なデータといえるでしょう。

ドキュメントを考えると、一つのキーに対して階層構造をとることができます。複数の値を扱うことができる上に、それらを配列や入れ子して扱えることを考えると、ワイドカラムよりもより複雑です。しかしドキュメント間の関連を定義することができません。

一方、リレーショナルモデルでは外部キーを指定して複数のテーブルを関連させることができます。そのため、階層構造を作ることはもちろん、自己参照型や多対多といったデータ構造も表現できます。よってドキュメントよりも複雑だといえるでしょう。

最後に、グラフです。グラフでは自己参照型や多対多など、どんなデータ構造も表現できる事に加えて、関連自体に属性を持たせることができます。よって最も複雑なデータと言えます。

まとめると、データの複雑度の大小関係は、

キーバリュー ＜ ワイドカラム ＜ ドキュメント ＜ リレーショナルモデル ＜ グラフ

となります。

|4-1-3|
データ間の関連度とスケーラビリティ比較

次は、データ間の関連度について考えてみましょう。複雑度とは少し違います。

キーバリュー、ワイドカラム、ドキュメントは各データ間に関連を定義することはできません。そのため、外部参照によってデータ間関連が定義できるリレーショナルモデルと比較すると、関連度は小さいです。

リレーショナルモデルとグラフを比べると、グラフはすべてのデータが関連する事を前提に用意されるのに対して、リレーショナルモデルは必要がある場合に、外部参照で関連を定義します。そのため、グラフの方がデータの関連度が高いといえるでしょう。

まとめると、データモデルごとのデータの関連度の大小は、

第4章 データモデルごとのNoSQLプロダクト紹介

キーバリュー ＝ ワイドカラム ＝ ドキュメント ＜ リレーショナルモデル ＜ グラフ

となります。

このデータの関連度はスケーラビリティと深い関係があります。それは、データ間に関連があればあるほど、スケーラビリティが低いという関係です。

キーバリュー、ワイドカラム、ドキュメントはデータ間に関連がないからこそ、データを分散配置して処理を分散することにより、処理性能を台数に比例して向上することができます。例えば、キーバリューであれば処理はキーを指定したCRUDになり、一つのデータで完結します。この状態であれば複数のクエリを同時に投げても処理は分散し、性能は台数に比例して向上します。そのためスケーラビリティが高いです。

一方、データ間に関連のあるリレーショナルモデルやグラフは、データを分散配置しても処理がデータを跨がってしまうため、処理性能を向上させることができません。例えば、リレーショナルモデルのデータに対して関連を利用したクエリ（つまり結合）を用いた場合、複数のデータに処理が跨るため、クエリの性能は台数に比例して向上しません。グラフの場合は更に顕著です。よってスケーラビリティが低いです。

データの複雑度と関連度を一つのグラフにまとめると図4-9になります。

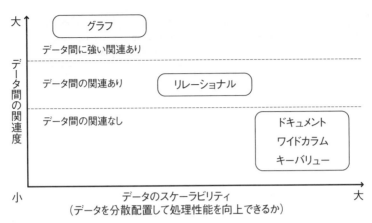

◎図4-9 データ間の関連度とスケーラビリティ

　このような各データモデルのイメージを持っておくことが重要です。特にグラフはリレーショナルモデルよりもスケーラビリティが低いという点は心にとめておいてください。NoSQLだからといってスケーラビリティが高いわけではありません。

4-2 データモデル毎のプロダクトの紹介

　ここからはデータモデル毎にプロダクトを簡単に紹介していきましょう。図4-10をご覧ください。

第4章　データモデルごとのNoSQLプロダクト紹介

DB	NoSQL					NoSQL
	KVS（キーバリューストア）		ドキュメント DB		RDB	グラフDB
データモデル	キーバリュー	ワイドカラム	ドキュメント（JSON）		表形式	グラフ
OSS	Redis	Cassandra (DataStax)	MongoDB			Neo4j
	Memcached	HBase (CDH,HDP,MapR)	Couchbase			
	Riak		CouchDB	MySQL		
		Aerospike		PostgreSQL		
商用製品	Oracle NoSQL Database		MarkLogic	Microsoft SQL Server		
				IBM DB2		
				Teradata		
サービス	Google Cloud Datastore	Amazon DynamoDB	Microsoft Azure DocumentDB			
	Amazon ElastiCache		IBM Cloudant			
	Microsoft Azure Redis Cache					

凡例

本書で詳しく紹介

本書で簡単に説明

NoSQLインターフェースを持つRDB

◈ 図4-10　データモデルごとの代表プロダクト

　この表の横軸はデータモデルを表し、縦軸は提供形態を表しています。

　「OSS」の場合はオープンソースソフトウェアであり、「商用製品」であればソースコードはオープンになっていない製品を表します。一つのデータベースでオープンソース版と商用製品版の両方を提供している場合はオープンソースとして表に記載していますので、ご注意ください。また、括弧内はオープンソースと商用製品で名前が異なる場合の商用製品の名前です。

　「サービス」は、利用料を支払いデータベースを利用する形態です。

　また、セルの中の上位のデータベースほど、DB-Engines[*2]におけるランキングの高さを示しています。
　では、順番に説明していきましょう。

＊2　http://db-engines.com/en/ranking

|4-2-1|
キーバリューモデルを採用するプロダクト

|4-2-1-1| Redis

Redisは、Redis Labによって主に開発されているKVSです。

Redisは、一つのキーに対して数値、文字列、配列、セット、ハッシュなど様々なデータを格納することができます。ただし、扱えるデータのサイズはメモリサイズまでであったり、シャーディングが最新バージョンでようやくできるようになったなど、注意すべき点がいくつかあります。詳しくは6章「Redis」で解説します。

|4-2-1-2| Memcached

Memcachedは、古くからあるオープンソースのKVSです。

Memcachedはキーに対して文字列のみ格納できます。Memcached単体ではレプリケーション機能はないため、その他のミドルウェアと組み合わせる必要があります。

|4-2-1-3| Riak

Riakは、Basho Technologiesが中心となって開発しているオープンソースのKVSです。

Riakは、キーの値に対してバイナリのデータを格納します。バイナリの中身を解釈するのはアプリケーションにゆだねられます。

Riakの特徴的な点の一つに、クラスタを構成する全てのノードが対等であり、どのノードにでも読み書きできることがあります。これにより読み込

第4章 データモデルごとのNoSQLプロダクト紹介

みだけでなく書き込みにおいても高い可用性を出すことが出来ます[3]。

|4-2-1-4| Oracle NoSQL Database

Oracle NoSQL DatabaseはOracle社が開発した商用のKVSです。

Oracle NoSQL Databaseは、キーに対してバイナリを格納できます[4]。ただし、そのバイナリに対してAvroスキーマを用いてバイナリデータにデータ構造を定義できます[5]。

|4-2-1-5| Google Cloud Datastore

Google Cloud DatastoreはGoogle Cloud Platformで利用できるKVSサービスです。

Google Cloud Datastoreでは、キーに対して数値、浮動小数点数、文字列、日付、バイナリ等を格納することができます[6]。またこれらのデータを要素に持つ配列も一つの値として格納できます。

特徴的なのは、複数のキーバリューをまとめたエンティティというデータ構造があり、エンティティ間に親子関係をもたせることができます。そして親子関係を持ったエンティティであればトランザクションにより強い整合性を持って更新することができます。

|4-2-1-6| Amazon ElastiCache

Amazon ElastiCacheはAmazon Web Servicesで利用できるKVSサービスです。

＊3 http://docs.basho.com/riak/latest/theory/why-riak/

＊4 http://www.oracle.com/technetwork/database/database-technologies/nosqldb/learnmore/nosql-database-data-sheet-498054.pdf

＊5 Avroスキーマ http://docs.oracle.com/cd/E35584_01/html/GettingStartedGuide/avroschemas.html

＊6 https://cloud.google.com/datastore/docs/concepts/entities#Datastore_Properties_and_value_types

104 RDB技術者のためのNoSQLガイド

Amazon ElastiCacheは、MemcachedとRedisをサービス化したものであり、どちらかを選んで利用できます。そのため利用できるデータ構造もMemcachedとRedisと同じになります。

|4-2-1-7| Microsoft Azure Redis Cache

Microsoft Azure Redis CacheはMicrosoft Azure上で利用できるKVSサービスです。

Microsoft Azure Redis Cacheはその名の通りRedisのサービスなので、Redisと同じデータ構造になります。

|4-2-2|
ワイドカラムモデルを採用するデータベース

|4-2-2-1| Cassandra

CassandraはDataStax社が中心として開発しているオープンソースのKVSです。オープンソースの名称はCassandraですが、商用製品はDataStax Enterpriseという名称です。

Cassandraのデータモデルはキースペースという最も大きな単位があり、その中に複数のテーブルがあります。テーブルの行には複数の列があります。ただし列にはデータが存在しないということを許容できるため、自由な列をつくることが出来ます。この点がリレーショナルモデルとは違います。リレーショナルモデルではnullを格納する必要があります。

特に特徴的なのはRDBと同様に、事前にテーブルの構造を定義する必要がある点です。他のKVSであればクエリを発行するタイミングで好きなデータを登録できましたが、Cassandraはそうではありません。これは近年スキーマが重要であることが再認識されてきたことの現れと言えるでしょう。詳しくは7章「Cassandra」で解説します。

> **Note** Cassandraはスキーマあり
>
> Cassandraにスキーマがあるというのは、かなり意外な事実だと思います。その理由の一つは、日本国内に出ている有名な書籍がCassandra 0.8より前を対象としており、スキーマが無い説明になっているためです。Cassandra 0.8以降はCQLが登場してスキーマ定義が必要になりました。

|4-2-2-2| HBase

HBaseはApacheソフトウェア財団によりApache Hadoopプロジェクトの一部として開発されているオープンソースのKVSです。また、Hadoopを3つのディストリビューターが商用製品として扱っており、それぞれCDH（Cloudera Distribution for Hadoop）、HDP（Hortonworks Data Platform）、MapRです。

HBaseでは、一つの行に複数の列があり、列の中にはバイナリのデータを格納することができます。また複数の列をまとめた列ファミリがあり、列ファミリ毎に特徴づけ（圧縮したり、インメモリ指定したり）することができます。また、列の中のデータにはタイムスタンプがつけられて、更新されると古いデータは保持したままで新しいタイムスタンプとデータが格納されます。

HBaseはHadoopを利用しているときに用いるもので、HBaseだけを単体で利用することはあまりしません。詳しくは8章「HBase」で解説します。

|4-2-2-3| Aerospike

AerospikeはAerospike,Incが中心となって開発しているオープンソースのKVSです。

Aerospikeでは、最も大きな単位としてネームスペース（データベースに相当）があり、その中にセット（テーブルに相当）があります。その中にはレコード（行に相当）があり、一つのレコードに対して複数個のビン（列に相

当）を持つことができます。ビンに入るデータの型は決まっておらず、数字でも、文字列でも、そして空でもよいです[7]。また、各レコードにはカウンタがついており何回更新されたかが記憶されます。

|4-2-2-4| Amazon DynamoDB

Amazon DynamoDBはAmazon Web Servicesで利用できるKVSサービスです。

Amazon DynamoDBでは、キーに対して数値や文字列といったスカラー型、文字セットや数値セットといった多値型、そしてリストやマップといったドキュメント型の3種類のデータ型を保存できます[8]。詳しくは9章「Amazon DynamoDB」で解説します。

|4-2-3|
ドキュメントモデルを採用するプロダクト

|4-2-3-1| MongoDB

MongoDBはMongoDB,Inc（旧10gen社）を中心として開発されているオープンソースのドキュメントDBです。商用製品版もあります。

MonogDBでは、最も大きな単位としてデータベースがあり、その中にコレクションというテーブルに相当する単位があります。テーブルの中には複数のJSONが格納されています。

最新の3.2からはJSONのドキュメントの列名や型をチェックするデータバリデーションの機能がオプションとして付加されました。そのため、コレクションの種類によっては特定の構造のJSONしか保存できないように指定す

---

[7] http://www.aerospike.com/docs/guide/kvs.html

[8] https://docs.aws.amazon.com/ja_jp/amazondynamodb/latest/developerguide/DataModel.html

RDB技術者のためのNoSQLガイド

ることが出来ます。また、バージョン2.xまでは書き込む際にデータベース全体のロックがかかるという驚きの仕様でしたが、3.0からはドキュメントレベルのロックになり改善されていますが、意外と知られていません。

最近ではWeb開発の現場において、従来のLAMP[9]にとって代わると言われている、MEANスタック[10]やMeteor[11]などに取り込まれて、広く普及しています。

詳しくは10章「MongoDB」で解説します。

|4-2-3-2| Couchbase

CouchbaseはCouchbase社によって主に開発されているオープンソースのドキュメントDBです。商用製品版もあります。

Couchbaseでは、最も大きな単位としてバケットがあり、その中にキーとそれに紐づくJSONが格納されます。またCouchbaseはJSON以外のデータも格納することが出来ます。

CouchbaseはCouchDBとMemcachedを組み合わせて作ったデータベースであり、SQLライクなN1QLという言語でJSONを扱えるほか、Memcachedのプロトコルでもアクセスでき、その場合はキーバリューデータを扱っているように振る舞います。

他にもモバイルに組み込んで、サーバとモバイルでデータ同期をするなどの特徴があります。

詳しくは11章「Couchbase」で紹介します。

＊9　LAMPとはLinux、Apache HTTP Server、MySQL、PHPの略です。

＊10　MEANスタックとはMongoDB、Express、AngularJS、Node.jsの略で、すべてをJavaScriptで開発します。

＊11　Meteor https://www.meteor.com/

|4-2-3-3| CouchDB

CouchDBはApacheソフトウェア財団により開発されているオープンソースのドキュメントDBです。

CouchDBはCouchbaseの一部として組み込まれて、データ格納部分を担っています。CouchDBとCouchbaseの違いとして大きい部分は、Couchbaseはキャッシュ製品であるMemcachedをフロントに搭載しているため、データをキャッシュして高速に応答する機能がありますが、CouchDBにはありません。また、Couchbaseはどのノードも対等なマルチマスターなクラスタですが、CouchDBはシングルマスターのクラスタです[*12]。

|4-2-3-4| MarkLogic

MarkLogicはMarkLogic社によって開発されている商用のドキュメントDBです。

MarkLogicは、元々XMLやRDF[*13]を格納するデータベースでしたが、近年JOSNを格納できるようになり、ドキュメントDBに分類されています。JSONに対するクエリはJavaScriptで行い、XMLに対してはXQuery、RDFに対してはSPARQLを用いて行います。

|4-2-3-5| Microsoft Azure DocumentDB

Microsoft Azure DocumentDBはMicrosoft Azure上で利用できるドキュメントDBサービスです。

DocumentDBは紹介している中でも最も最近リリースされたもので、数多くの挑戦的な機能を盛り込んでいます。例えば、トランザクション、ストア

[*12] Couchbase vs. Apache CouchDB http://www.couchbase.com/jp/couchbase-vs-couchdb

[*13] RDF（Resource Description Framework）とは、ウェブ上にある「リソース」を記述するための統一された枠組みであり、リソースを主語、述語、目的語の3つで表現します。W3Cにより1999年2月に規格化されています。

第4章　データモデルごとのNoSQLプロダクト紹介

ドプロシージャ、自動インデックス追加、トリガ、全文検索などの機能があります。

特にトランザクションがサポートされているのが大きな特徴です。これはストアドプロシージャで実行される複数のクエリに対してトランザクションをサポートしており、コレクション内の複数のドキュメントを整合性をもって更新できます。

詳細は12章「Microsoft Azure DocumentDB」で紹介します。

|4-2-3-6| IBM Cloudant

IBM CloudantはIBM Bluemix上で使えるドキュメントDBサービスです。

IBM Cloudantも最近登場したサービスであり、大きな特徴としてCloudant*14クエリはMongoDBの構文を取り入れています。

|4-2-3-7| NoSQLインターフェースを搭載するRDB

これらのデータベースはRDB（OLTP）やRDB（DWH）に分類されるデータベースですが、JSONを格納することができます。

MySQLは、最も有名なオープンソースのRDBですが、最新の5.7からJSONを格納できるようになってきました。MySQLはドキュメントDBのようにスケーラビリティがあるわけではないため、ドキュメントDBに分類するのは必ずしも正しくはないですが紹介のために記載しておきます。

MySQLのように、既存のリレーショナルモデルに加えてJSONのサポートするようになったデータベースは、MySQLの他にPostgreSQL、

＊14 IBM社ホワイトペーパ「技術概要:IBM CloudantDBaaS 徹底分析」http://www-01.ibm.com/common/ssi/cgi-bin/ssialias?subtype=ST&infotype=SA&htmlfid=IMW14781JPJA&attachment=IMW14781JPJA.pdf

Microsoft SQL Server、Teradata、IBM DB2がありますが、今後はもっと増えてくると予想されます。これは、世の中で「リレーショナルデータモデルだけを扱うのでは非効率」という考え方が浸透してきた証拠でもあります。

> **Note** **Elasticsearch**
>
> Elasticsearchは JSON を格納できる全文検索エンジンであり、現在急速に普及し始めています。Elasticsearchは JSON に対する全文検索や、時系列での絞り込みなどを得意としています。ただし、データの永続化やスケーラビリティに難があるため、本書では NoSQL として扱ってはいません。しかし JSON を検索する用途では、欠かせないプロダクトです。

|4-2-4|
グラフモデルを採用するプロダクト

|4-2-4-1| Neo4j

Neo4jは Neo Technology 社が主体となって開発しているオープンソースのグラフDBです。商用製品版もあります。

グラフDBでは最も普及しており、グラフデータに対してCypherというクエリ言語でクエリをかけます。Cypherは、Cypherの仕様をオープンにしてグラフDBの標準クエリ言語にしようという活動があるぐらい、洗練されたものです。

Neo4jの詳細は13章「Neo4j」で説明します。

> ### Note openCypher
>
> 　米 Neo4j は、2015年10月21日に「Cypher」のオープンソース版を発表し、「openCypher」プロジェクトを発足しました。
>
> http://www.opencypher.org/
>
> 　最近話題の Spark GraphX が openCypher 対応を表明しているなか、Oracle や DataStax、IBM、HP などが関わっており、多くの BI ツールも参加を表明しています。おそらく、openCypher はグラフ DB のクエリ言語として事実上の標準になる可能性が高いです。

|4-2-4-2| OrientDB

　OrientDB は英国 Orient Technologies 社が主体として開発しているオープンソースのグラフ DB です。商用製品版もあります。

　グラフデータを扱いつつも JSON も扱えるという、マルチモデルのデータベースです。また、マルチマスターレプリケーションを採用しており、高い可用性を発揮できます[15]。

＊15 http://orientdb.jp/

第5章

NoSQLの
代表プロダクト紹介
を読む前に

本書で紹介する代表プロダクトの選定基準や、プロダクト説明の観点を説明します。

第5章 NoSQLの代表プロダクト紹介を読む前に

5-1
紹介するプロダクトの選定基準

　本書ではこれまで、NoSQLがデータベース全体においてどこに位置するかを説明し、そしてNoSQLの分類を行ってきました。6章から14章では具体的なプロダクトの紹介を行っていきます。

　全てのNoSQLを紹介するのは不可能であるため、以下の観点で紹介するNoSQLプロダクトを絞り込みました。

- データモデルの中で広く使われていること
- 国内のサポート体制が整っているもの

5-1-1
データモデルの中で広く使われていること

　NoSQLを選ぶ最初の切り口はデータモデルでしょう。その理由は、格納したいデータモデルは業務によって大きく異なるためです。「キーバリューでもグラフデータでも良い業務」なんてものは存在しないでしょう。

　そのため、選定する際にまずデータモデルが決まり、そのデータモデルを格納できるNoSQLを探すことになります。エンタープライズで安定的に利用することを考えると、当然ながらそのデータモデルを格納できるNoSQLの中でよく利用されているプロダクトを使うでしょう。よく利用されているかどうかの判断基準は、DB-Engines[1]のランキングが上位であることを根拠とします。

＊1　http://db-engines.com/en/

|5-1-2|
国内のサポート体制が整っているもの

　NoSQLのほとんどが、海外を中心に作られています。国内産のNoSQLはほとんどありません。そうなると、国内でサポートを受けられるかどうかが大きなポイントになってきます。

　NoSQLはRDBとは大きく異なるため、自力でバグ対応をするのは限界があります。自社にデータベースのソースコードを読めるレベルのエンジニアがいれば話は別ですが、普通はいないでしょう。また海外のサポートを買うという選択肢もありますが、高度な英語力が要求される上に、システムに求める品質や習慣が日本企業と合わないため、一般的な企業では現実的な選択ではありません。

　国内サポートがあれば、難しいバグ対応を日本語で依頼できるため安心です。エンタープライズの本番環境でNoSQLを使うのであれば国内サポートは必須でしょう。5年前にはNoSQLを国内でサポートするベンダはほとんどありませんでしたが、この5年でNoSQLが当たり前になり、日本でのサポート体制も充実してきました。

5-2
プロダクト紹介の観点

　複数のプロダクトを横並びで比較する場合には、観点を揃えて比較することが重要です。例えば、複数台でクラスタを組む場合に、そのクラスタが性能を高めるために行っているのか、可用性を高めるために行っているのかでは、特徴が大きく変わってきます。本書ではそういった曖昧さを排除するためにも、説明の観点を明確に定義し、それにそってNoSQLプロダクトを理路整然と説明していきます。ベンダのパンフレットに書いてあるよう

第5章 NoSQLの代表プロダクト紹介を読む前に

な、いい事だらけの製品紹介とは違います。

説明の観点の最も大きな分類は「機能」と「非機能」でしょう。

データベース製品における機能とはデータを格納して、そして格納した
データをアプリケーションから利用することです。

次にデータベース製品の非機能ですが、RASIS*2などを参考にしつつ
「性能拡張」「高可用」「運用」「セキュリティ」を説明の観点としました。ま
た、エンタープライズで使うにあたり知りたいであろう「出来ないこと」「主
なバージョンと特徴」「国内サポート体制」「ライセンス体系」「効果的な学習
方法」も非機能の観点としました。

整理すると表5-1になります。

● 表5-1　プロダクト説明の観点

分類	説明の観点	内容
概要	概要	はじめに簡単な説明を通してイメージを持ってもらいます
機能	データモデル	どんなデータをどのように格納するかを説明します
	API	アプリケーションからどのように利用するかを説明します。クエリ、インデックス、トランザクション、プログラミング言語からのアクセス手段等を説明します

---

*2　RASISとは、コンピュータシステムに関する評価指標の一つで、Reliability（「信
頼性」、可用性（Availability）、保守性（Serviceability）、保全性（Integrity）、安全性
（Security）の5項目です。

116 RDB技術者のためのNoSQLガイド

5-2 プロダクト紹介の観点

非機能	性能拡張	NoSQLの売りの一つであるスケールアウトに着目し、どのように性能拡張するかを説明します。主にシャーディングの説明になります	
	高可用	障害発生時にいかに継続動作するかを説明します。主にレプリケーションの説明になります	
	運用	運用をしていく上で必要となる、バックアップや監視などの機能を紹介します	
	セキュリティ	機密性を高めるための、暗号化や認証などの機能を紹介します	
	出来ないこと	主にRDBと比較して出来ないことを紹介します	
	主なバージョンと特徴	主要なバージョンと、そのバージョンの特徴を説明します	
	国内のサポート体制	日本国内にてどのようなサポートを受けられるのか説明をします	
	ライセンス体系	オープンソースライセンスや商用ライセンスなど、ライセンスの説明をします	
	効果的な学習方法	学習するためのドキュメントや書籍の紹介を行います	

　この観点一覧は一般化されていますので、今回紹介するNoSQL製品以外のNoSQLを調べる場合にも、この観点に当てはめて調査するのは有効だと考えます。特にデータベースと呼ばれるプロダクトであれば多くの場合適用できます。

第6章

Redis

第6章 Redis

6-1
概要

　Redis*1は、NoSQLの分類上はKVSに分類されますが、キーに対するバリューには複雑な構造体を格納することができます。データの蓄積は基本的にメモリ上で扱われますが、オプションによりディスクへ永続化することも可能です。Redisの利用シーンとしては、データベースとして利用するほか、Webアプリケーションキャッシュや、出版-購読モデルにおけるメッセージブローカなどが挙げられます。実装言語はC言語（ANSI-C）で、実行環境としてはLinuxのほかBSD/OSやMac OS X、Windowsなどがあり、公式の推奨OSはLinuxです。Redisはオンプレミス環境にインストールして使う以外に、Amazon Web ServicesのElastiCache*2や、Microsoft AzureのAzure Redis Cache*3など、クラウドコンピューティングサービスの一部として利用することもできます。本章ではオンプレミス環境へのインストールを前提として解説します。

　Redisは、イタリア人のプログラマーであるSalvatore Sanfilippo氏（antirez）*4によって、2009年に開発され始めました。現在の開発主体は、Salvatore Sanfillipo氏も所属しているRedis Lab*5ですが、過去にはVMWareがスポンサーだったこともあります。バージョンは2015年11月現在、3.0.5が最新版であり、最新版では基本的なキーバリューの操作の他、マスタースレーブレプリケーション機能や、Redis Clusterによるシャーディング機能などが備わっています。

　Redisをインストールするには、公式ページのDownloadメニューや公開

＊1　Redis（http://redis.io/）

＊2　Amazon ElastiCache（https://aws.amazon.com/jp/elasticache/）

＊3　Azure Redis Cache（https://azure.microsoft.com/ja-jp/services/cache/）

＊4　antiresz（Salvatore Sanfilippo）・GitHub（https://github.com/antirez）

＊5　Home of Open Source and Enterprise-Class Redis（https://redislabs.com/）

120　RDB技術者のためのNoSQLガイド

されているリポジトリ*6からソースコードをダウンロードしてきてmakeするか、各種パッケージ管理ソフトウェア（yum、gem、pipなど）経由でインストールを行ってください。

6-2 データモデル

本節では、Redisのデータモデルと、格納できるデータ型を紹介します。

まず、Redisのデータモデルを図6-1に示します。Redisインスタンスは単体で起動すると、そのプロセス下で複数のデータベースを扱うことができます。一つのデータベース内でキーの重複は許されませんが、異なるデータベースで同一名称のキーを使うのは問題ありません。なお、Redisインスタンスでクラスタを組んでいる場合には1インスタンスで扱えるデータベースが一つになります。RedisはKVSですので、データベース内にはキーとそれに対するバリューが配置されます。このとき、図6-1を見てもわかる通り単純な文字列型（Strings）だけではなく、後述するListsやHashなどの複雑なデータ構造を格納することができます。

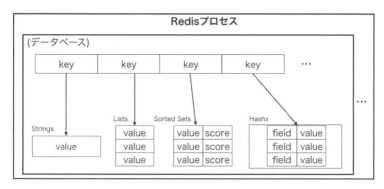

図6-1　Redisのデータモデル

---

*6　antirez/redis・GitHub（https://github.com/antirez/redis）

6-2-1
データ型

Redisで扱うことのできるデータ型は下記表6-1の一覧の通りです。

● 表6-1　Redisで扱うことのできるデータ一覧

データ型名	説明
Redis Strings	文字列、数値、バイナリデータなどを格納可能なデータ型
Redis Lists	順序を持つ、Stringsの集合を連想配列リストとして扱うデータ型
Redis Sets	順序を持たず、要素の重複を許さないStringsの集合を扱うためのデータ型
Reis Hashes	複数のフィールドとバリューのマップを扱うためのデータ型
Redis Sorted Sets	Setsの各要素に順序付けのスコアを付与したデータ型
Bitmap	0か1のbitの集合を扱うためのデータ型
HyperLogLog	大量のデータ中のユニークな要素数を推定するためのデータ型

それでは、それぞれのデータ型について詳しく見ていきましょう。

|6-2-1-1| Redis Strings

Redis StringsはRedisの扱うことのできるデータ型の中で最も基本的なもので、最大512メガバイトまでのデータを格納することができます。バイナリセーフであるため、単純に文字列を格納するだけでなく、JPEGイメージやシリアライズされたRubyオブジェクトなども格納することができます(図6-2)。また、数値を入れるとINCRやDECRといったコマンドで加算・減算が可能になるため、カウンタとして利用することもできます。

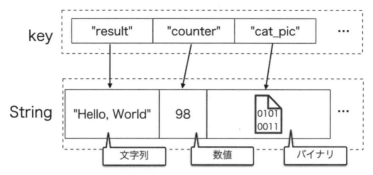

● 図 6-2　Redis Strings の例

|6-2-1-2| Redis Lists

　Redis Listsはその名の通り、Redis Stringsのリストです。このリストには約42億個（正確には2の32乗-1個）の要素を格納することが可能です。図6-3でも示しているように、リストは左端（先頭）、右端（後尾）を持ち、要素の追加、削除は基本的にそのどちらかから行います。Redis Listsはリンクドリストとして実装されているため、リスト先頭や末尾へのアクセスは非常に高速に行うことができますが、大量にデータがあった場合にはその中間のデータへのアクセス（挿入など）には時間がかかります。

　ユースケースとしては、例えばSNSやブログなどのタイムラインの実装が考えられます。Redisをタイムラインの実装に使うことで、LPUSHというクエリで要素を即座に追加し、LRANGEというクエリで直近の要素を高速に取り出して表示するなどの工夫ができます。

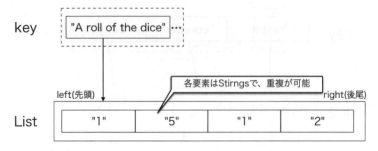

◎図6-3　Redis Listsの例

|6-2-1-3| セット（Redis Sets）

　Redis Setsは、順序を持たないStringsの集合です（図6-4）。Setsに対しては約42億個の要素を追加することが可能で、追加のほかには削除や、さらには当該Setsの中に特定の要素が存在するか確認する機能などが備わっています。Redis Setsはその集合中の要素の重複を許しません。

　Setsの良いところとしては、Redisによって既存のSets同士に対する部分集合計算コマンドがサポートされており、集合の共通部分の抽出や、集合の併合といった集合演算を短時間で実行できることが挙げられます。

　重複を許さないというRedis Setsの特徴を用いることで、例えばIPや端末IDからWebアプリケーションへのユニークアクセス数を確認するというユースケースが考えられます。また、Redis Setsを使うことでブログや動画サイトなどでよく見かける、タギングシステムなども実装可能です。

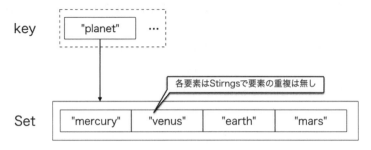

● 図6-4　Redis Setsの例

|6-2-1-4| ハッシュ（Redis Hashes）

　Redis Hashesは文字列のフィールドとバリューのマップであり、オブジェクトを表現するのに適しています。例えば、ユーザ情報を考えてみましょう。ユーザは名前、苗字、年齢、性別など様々な情報を持っていますが、Hashesを使うことでそれらを図6-5のように、一つのキーに対して全てを格納することができます。ハッシュは一つにつき約42億個のフィールドとバリューのペアを持つことができます。ハッシュからは格納したフィールドとバリューの一覧を取得することもできますし、それぞれを個別に問合せることもできます。

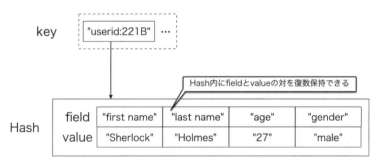

● 図6-5　Redis Hashesの例

|6-2-1-5| ソート済みセット（Redis Sorted Sets）

　Redis Sorted Setsは、Redis Setsと同様に、重複を許さないStrings

の集合です。ただし、図6-6のように各要素がそれぞれスコアを持っており、そのスコアの大小によってソートされるという点が通常のSetsと異なります。スコアはバリューと違って重複を許すため、異なるバリューを持ちながらもスコアは同一という状態があり得ます（同一スコア内の順番は名前順になります）。Sorted Setsは、スコアによって順序付けされることから、対象の要素がセット内のどこに位置していたとしても、通常のSetsに比べて追加・削除・更新、存在確認等の操作を高速に実行することができます。この速度は対数的に増加[*7]します。また、スコアの値や、ランク（順序）を指定することでも要素の高速な取得が可能です。

　Sorted Setsは、逐次更新の必要システム（リアルタイムで更新されるスコアボードなど）に使われる他、Redisのデータインデックスとしても利用することができます。例えば、Hashesの説明で例示したユーザ情報において、年齢をスコアとして、ユーザIDを格納するSorted Setsを用意したとしましょう。検索条件として年齢が与えられた際には、Sorted Sets内を探索することですぐに該当ユーザのIDを特定することができます。

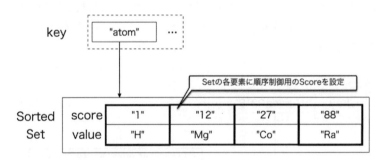

● 図6-6　Redis Sorted Setsの例

|6-2-1-6| ビットマップ（Bitmaps）

　Bitmapsは専用のデータ型が用意されているわけではありませんが、Redis Stringsをビットマップとして扱うためのコマンドが用意されています。これらのコマンドは大分すると個別のビットに対して0や1をセットする

[*7] 対数的な増加は、比例して増加するよりもはるかに増加の幅が少ないです。具体的にはデータの数がN倍になった時に、処理時間がlog N倍になるという意味です。

ためのコマンドと、ビットの集合に対して0の数をカウントしたり、ANDや
ORなどの演算を行うようなコマンドの二種類があります。

前述したようにStringsの最大サイズは512メガバイトであるため、ビット
マップとして利用すると約42億個のビット情報を格納することができます。
例えば、ユーザ情報としてメールによる通知のOn/Offを記録すると、約42
億人分の情報を一つのStringsだけで管理できることになります。

|6-2-1-7| HyperLogLog

HyperLogLog（以下、HLL）はユニークな要素のカウントを行う際に利
用される特殊なデータ型です。通常ユニークなデータのカウントには、重複
をカウントしないようにするために対象となる要素の数に吊り合うだけメモ
リが必要となります。つまり、対象となる要素が多くなればなるほどカウン
トに利用するメモリが線形増加してしまいます。HLLは厳密にはカウント
ではなく推定を行うため正確さは欠けますが、利用するメモリ量を一定に
抑えることができます。Redisの実装ではこのHLLによるカウントの推定
精度は99%であるとされています。

HyperLogLogは大量のユニークユーザによるアクセスが予想される
Webサイトなどにおいて、そのカウントがSetsで実現できない場合などに
用いることができます。

|6-2-2|
永続化

Redisはデータを基本的にメモリ上に保持する、いわゆるインメモリDB
ですが、2つの永続化手法を兼ね備えています。片方はRDBでも用いら
れるようなスナップショットを取得するRDB（Redis Database）ファイルに
よる永続化で、他方が更新差分のコマンドを記録しているAOF（Append
Only File）による永続化です。次ページからそれぞれの手法の概要と利
点・欠点を説明していきます。

第6章 Redis

|6-2-2-1| RDBファイルによる永続化

　RDBファイルを用いた永続化はRedisの状態をスナップショット（バイナリファイル）として書き出します。書き出すタイミングは、設定ファイル（redis.conf）にキーの追加・更新回数の閾値とそのチェック間隔を記載することで指定します。例えば、300秒（5分）毎にキーに100回以上変更があったことを確認する場合には、リスト6-1のような一行を設定ファイルに追加します。

❤リスト6-1

```
save 300 100
```

　このスナップショットを取る際、Redisは子プロセスをフォークして、以降の書き出しは子プロセス（redis-rdb-bgsave）にて実行されるため、Redisプロセスへの影響は最小限に留めることができます。RDBファイルは単に永続化のためだけでなく、バックアップにも活用することができます。もしバックアップを取りたければ、出力しているRDBファイルをバックアップを取りたいタイミングでcronなどで外部ストレージなどにコピーしておくだけで良く、障害時には復帰させたいバージョンのRDBファイルをRedisにリストアするだけで済みます。また、後述するAOFファイルとくらべてファイルのサイズが小さいことも利点の一つです。

　ただし、RDBファイルによる永続化には、AOFによる永続化に比べて不意の停止に弱いという欠点もあります。例えば、先ほど例示したような、5分間隔での変更確認を設定していた場合には、もし電源障害などが発生した場合には、最大5分間の書き込みデータが失われてしまう可能性があります。さらに、RDBの書き出し時には、フォーク実行の際にデータ量が多くなれば多くなるだけ時間がかかってしまいます。これはRedisそのものと別プロセスとはいえ、サーバ自体の負担にはなるため、場合によってはクライアントからの要求に応答できないなどの弊害が発生する可能性があります。

128　RDB技術者のためのNoSQLガイド

|6-2-2-2| AOFによる永続化

AOFは、サーバに対して発行されたコマンドを記録したファイルで、人間にも容易に理解できます（※直接中身を読む機会は少ないですが…）。リスト6-2の例では、"hoge"というキーに対して"fuga"というバリューを、"foo"というキーに対して"bar"というバリューをそれぞれ設定した際にAOFに書き出される内容です。

◉ リスト6-2

```
SET
$4
hoge
$4
fuga
*3
$3
SET
$3
foo
$3
bar
```

AOFへのコマンドの書き出しは、fsync[8]によって行われ下記の3種類のポリシーがあります。

1. fsyncを行わない
2. 毎秒fsyncする
3. クエリが発行される毎にfsyncする

デフォルトでは2番のポリシー（毎秒間隔）に設定されており、耐久性と速度のトレードオフからはこの設定が推奨されています。ただし、3番のポリシー（クエリ毎）のfsyncは、発行されるクエリが少ない場合には有効ですが、多かった場合には使い物にならないほど遅くなってしまいます。1番のポリシーはデータ損失のリスク回避よりも速度が求められる場合に使う

---

[8] メモリ上のファイルをディスクと同期させるLinuxのシステムコール

第6章 Redis

べきでしょう。

AOFの書き出しは、RDBファイルと同様に子プロセスをフォークして実行されます。この際、データはメモリ上のRedisから書き出すのではなく、古いAOFをコピーして、そこに追記する形態をとっているため、Redisのプロセスそのものにはほぼ影響ありません。また、コピーしている間に実行されたコマンドに関してはメモリ上への蓄積と古いAOFのどちらに対しても行っているため、電源障害などでコピーが失敗したとしてもそれが原因でデータが失われることはありません。

永続化オプションとしてAOFのみを設定していた場合、Redisサーバの再起動時には、AOF内のコマンドが順次実行されます。この特性を利用して操作を取り消すことができます。例えば誤ってFLUSHALLコマンドなどでRedisデータを全部削除してしまった場合を考えてみましょう。このとき、後述するAOFに対するリライト（最適化）が実行されていなければ、一度サーバを止めてからAOFファイルの最後のコマンド（FLUSHALL）を削除してから再起動することで、Redisをデータを削除前の状態に復元することができます。

AOFによる永続化の欠点としては、ファイルが大きくなってしまうことが挙げられます。これは単純に発行されたコマンド内容を順次追記していることが原因です。例えば、筆者環境にて100万件のキーとバリュー（Strings）の格納を実施した際、RDBファイルが40MB程度だったのに対してAOFファイルは63MBと1.5倍程度のサイズになっていたことを確認しています。

さらに、AOFは単純な追記を繰り返します。例えばINCRコマンド（数値をインクリメントするコマンド）を使い、あるカウンタに対して10回インクリメントを行うとしましょう。この際、INCRコマンドは10回実行されるため、その内9回は不要な情報ですがAOFには全てのコマンドが追記されてしまいます。この問題に対処するために最適化を行うリライトコマンド（BGREWRITEAOF）が存在します。このリライトを実行することで前述したような不要なコマンドを除去し、最小限のコマンドシーケンスだけを記

載することもできるようになります。また、fsyncのポリシーについても言及しましたが、クエリ毎のfsyncなど、ポリシーによってはRDBよりも速度が落ちてしまうこともあります。

6-3
API

この節ではRedisをどのようにアプリケーションから利用するか説明します。

6-3-1
クエリの実行例

まずはイメージをつけるために、実際のクエリ実行を見てみましょう。Redisのインストール後にredis-cliコマンドを利用することで、対話的にコマンドを実行することが可能です。redis-cliコマンドで何も指定をしなかった場合には、ローカルの6379番ポートで動くRedisに接続を行います。

まずは前節で紹介したデータ型の中でも、最もシンプルなStrings型の操作を行ってみましょう。Strings型のデータを登録するにはSETコマンドを使います。引数はキーとそれに対応するバリューです。下記の例では"key"というキーに対して"value"というバリューを入れています。

● リスト6-3
```
127.0.0.1:6379> SET key value
OK
```

リスト6-3の二行目のようにOKと表示されれば登録が成功しています。登録したデータを取得するにはGETコマンドを使います。

第6章 Redis

●リスト6-4
```
127.0.0.1:6379> GET key
"value"
```

　非常にシンプルです。流石に味気ないのでもう一つ、構造的なデータを
格納できるHashとして図6-3で例示したユーザ情報を登録してみましょ
う。Hashに対して複数フィールドを同時に登録するにはHMSETコマンド
を使います。引数はキーの他に、登録したいフィールドとそのバリューの対
を指定します。

●リスト6-5
```
127.0.0.1:6379> HMSET userid:221B "first name" "Sherlock"
"last name" "Holmes" "age" "27" "gender" "male"
```

　登録したHash全体を取得するためにすべきは、キーを指定した
HGETALLコマンドを実行するだけです。

●リスト6-6
```
127.0.0.1:6379> HGETALL userid:221B
1) "first name"
2) "Sherlock"
3) "last name"
4) "Holmes"
5) "age"
6) "27"
7) "gender"
8) "male"
```

　こちらも非常にシンプルです。また、Hashの特定要素のみ操作する
ことも可能です。例えば登録したユーザの年齢を一歳加算したい場合、
HINCRBYコマンドを使います。引数にはキーとフィールド、加算する値を
指定します。

●リスト6-7
```
127.0.0.1:6379> HINCRBY userid:221B age 1
(integer) 28
```

後述しますが、Redisのクエリ実行は条件や集計などの複雑な操作が無い分非常にシンプルで高速に動作します。

|6-3-2|
利用できるクエリ

Redisで利用する主なクエリの一覧と説明は表6-2の通りです。

◎表6-2　Redisの主なクエリ

コマンド	説明
SET	キーとそれに対するバリューを指定して、新規に格納するか、既に格納済みの場合は更新する
GET	キーを指定して、そのキーに対するバリューを取得する
DEL	キーを指定して、そのキーに対するバリューを削除する
INCR	キーを指定して、そのキーに対するバリュー（数値）に1を足す
MSET	複数キーと、それぞれに対するバリューを指定して、新規に格納するか、既に格納済みの場合は更新する
MGET	複数キーを指定して、それぞれのキーに対するバリューを一括で取得する
LPUSH・RPUSH	キーで指定したListsに対して、それぞれ左端、右端に要素を追加する
LLEN	キーで指定したListsの長さを取得する
LRANGE	キーとインデックスを2つ（開始・終了地点）指定することで、キーに対応するListsの2つのインデックス間の要素を取得する
LPOP・RPOP	キーで指定したListsの左端・右端からそれぞれ要素を抜き出す
SADD	キーと要素を指定して、指定したSetsに対して要素を追加する
SREM	キーと要素を指定して、キーに対応するSetsから指定した要素を削除する

SISMEMBER	キーと要素を指定して、指定した要素がSets内に存在するか確認する
SMEMBERS	キーで指定したSetsの要素全てを取得する
SUNION	キーで指定した2つ以上のSetsを結合した結果を返す（重複は省かれる）
ZADD	キーとバリュー、スコアを指定して、キーに対応するSorted Setsに指定したバリューとスコアのエントリを追加する
ZRANGE	キーとインデックスを2つ（開始・終了地点）指定することで、キーに対応するSorted Setsのインデックス間の要素を取得する
HSET	キーとフィールド、バリューを指定して、キーに対応するHashに指定したフィールドとバリューのエントリを追加する
HGETALL	キーで指定したHashの要素を全て取得する
HMSET	キーと複数のフィールド、バリューを指定して、キーに対応するHashに指定したフィールドとバリューのエントリをそれぞれ追加する
HGET	キーとフィールドを指定して、キーに対応するHashの、指定したフィールドのバリューを取得する
HINCRBY	キーとフィールド、数値を指定すると、キーに対応するHash中の、フィールドに対応するバリューに指定した数値を加算する
HDEL	キーとフィールドを指定して、キーに対応するHashの、指定したフィールドとバリューを削除する
EXPIRE	キーと秒数を指定して、キーとそれに対応するバリューの有効期限を設定する
TTL	キーを指定して、そのキーの有効期限を取得する
INFO	Redisサーバの状態、及び統計情報などを取得する

　基本的に、コマンド名がLxxとなっているとLists、Sxxの場合Sets、Zxxの場合Sorted Sets、Hxxの場合Hashesをそれぞれ操作するコマンドになっています。複雑なデータ型に対するコマンドでは、キーの他にバリューを特定するための引数を指定する必要があります。細かい引数などに関しては、redis-cliを利用している場合、リスト6-8のようにhelpコマン

ドで確認ができます。この際、コマンド名やカテゴリ名はタブ補完すること
が可能です。

●リスト6-8

help コマンド名 or カテゴリ名

|6-3-2-1| SQLとの比較

SQLとの対応を考えると、Create、UpdateはSET、ADD、PUSH等
のコマンドが、DeleteはDELやPOP等のコマンドが対応しています。

ただし、SQLのREPLACEコマンドのようにStringsの一部だけを部
分更新することなどはできません。また、更新対象はキーやフィールド名で
指定するのみで、複雑な条件をクエリに付けることはできません。Readに
関しても、あくまで指定したキーからバリューを取り出すだけで、Redisそ
のものには条件検索などの機能は備わっていません。

加えて、SQLのDISTINCTやORDER BYなど、問合せ結果に対する操
作も同様に備わっていません。これらの条件検索や、問合せ結果の複雑な
集計操作に関しては、Redisのデフォルトでは存在しませんが、Redisのスト
アドプロシージャ機能（Luaスクリプト）により実装することが可能です。

|6-3-3|
アプリケーションからの通信手段

現在利用可能なRedisへの通信手段としては、下記の3つが挙げられます。

- ● redis-cliを通したコマンドラインによる通信
- ● telnet、ncコマンドを使った通信
- ● プログラミング言語用ドライバ

RDB技術者のためのNoSQLガイド 135

第6章 Redis

|6-3-3-1| redis-cliを通したコマンドラインによる通信

前述しましたが、Redisが起動している場合には、コマンドラインからIP
とポートを指定した上でredis-cliコマンドを実行すると、当該Redisに接
続できます。接続後は前述した各種コマンドを実行可能です。

|6-3-3-2| telnet、ncコマンドを使った通信

telnetやnc*9などのTCPプロトコルを直接喋ることのできるコマンドを
利用することで、起動しているRedisに対して直接コマンドを実行すること
もできます。接続には単純にtelnetでRedisの起動するサーバのIPとその
ポート番号を指定するだけです。リスト6-9にtelnetを利用してローカルの
Redisに接続した際のコンソール上の表示例を示します。

❤リスト6-9

```
telnet localhost 6379        #telnetの実行
Trying ::1...
Connected to localhost.
Escape character is '^]'.
set hoge fuga                #setコマンドを実行
+OK
get hoge                     #getコマンドを実行
$4
fuga
quit                         #quitで終了
+OK
Connection closed by foreign host.
```

|6-3-3-3| プログラミング言語用ドライバ

ActionScript、Bash、C、C#、C++、Clojure、Common Lisp、
Crystal、D、Dart、Elixir、Emacs Lisp、Erlang、Fancy、gawk、
GNU、Prolog、Go、Haskell、Haxe、Io、Java、JavaScript、Julia、
Lua、Matlab、Nim、Node.js、Objective-C、OCaml、Pascal、Perl、
PHP、Pure、Data、Python、R、Racket、Rebol、Ruby、Rust、
Scala、Scheme、Smalltalk、Swift、Tcl、VB、VCLといった言語に対

＊9　netcatコマンド

して有志によるクライアントが開発されています。詳しくはRedis公式ページのClientsのページ[10]を参照してください。これらのドライバは非常に有用ですが、テスト等が十分実施されていないものも含まれているので、利用予定バージョンと互換性があるか、欲している機能の実装にバグなどが存在しないか、確認・テストしてから利用してください。

6-3-4
部分的トランザクション

Redisにはトランザクション機能があります。しかし、このトランザクション機能にはロールバックが無いなど、RDBでのトランザクションとは少し毛色が違うので注意が必要です。Redisでトランザクションを実行する際には、MULTIコマンドとEXECコマンドを使います。MULTIコマンド以降入力されるクエリはRedisのキューに挿入され、EXECコマンドが実行されるとキューに格納した順に直列化され、逐次実行されます。Redisのストアドプロシージャ（Luaスクリプト）もMULTI/EXECコマンドを実行した時と同様の動作をします。これらの逐次実行はACID特性でいうisolation（独立性）を保証されており、他のクライアントからの操作による影響は受けません。

トランザクションにおいてクエリをキューに格納する際、Redisはクエリの文法誤りは検出しますがそのコマンドの妥当性は評価しません。例えば、図6-7のように"hoge"というキーに対して、"fuga"という文字列形式のバリューが格納されていたとしましょう。このキーとバリューのペアに対して、INCRコマンド（バリューに格納された数値をインクリメントするコマンド）を単一実行した場合、バリューが数値ではなく文字列なので即時エラーが返ってきます。一方で同様のコマンドをトランザクション中で実行した場合、キューに格納された段階でエラーは発生せず、トランザクションの実行中に初めてエラーが発生します。

＊10 http://redis.io/clients

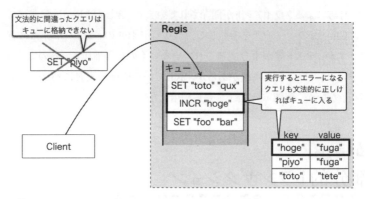

◎図6-7　Redisのトランザクションにおけるクエリのキュー登録

　さらに、Redisのトランザクションで特徴的なのが、ロールバック処理が実行されないことです。先ほどの例ではキューに登録された3つのクエリの内、2番目は実行時にエラーになるクエリ（図6-8中②）でした。このままEXECコマンドでキューに登録されたコマンドを実行することを考えると、RDBに慣れた方はこの後エラーが発生して、ロールバック処理が実行されてACID特性のatomicity（原子性）が保証されることを予想されると思います。しかし、Redisにはロールバック機能が備わっていないため、エラーを含んだコマンド以前のコマンド（①）は実行されたままになります。また、トランザクション中でエラーが発生してもRedisは特にこのエラーをハンドリングはしないため、エラーの発生したコマンド以降のコマンド（③）はそのまま実行されます。

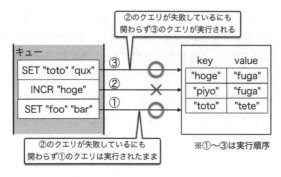

◎図6-8　Redisのトランザクションにおけるクエリの実行

以上のように、RedisのトランザクションはRDBのトランザクションと大分異なります。Redisでトランザクションの利用を検討する場合には、その特徴を念頭に置くようにしてください。

6-4
性能拡張

RedisはRedis Clusterを用いることによりシャーディングを行うことができ、より多くのデータを扱えるとともに、読み込みと書き込みを分散して性能拡張できます。また、Redis Clusterにはシャーディングの他にレプリケーションの機能もあり、セカンダリから読み込み負荷分散を行うことができます。順に説明していきましょう。

6-4-1
Redis Clusterのシャーディング

単体構成ではメモリサイズまでしかデータを扱えませんでしたが、Redis Clusterのシャーディングを用いることで多くのデータを扱えます。また、Redis本来の機能性を損なわないままスケールすることが可能です。シャーディングした場合には、Redisを単体で実行した場合と同様の単一キーコマンドが実行可能です。また、Setsの集合や複雑な複数キー操作を行うコマンドも実装されています。ただし、Redis Clusterのシャーディングでは、場合によってはクエリのラウンドトリップが増えるため注意が必要です。

6-4-1-1 データの分散

Redis Clusterにおけるシャーディングでは、全てのキーがハッシュスロットの一部であるというシャーディング形態をとります。キーに対する

ハッシュスロットの特定アルゴリズムとしては、キーの mod 16384を入力としたCRC16が採用されています。modに使っていることからもわかるように、Redis Clusterには16384個のハッシュスロットがあり、このハッシュスロットを各ノードに割当てることでシャーディングを実現します。例えば、ほぼ同一スペックの3ノードをマスターとしてクラスタを構成する場合には、図6-9のように3等分する割り振りが考えられます。

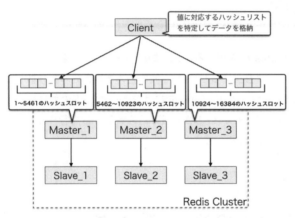

◎図6-9　シャーディング時のハッシュスロット割当例

6-4-2
クエリの分散

　シャーディングでどのようにクエリが分散されるか説明します。クエリ分散の動作例を図6-10に示します。各ノードは、全てのハッシュスロットに対してそのハッシュスロットをどのノードが保持しているかのマップを持っています。クライアントからの問合せは、クライアントが接続しているノードが真っ先に受け付けます（図6-10①）。ここで当該ノードがクライアントで指定されたキーをに対応するハッシュスロットを保持していれば、そのまま問合せの返答を行います。もし対応するハッシュスロットを保持していない場合は、この問合せを適切なノードにリダイレクトします（図6-10②、③）。

クライアントによっては、ハッシュスロットとノードの対応表を持っており、問合せの前に問合せ先を特定しているものも存在します。この対応表はリダイレクトを受け取った際などに更新されます。

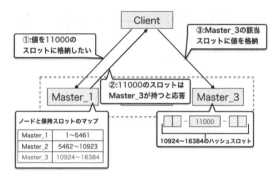

● 図6-10　Redis Clusterのシャーディング動作例

6-4-3
リシャーディング

図6-9において、既存のクラスタに新しいマスターノードであるMaster_4を追加して4台に負荷分散したい場合には、Master_1～3からMaster_4にハッシュスロットを移行するだけで済みます。逆に、ノードを削除する場合には、そのノードに割り当てられたハッシュスロットをクラスタ内の別ノードに割当てなければなりません。このようにハッシュスロットを別のノードに移行することをリシャーディングといいます。リシャーディング実行時にはクラスタを止める必要がないため、クラスタのロードバランシングにダウンタイムは発生しません。

リシャーディングは、Redis Cluster構築時に利用するredis-tribにリスト6-10のようなreshardオプションと対象ノードを指定することで実行可能です。実行後には対話的に移動するハッシュスロットの数や、移行先のノードを指定します。

第6章 Redis

リスト6-10

```
./redis-trib.rb reshard 127.0.0.1:7000
```

|6-4-4|
Redis Clusterのレプリケーションによる読み取り負荷分散

　次節でも述べますが、Redis Clusterではマスタースレーブレプリケーションが可能です。このレプリケーションとシャーディングを併用することができます。クライアントからの問合せをクラスタ内のスレーブノードが受け取った場合、デフォルトではそのマスターに対してリダイレクトされますが、READONLYコマンドを使うことでスレーブに問合せをスケールすることが可能です。

|6-4-5|
ハッシュタグを用いたRedis Cluster上での複数キー操作

　Redis Cluster上では、MSETやMGETといった複数キーを同時に操作するコマンドは対象となる複数キーが同一のノードに存在しない、あるいは対象のハッシュスロットに対するキーに対してリシャーディングが稼働中である場合には実行することできません。これに対してRedis Clusterでは、ハッシュタグという特定のノード（特定のハッシュスロット）にキーをまとめる機能を備えています。キーをまとめるには、リスト6-11のようなコマンドを実行します。ハッシュタグを用いた場合には、ハッシュの計算にキー全体ではなくキーの中で最初に出現する ‖ で囲われたタグ部分のみが用いられるため、複数キーに対して単一のハッシュスロットを割当てることができます。

142 RDB技術者のためのNoSQLガイド

◎ リスト6-11

```
MSET {user:221B}.name Sherlock {user:221B}.surname Holmes
```

6-5
高可用

Redisでは、Redis Clusterのレプリケーション機能によって、可用性を高められます。

6-5-1
レプリケーションによる可用性向上

Redis Cluterは非同期実行されるマスタースレーブレプリケーションをサポートしています。なおマスタースレーブレプリケーション自体はRedis Clusterを構成していない場合でも利用可能です。マスターは複数のスレーブを持つことができ、また、スレーブは他のスレーブとのコネクションを持つことができるため、レプリケーションとして図6-11のような階層を持った形態をとることも可能です。

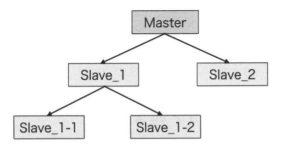

◎ 図6-11　Redisのレプリケーション構成例

6-5-2 フェイルオーバ

いくつかのマスターノードに障害が発生する、あるいは疎通が取れなくなった場合には、可用性を保つためにそのマスターのスレーブ（レプリカ）がマスターに昇格してシステムを継続することができます。Master_1〜3のそれぞれのマスターに対してスレーブSlave_1〜3を立てた6台構成のRedis Clusterを考えてみましょう。この構成において、図6-12のように、Master_2が故障した場合、一定時間後にSlave_2がMaster_2の代行をしてくれます。マスター故障の際、クラスタは設定ファイルのnode_timeoutで設定した値に加えて、選出アルゴリズムによって代替のマスターが決定された後にアクティブに戻ります。なお、マスターと対応するスレーブ全てが同時にクラッシュした場合には、Redis Clusterとしての操作を継続できなくなります。

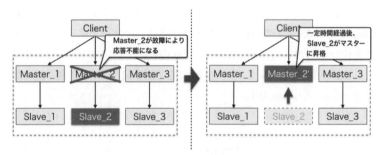

● 図6-12　Redis Clusterのレプリケーション動作例

6-5-3 非同期レプリケーションによるデータのロスト

Redisのレプリケーションは非同期で行われるため、Redis Clusterは厳密な整合性は保証していません。例えば、Redis Clusterでは図6-13の

ようなことが発生することがあります。通常、マスターにデータが書き込まれる（①）とマスターはスレーブへの同期を待たずにクライアントにレスポンスを行います（②）。この後、スレーブへの同期が行われる前にマスターが故障して復帰不可能な状態（③）になると、マスターのみが保持していた情報は完全に失われてしまいます。このような事態を防ぐために、レプリケーションはWAITコマンド（スレーブへの反映が終了するまでクライアントからの書き込むをブロックするコマンド）などを利用することで同期レプリケーションを実現することもできますが、同時にRedisの長所でもあるパフォーマンスの低下を招いてしまいます。

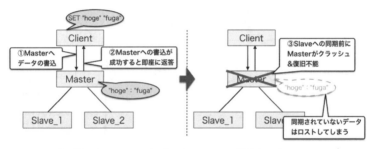

◎図6-13　非同期レプリケーション起因でデータロストが発生する例

6-5-4
永続化していないマスターの
リカバリ時の注意点

　Redisのレプリケーション設定をする際、レイテンシなどの関係でマスターのデータを永続化していない場合には、そのマスターが自動で再起動しないように設定しておく必要があります。これを設定していない場合には図6-14に示したようなデータロストの発生が懸念されます。①にて、Slave_1とSlave_2はMasterのレプリカであり、データを同期しています。②でMasterがクラッシュすると、永続化されていないデータは失われますが、スレーブの二台にはまだデータは残っています。その後、③にて

Masterは中身が空のまま再起動するので、その内容がスレーブ二台に連携され、全てのデータが失われてしまいます。このような事態を防ぐためにも、データの保持が重要なケースにおいて永続化無しでレプリケーションを使っている場合には、マスターの自動再起動を無効化しておくべきでしょう。

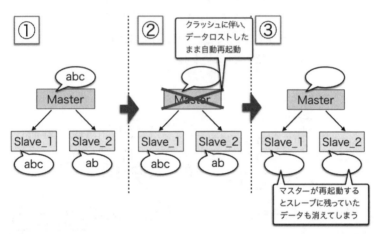

◎図6-14　自動再起動時のレプリケーションによるデータロスト

6-6 運用

6-6-1 バックアップ

永続化の項でも述べましたが、RDBファイルやAOFファイルを外部ストレージなどに移行することで、バックアップとすることができます。永続化を有効にすると、Redisはプロセス終了時にもRDBファイルやAOFファイルへの書き出しを実行するため、リストアの際にはRedisのプロセスを終了し

た上で、バックアップファイルの入れ替えを実施するよう留意してください。

|6-6-2|
監視

Redis 2.8以降であれば、Redis Sentinel[11]という機能を用いることで、マスタースレーブレプリケーションの監視（異常時の通知、自動フェイルオーバなど）を設定することが可能です（※Redis 2.6にも存在はしていますが、Sentinelのバージョンが古く、非推奨とされています）。Redis Sentinelは分散システムとして実装されており、マスターの障害判定などは起動してる複数プロセスの内、一定数の合意のもと実施されます。一方でSentinel自体の障害時には、各プロセスの内過半数の合意のもと、Sentinelのマスターが選出されます。この仕様より、Sentinelを起動する際には、3台以上（Sentinelを3プロセス以上起動した状態）で構成する必要があります。

Redis Sentinelは、使用するポートや監視するマスターなどが記載された設定ファイルを指定した上で、redis-sentinelコマンドを使うことで起動することができます。起動後は、通常のRedisプロセスと同様にredis-cliコマンドで接続して監視対象の情報を参照することができます。

|6-6-3|
稼働統計

前述したコマンドの説明でも触れましたが、INFOコマンドを使うことで、割当てられたメモリ量やコネクション数などの稼働情報を得ることができます。INFOコマンドで取得できる情報の項目とその説明は、コマンド

---

*11 https://github.com/antirez/redis-doc/blob/master/topics/sentinel.md

第6章　Redis

の紹介ページ[12]より参照してください。また、SLOWLOGコマンド[13]を利用することで、コマンドの実行時間などを確認することもできます。

|6-6-4|
バージョンアップ

バージョンアップ用のツールなどは存在しません。バージョンアップの際には、バージョン差分のリリースノートを確認して設定などを変更した上でマイグレーションを行う必要があります。

6-7
セキュリティ

Redisは基本的に信頼された環境内にある、信頼されたクライアントからのアクセスを想定して設計されているため、セキュリティに関わる機能は殆ど実装されていません。実装されたものも、パスワードを平文で送るなど機能として必要最低限しか無いため、単体で使用するのではなく、ファイアウォールやSSLなどの他の技術と併用して冗長化する機能と考えるべきです。

|6-7-1|
パスワード認証

requirepassという設定（リスト6-12）と、AUTHコマンド（リスト6-13）によって簡単なパスワード認証を実現することが可能です。

＊12 https://github.com/antirez/redis-doc/blob/master/commands/info.md

＊13 https://github.com/antirez/redis-doc/blob/master/commands/slowlog.md

148　RDB技術者のためのNoSQLガイド

◉ リスト6-12

```
reuirepass <パスワード>
```

◉ リスト6-13

```
> AUTH <パスワード>
```

ただし、このパスワード認証では平文でパスワードの送受を行ってしまいますし、Redisの高速性を逆手に秒間数万～数十万回パスワードアタックを実行することも可能です。そのため、これをわざわざ設定するよりはRedisの外部のセキュリティ対策を導入する方が無難でしょう。

|6-7-2|
コマンドのリネーム・無効化

Redisはコマンド名の変換によるコマンドレベルのセキュリティをサポートしています。例えば、認証に使うAUTHコマンドをqwertyというコマンド名に変更する際には、設定ファイルにリスト6-14のように設定します。

◉ リスト6-14

```
rename-command AUTH qwerty
```

上記の設定をすることで"AUTH"の文字列ではコマンドが使えなくなり、代わりに"qwerty"コマンドがAUTHとして使えるようになります。また、変換先の文字列に""（空白）を指定した場合には、コマンドそのものを使うことができなくなります。本番機で誤って実行すると問題のあるコマンドや、使われないコマンドを登録しておけば予想外の事態を防ぐことが可能です。

第6章 Redis

|6-7-3|
暗号化

Redisそのものは暗号化機能を持っていません。

併用すべき暗号化技術としては対象キー暗号化を実現するSpiped[14]が推奨されています。

6-8
出来ないこと

ここまでの説明でも言及してきましたが、RedisはRDBに備わっている下記のような機能がありません。

|6-8-1|
条件検索や集計などの処理が存在しない

利用できるクエリの項で言及したように、Redisには条件検索や集計などの検索結果に対する操作が用意されていません。このような機能が必要になった場合にはアプリケーション側で実装するか、RedisのLuaスクリプトでストアドプロシージャとして実装する必要があります。

|6-8-2|
ロールバック機能が存在しない

トランザクションの項で言及したように、トランザクションにおけるロール

---

[14] http://www.tarsnap.com/spiped.html

150 RDB技術者のためのNoSQLガイド

バック処理が存在しません。設定と実装時のテストによって原子性が崩れる可能性は低くはできるものの、Redisトランザクションにおいて、ロールバックを前提とした処理を実行すべきではないでしょう。

|6-8-3|
厳密な一貫性の担保

高可用の節や、Redis Clusterのデータロスト事例で説明したようにRedisのマスタースレーブレプリケーションは非同期で実行されます。そのため、負荷分散にスレーブなどを使っている場合にはデータの一貫性が崩れてしまう可能性があります。一貫性はWAITコマンドを利用することで向上させることもできますが、その代償としてパフォーマンスが下がってしまう可能性があります。

|6-8-4|
セキュリティ機能に乏しい

セキュリティの節でも述べたように、Redisは信頼されたアクセスを前提としているためセキュリティ機能は乏しく、あったとしても必要最低限です。Redisへのアクセスを限定したり、リモートからの攻撃に対策する場合は、Redisの機能ではなく別途、セキュリティ対策を考えるべきでしょう。

6-9
主なバージョンと特徴

Redisのバージョン表記はmajor.minor.patchの形式で付与されており、メジャーバージョンはminorが偶数です。例えば、2.8.xがリリースされる

前のunstableバージョンは2.7.xとなります。

　Redisには後方互換性があるため、基本的に新しいバージョンとそのひとつ前のリリース以外はサポートされません。例えば2.8がリリースされると、2.6、2.8が公式のサポート対象となり、それ以前のバージョン（2.4以前）はサポートされなくなります。

❷ 表6-3　Redisの主なバージョン

バージョン	説明
2.6	Luaスクリプトの導入や、データへのミリ秒単位の期限付与などの機能的な変更に加え、2.4以前と比較してメモリ利用方法や永続化の世代管理方法などの改善がされています。
2.8	2.6系と比較すると、レプリケーションの部分同期や、IPv6のサポート、再書込の設定、出版-購読型モデルとしての通知機能など、様々な新しい機能が追加されています。
3.0	シャーディング機能、レプリケーション機能を提供するRedis Clusterが追加されました。これ以外にも高負荷時の処理速度や、AOFの再書込などが改善されました。

6-10
国内のサポート体制

　主に株式会社野村総合研究所、株式会社コンバージョンなどがサポートを提供しています。

6-11
ライセンス体系

　Redisのライセンスは三条項BSDライセンスに従っています。ソースコードを再配布する場合には公式のライセンスページ[15]に記載された条項と、免責事項をソースコード中で保持する必要があり、バイナリを再配布する場合には各条項・事項をドキュメントとして用意して配布する必要があります。また、特定の書面による事前許可無しで、Redisのコントリビュータを製品の保証や販売促進に用いることはできません。

6-12
効果的な学習方法

　初学者用には、公式にTry Redis[16]というチュートリアル用のページがあります。チュートリアルは英語ですが、このページを利用すれば環境構築などを行うことなく、Redisへのクエリ発行を試すことができます。データモデルに関してもチュートリアル中で一通り作成や取得を実践するので、「どんなことができるのか触って理解したい」といった場合には最適です。英語の読解がそこまで苦にならない場合、各機能（シャーディング、レプリケーションなど）の詳細は公式のドキュメント[17]で確認するのが良いでしょう。ソースコードレベルではありませんが、動作などに関してかなり詳しい説明が記載されています。
　日本語の書籍としては「Redis入門」（Redis in Action)[18]が存在します。

---

[15] http://redis.io/topics/license

[16] Try Redis（http://try.redis.io/）

[17] Redis Documentation（http://redis.io/documentation）

[18] Redis入門 インメモリKVSによる高速データ管理, Josiah L. Carison 著, 長尾高弘 訳, KADOKAWA/アスキー・メディアワークス

第6章 Redis

データタイプや各種機能の詳細説明に始まり、何種類かのアプリケーションとその中でのRedisの利用シーンや、Luaスクリプトによるストアドプロシージャ例など実践的な内容が掲載されています。ただし、刊行時の最新バージョンが2.6.9であったため、Redis Clusterに関する記述は無いので注意してください。

6-13
その他

|6-13-1|
Redis Clusterの詳細

|6-13-1-1| Redis Clusterの構築・実行例

　単純にRedis Clusterを試してみたい場合には、Redisのソースコードのutilディレクトリの中にcreate-clusterというコマンドも用意されています。これは単純に最小構成のRedis Clusterを作成します。同ファイル内にあるREADMEファイルに各種操作方法が記載されています。

　Redis ClusterはRedisのソースコードのsrcディレクトリ中にあるredis-trib.rbというRubyプログラムにより、簡単に構築することができます。ただし、redis-tribを利用した構築前に、クラスタに参加させたいノードにリスト6-15のような設定を施して起動しておく必要があります。設定値の内容はそれぞれリストのとおりです。

❤リスト6-15

```
cluster-enabled yes              # クラスタ有効化
cluster-config-file nodes.conf   # クラスタノードの状態を記録するファイル指定
cluster-node-timeout 5000        # ノード間通信のタイムアウト
```

　例えば、前述の設定を適用し、ローカル（127.0.0.1）の7000 〜 7005番

ポートで動く6ノードで、3マスター3スレーブのクラスタを作成するための
コマンドはリスト6-16のようになります。コマンド中、--replicasオプション
では各マスターに1台ずつスレーブを付けるよう指定しています。

● リスト6-16

```
./redis-trib.rb create --replicas 1 127.0.0.1:7000 127.0.0.1:7001
127.0.0.1:7002 127.0.0.1:7003 127.0.0.1:7004 127.0.0.1:7005
```

|6-13-1-2| Redis Clusterにおけるノード間通信

Redis Clusterに属するノードは、Redisへ接続するためのデフォルト
ポートの他、各ノード間の通信路 (Redis Cluster Bus) として別のポート
(デフォルトポートの番号に10000を足した番号のポート) を利用します。
例えば、あるノードに対してデフォルトの6379番ポートを割当てていた場
合、16379番ポートがCluster Busとして使われ、障害の検知や設定の更
新、フェイルオーバの認証に使われます。

|6-13-1-3| Redis Clusterのクライアント

現在は、Redis開発者によるRubyクライアント (redis-rb-cluster) の
他、Python、PHP、Java、.NET、JavaScript、Goなどの言語に対して、
有志によって作成されたクライアントが存在しています。具体的なクライア
ント名等はRedis Clusterのチュートリアルページ[19]の"Playing with the
cluster"節で確認してください。また、redis-cliコマンドに-cオプションを
使うことでも、Redis Clusterに接続が可能です。例えば、リスト6-16のコ
マンドで作成したクラスタに接続する場合にはリスト6-17のようなコマンド
を実行します。この際、接続先はクラスタ内のノードであれば、どのノード
を指定しても接続が可能です。接続後は個別ノードではなくクラスタに対
してクエリの発行をすることになります。

● リスト6-17

```
redis-cli -c -p 7000
```

---

[19] http://redis.io/topics/cluster-tutorial

|6-13-2|
シャーディングとレプリケーションを組み合わせ

|6-13-2-1| レプリカマイグレーション

シャーディングとレプリケーションを組み合わせることにより、レプリカマイグレーションという機能が使えます。

マスタースレーブレプリケーションによって、マスターが故障した際にもある程度動作が継続することが保証されます。ただしこれだけでは、故障が発生したハッシュスロットのスレーブが少なくなる、あるいは全く存在しなくなってしまう可能性があるため、十分とはいえません。こうした問題に対処するため、Redisにはレプリカマイグレーションという機能が備わっています。この機能では、図6-15のように、障害時に複数のスレーブを持つマスターから、冗長でなくなってしまったマスターに対してスレーブを移行することができます。実際のレプリカマイグレーションは、マイグレーション対象のノード上で、リスト6-18のようにレプリカ指定コマンドを実行するだけで実現できます。

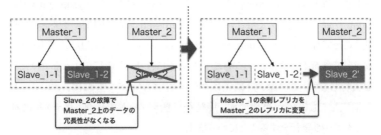

● 図6-15　レプリカマイグレーションの動作例

● リスト6-18
```
CLUSTER REPLICATE <ノードID>
```

|6-13-2-2| ネットワークの分断によるデータのロスト

シャーディングとレプリケーションを組み合わせた環境において、ネットワークの分断が起きた際にデータがロストするケースを図6-16に示します。①のタイミングでRedis Clusterとクライアントの属しているネットワークにおいてトラブルが発生し、クライアントとMaster_2の属するネットワークAとそれ以外の属するネットワークBに分断されています。分断直後のクラスタ疎通のタイムアウト経過前（②～③）、ネットワークAのクラスタは不完全ですが、ClientからMaster_2への書き込みは実行可能です。このタイミングで図6-16のように書き込みが発生したとしましょう。

この後タイムアウトが経過前（～③）に分断が回復すればクラスタは正常に再構築され、問題なくオペレーションを継続することが可能です。しかし、分断が回復しなかった場合には、ネットワークAではクラスタへの書き込みが一切できなくなります。一方のネットワークBでは残ったSlave_2がMaster_2の代わりとしてマスターに昇格するので、②～③の間でクライアントがMaster_2に対して実行した書込みはロストしてしまいます。

第6章 Redis

◈図6-16　ネットワークの分断起因でデータロストが発生する例

158　RDB技術者のためのNoSQLガイド

第7章

Cassandra

7-1
概要

　Apache Cassandraはもともと AmazonのDynamoの概念とGoogleの Bigtableのアーキテクチャを組み合わせて、Facebookによって開発され、2008年にオープンソース化されたデータベースです。

　Cassandraが登場したのは必然と言えるでしょう。1980年代半ばより データ管理の事実上の標準として多くの方々に支持されてきたRDBでし たが、Google、Amazon、Facebookなど大手インターネット企業が直面 したアプリケーションやデータセンタへ求める要求はこのRDBの能力を 上回るようになり、アジャイルな開発手法をサポートする、より柔軟なデー タモデルの必要性や、世界中のWebやモバイルユーザから高速で送られ てくる大量のデータを処理しつつ、きわめて高いパフォーマンスとアップタ イムを維持しなければならないという要求に応えるために、登場したのが Apache Cassandraだからです。あらゆる企業がWebやモバイルアプリ ケーションを活用している今日、大手インターネット企業が最初に直面して いたデータ処理の課題は、様々な企業にとってもすでに課題となってきて います。また、未だ直面していない企業も、その多くが、この先、すぐに直 面する問題であると言えるでしょう。

　RDBとApache Cassandraを比較すると、それぞれが独自の機能や利 点を備えていますが、利用する側の観点から見て、多くの点で異なるデータ ベースであるということを、利用する前に理解しておく必要があります。

　データモデルの観点からみると、RDBは主に構造化されたデータを厳 格なデータモデルの中で扱うのに対し、Apache Cassandraのデータベー スは一般により柔軟で流動的なデータモデルを備え、最新のアプリケー ションで採用されているアジャイルな開発手法での利用に適しています。さ らに、Cassandraは最新のあらゆるデータのタイプを容易に扱うことがで

きます。例えば、JSONのデータもサポートしています。Cassandraのデータモデルについて他のNoSQLと大きく違う点として理解しておかなければいけないのは、Cassandraはスキーマレスのデータベースではないという点です。アプリケーション側から見るとデータは構造的に見えるほうが、開発、運用、管理していく上では利点も多くあるので、CassandraではNoSQLでありながら、複数階層で各エレメントを独立させることによって柔軟性を持たせつつ、スキーマ定義（構造化）上でデータを取り扱っているという事は最初に頭に入れておいてください。

次にアーキテクチャの違いです。RDBは通常、スケールアップするマスタースレーブ方式というアーキテクチャを採用するのに対し、Cassandraは分散された、スケールアウトする「マスターレス方式」（「マスター」ノードがない）というアーキテクチャです。データをどのように分散させて保持するかもRDBとCassandraでは大きく違います。ほとんどのRDBでは、そのマスタースレーブというアーキテクチャゆえに、データはマスターからスレーブにも配布され、スレーブは元データの読み取り専用として役割を果たし、そのマシンはマスターのフェイルオーバ先となります。これに対して、Cassandraでは、データベースを構成するすべてのノードにデータが均等に分散され、すべてのマシンで読み取りと書き込みの両方が可能です。

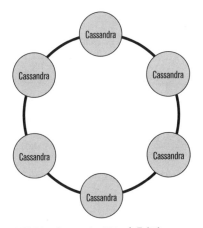

◎図7-1　Cassandraのアーキテクチャ

第7章 Cassandra

　さらに、RDBのレプリケーションモデル（マスター・マスター方式も含む）は、異なる地域のデータセンタやクラウド上のアベイラビリティゾーンの間でのデータのレプリケーションとの同期を、広域・マルチリージョンで行うのに適した設計にはなっていません。それに対してCassandraのレプリケーションは、異なる地域（例えば、東京と大阪のデータセンタ）のデータを容易にデータセンタ間で同期して扱えるように最初から設計されています。

　また、可用性については明らかにCassandraのほうが優れていると言えるでしょう。RDBでは、マスターがスレーブマシンにフェイルオーバするフェイルオーバ設計になっているのに対して、Cassandraシステムはマスターレスであり、各ノードがデータと機能の両方の冗長化を支えることで、RDBのような単純な高可用性ではなく、ダウンタイムのない継続的な可用性を提供します。また、マスターレスであるアーキテクチャはスケーリングとパフォーマンスのモデルの上でも良い効果をもたらします。

　RDBは一般に集中型のマシンにCPU、RAM、共有ディスクを追加することで垂直にスケールします。それに対して、Cassandraデータベースはノードを追加することで水平にスケールしますので、どこかのマシンに処理が集中するようなことはなく、線形のスケーラビリティとパフォーマンスを可能とします。

　このように、Apache Cassandraは、継続的可用性、線形にスケールするパフォーマンス、運用の容易性、複数のデータセンタやクラウド上のアベイラビリティゾーンをまたいだデータの容易な分散機能を備えた、スモールスタートから大規模に至るまでスケーラブルにシステム構築を実現できるオープンソース・データベースです。最新のアプリケーションは、顧客、そして基盤のビジネスの両方に寄与する必要があります。そこにはCassandraの利用が有効でしょう。

|7-1-1|
Cassandraの特徴

- 大規模でスケーラブルなアーキテクチャ ― Cassandraは、すべての
  ノードが等価なマスターレス設計を備えることで、運用とスケールアウ
  トが容易になります。

- どこでもアクティブな設計 ― Cassandraのノードは、どこにあっても
  ノードが平等に書き込みと読み取りの対象にできます。

- 線形にスケールするパフォーマンス ― オンラインのままノードを追加
  することで、予測可能な形でパフォーマンスを強化できます。例えば、
  2つのノードで200,000/秒のトランザクションが可能ならば、4つの
  ノードで400,000/秒、8つのノードで800,000/秒のトランザクショ
  ン処理が可能です。

- 継続的可用性 ― Cassandraは、データと機能の両方の冗長性を備え
  ています。それにより単一障害点（SPOF）がなく、常時のアップタイム
  を提供します。

- 等価的な障害検知とリカバリ ― 障害のあるノードは簡単にリストアし
  たり置き換えたりできます。

- 柔軟で動的なデータモデル ― 最新のデータのタイプや高速な書き込
  みと読み取りをサポートします。

- 強力なデータ保護 ― コミットログを利用した設計により、受け取った
  トランザクションのデータが失われないことが保証されます。また容易
  なバックアップとリストアによって安全を確保することでデータを保護
  できます。

- 調整可能なデータ整合性によるトランザクションのサポート ―
  Cassandraは、広域の分散環境をまたいで、強い整合性あるいは結果
  整合性でのトランザクションをサポートします（バッチを含む）。

- マルチデータセンタ対応レプリケーション ― Cassandraは、（複数地
  域の）データセンタ間やクラウド上の複数のアベイラビリティゾーンを
  またいだ読み書きをサポートします。

- データ圧縮 ― パフォーマンスに対するオーバヘッドなしに80%に達

第7章 Cassandra

するデータ圧縮率によりストレージのコストを節約します。
- CQL（Cassandra Query Language）－ RDBからの移行を極めて簡単にするSQLのサブセット言語です。

|7-1-2|
Cassandraのユースケース

Cassandraは、あらゆる業界の様々なアプリケーションで利用できる汎用のデータベースですが、特にその能力を発揮できるユースケースがいくつか存在します。例えば、以下のようなものです。

- IoT（Internet of Things：モノのインターネット）－ Cassandraは、様々な場所にあるデバイス、センサー、その他同様の仕組みから高速で処理する必要がある大量のデータを受け取って分析するのに最適です。
- メッセージング － Cassandraは数多くの携帯電話プロバイダ、電気通信プロバイダ、ケーブル／ワイヤレス通信プロバイダ、メッセージングプロバイダが提供するアプリケーションの基盤データベースとして使われています。
- 製品カタログとリテールアプリケーション － ショッピングカートの強力な保護、高速での製品カタログの入力と参照、その他類似のアプリケーション機能のサポートを必要とする企業にとってCassandraは最適な選択です。
- ユーザのアクティビティ追跡とモニタリング － メディア、ゲーム、その他の企業はCassandraを利用して、動画、音楽、ゲーム、Webサイト、オンラインアプリケーションに対するユーザ操作のアクティビティを追跡し、監視しています。
- ソーシャルメディア分析とレコメンデーションエンジン － オンラインサービス企業、Webサイト、ソーシャルメディア企業がCassandraを利用して、情報の取得や分析、顧客への分析結果やレコメンデーションの提供を行っています。

7-2 データモデル

●その他のタイムシリーズベースの用途 ─ Cassandraの高速な書き込み、ワイドロー設計、特定クエリに応えるのに必要なカラムだけを読み取る能力は、タイムシリーズ(時系列)ベースのアプリケーションに適しています。

7-1-3
OSS版と商用版

Apache CassandraはApacheソフトウェア財団によるオープンソースのプロジェクトで、ユーザは無償でソフトウェアをダウンロードして本番環境で利用することが可能です。また、他の多くのNoSQLデータベースと同じように、Apache Cassandraにも本番運用向けの、保証、テスト済み、サポートされる商用ソフトウェアが存在します。それがDataStax社の提供するDataStax Enterprise(DSE)です。日本においても、年間契約にて、日本人による日本語のサポートが提供されています。この製品版のCassandraであるDataStax Enteprise(DSE)はオープンソースのバージョンにはないエンタープライズ向けの各種機能も備えています。

7-2
データモデル

この節ではCassandraがどのようにデータを格納するか説明します。

Cassandraのデータモデルを理解するために、まずは図7-2を見てください。これは、Cassandraのデータモデルの概要を表しています。

RDB技術者のためのNoSQLガイド 165

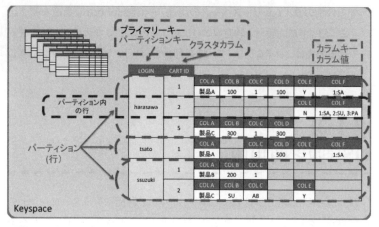

◎図7-2　データモデル

　CassandraではRDBのデータベースと同じ位置付けになる1つ以上の「キースペース（Keyspace）」を持ちます。これは、Oracleの「スキーマ」、SQL Server、DB2やMySQLの「データベース」に相当します。キースペースは複数のテーブル（Table）を持ちます。テーブルのデータは必ず一意のパーティションキーを持っています。このパーティションキーを使って、分散データベースであるCassandraにおいてどのノードでデータ保持、処理するのかを決定します。パーティションキーによってノードが決定した行をパーティションと呼びます。

　Cassandraでは一意のパーティションキーによって、パーティション（行）が決まりますが、このパーティションの中には入れ子で複数行を持つことができます。

　パーティション（行）の中にある行はプライマリキーによって一意性を持ちます。このプライマリキーを「パーティションキー」とプライマリキーの一部として利用されるカラムである「クラスタカラム」の複合キーにした場合、パーティション内に複数の行を持つことになります。一方、プライマリキーを「パーティションキーのみ」にした場合にはパーティション内には一つの行しか存在しません。

7-2 データモデル

　パーティション内の各行は、カラムキーとカラム値といったキーバリューを持ちます。1つのカラムキーに複数のデータ（カラム値）を格納する事もできます。カラムデータに関しては、存在しないということを許容しますので、自由なテーブル構成を作ることができます。

　スキーマレスということがNoSQLの代名詞のようになっていることがありますが、Cassandraはこのスキーマ定義に照らし合わせながら、スキーマに完全に依存しないテーブル構成を作ることができるデータモデルを持たせています。

|7-2-1|
Cassandra オブジェクト

　Cassandraで使用する基本的なオブジェクトには以下のようなものがあります。

- キースペース：データテーブルやインデックスのための入れ物であり、多くのRDBにおけるデータベースに相当します。レプリケーションはこのレベルで定義されます。
- テーブル：RDBのテーブルに似ていますが、より柔軟で最新のあらゆるデータ型を扱えます。またテーブルには行を非常に高速に挿入、検索することができます。
- プライマリキー：最低1つのパーティションキーと任意のクラスタカラムから一意なキーを作ります。クラスタカラムを使わない場合は、パーティションキー＝プライマリキーとなります。
- インデックス：これを利用する読み取り操作を高速化するという点でRDBのインデックスに似ています。しかし、NoSQLではインデックスの利用は存在していてもあまり推奨していません。
- ユーザ：データオブジェクトへのアクセスに使用されるログインアカウントです。

RDB技術者のためのNoSQLガイド 167

第7章 Cassandra

7-3
API

　この節では、Cassandraのデータをどのようにアプリケーションから利用するか説明します。

|7-3-1|
Cassandra Query Language（CQL）

　初期のころのCassandraではThriftと呼ばれるインターフェースを使って、データベースオブジェクトを作成したりデータを操作したりしていました。Thriftは依然としてサポート・維持されていますが、現在のCassandraとの対話にはCassandra Query Language（CQL）が主たるインターフェースになっています。

　CQLはRDBで使われるSQL（Structured Query Language）に極めてよく似ています。この類似性のおかげで、初めて利用する場合でも簡単にCassandraを利用していただく事が可能です。DDL（CREATE、ALTER、DROPなど）、DML（INSERT、UPDATE、DELETE、TRUNCATE）、そしてクエリ（SELECT）の各操作は普段使い慣れている形でサポートされています。CQLのデータ型も、RDBの構文に見られる数値（int、bigint、decimalなど）、文字（text、varcharなど）、日付（timestampなど）、非構造（blobなど）、および特殊なデータ型（JSONなど）がサポートされています。

　CQLによるキースペースの作成からデータ検索までをサンプルを交えて説明します。

168 RDB技術者のためのNoSQLガイド

❷KEYSPACEの作成

```
CREATE KEYSPACE KEYSPACE1
  WITH replication = {'class':'SimpleStrategy',
'replication_factor':3};
```

❷KEYSPACEに接続

```
USE KEYSPACE1
```

❷テーブルの作成

```
CREATE TABLE TABLEX
  (COL1 INT, COL2 TEXT, COL3 TIMESTAMP, PRIMARY KEY(COL1));
```

❷データの挿入

```
INSERT INTO TABLEX(COL1, COL2, COL3)
  VALUES (1,'data','2016-01-01 00:00');
```

❷データの検索

```
SELECT COL1, COL2, COL3 from TABLEX where COL1=1;
```

Group by、Joinといった集約はサポートされておらず、Order by、sum、Avg、Min、Maxといった関数、並べ替えも多く制限されているので気をつけて下さい。Cassandraではあくまで、キーで検索できるデータを安全に高速に扱うというのが主目的になります。

図7-3はCQLのサンプルを無償のDataStax DevCenterで表示したものです。

第7章 Cassandra

● 図7-3　DataStax DevCenterでCQLを実行する画面

7-3-2
Cassandraのドライバ/コネクタ

　Cassandraにはオープンソースで多くの無償のドライバ、コネクタが存在します。DataStax社が正式に提供しているのがJava、C#/.NET、Python、C/C++、ODBC、Ruby、Node.js、PHPです。DataStax Enterprise（DSE）を利用の場合、これらのドライバも正式にサポート対象とされます。

　これらのドライバの一部では、接続時にCassandraのクラスタのゴシッププロトコルに接続し、どのノードに接続するのが一番パフォーマンスがよいのかを判断して接続先を自動に決める機能等をサポートもしていますので、複数のノードで分散環境を構築した場合であっても、どのノードに接続するのかを迷うことなく、最も良い接続先に接続することが可能です。

7-3-3
軽量トランザクション

Cassandraでは、従来のRDBで可能なACIDトランザクションと同じような複雑な構造のトランザクションは提供されていませんが、1つの処理に対してのACIDのうち「AID」の部分は実現することが可能です。つまり、書き込まれるデータはアトミックであり、独立性、永続性があります。Cassandraには参照整合性や外部キーの考え方はないので、ACIDの「C」の部分は適用されません。

具体的には、同時に他のプロセスが同じキーを挿入しようとした時の独立レベルを保証する、軽量トランザクションという処理が可能です。例えば、insert xxxxx IF NOT EXISTS と記述することによって、「存在しないのであれば、INSERTをしてください」というトランザクションを書けます。これによって競合を避けることができるのですが、その場合、すべてのデータが存在しうるノードにデータが存在するかを聞きに行くという処理をするため、パフォーマンスは悪くなります。

7-3-4
バッチ分析

Cassandraは、シェアードナッシング（shared-nothing）型の分散アーキテクチャであるため、分析をするためのフレームワークは集中型のRDBとは異なりますが商用版 DataStax Enterprise（DSE）は、Cassandraデータを対象に分析操作を簡単に行う事が可能です。プラットフォームに組み込まれているコンポーネントを使用してCassandraのデータを対象にリアルタイム分析とバッチ（長時間実行の）分析のどちらも実行できます。リアルタイム分析には Apache Spark を使い、長時間実行されるバッチ分析にはMapReduce、Hive、Pig、MahoutなどHadoopの各種コンポーネントを使う事が可能です。プラットフォーム内の分析機能は、RDBの世界で使

い慣れているSQL関数や機能を提供します（結合、集約関数など）。加えて、複数のデータセンタやクラウド上のアベイラビリティゾーンをまたいだ分析も可能です。継続的可用性の仕組みもプラットフォームに組み込まれています。

オープンソースのApache Cassandraにおいても、DataStax社が提供しているSpark Connectorを利用する事によって、無償でCassandraのデータをApache Sparkを利用して分析する事が可能です。

|7-3-5|
外部Hadoopのサポート

DataStax Enterprise内のデータを、外部のHadoopクラスタに接続して、Cassandra内のオペレーショナルデータと、ClouderaやHortonworksといったHadoop環境に格納されている過去データを組み合わせたデータを対象に分析クエリを実行できます（例えば、1つのクエリでCassandraテーブルとHadoop Hiveテーブルを結合できます）。Oracleのデータベースリンクや Microsoft SQL ServerのリンクサーバなどのRDB接続オプションを使用する外部データベースシステムとのインテグレーションと、考え方としてはいくらか似ています。

|7-3-6|
データの検索

DataStax Enterprise（DSE）は、RDBの単純な全文検索オプションよりも機能豊富なエンタープライズサーチ機能を提供します。このプラットフォームは、オープンソースのサーチソフトウェアであるApache Solrを使用することで、強力な全文検索、検索ヒットの強調表示、ファセット検索、リッチドキュメント（PDF、Microsoft Wordなど）の処理、および地理空間検索を提供します。

サーチ操作は、複数のノードをまたいでスケールアウトできるため、必要があればサーチ処理専用のノードを追加することができます。マルチデータセンタとクラウドに対するサポートに加え、継続的な可用性のための冗長性も組み込まれています。

7-3-7
分析と検索に対応したワークロードの管理

データベースクラスタで分析とサーチを可能にする場合、構成の方法はいくつか考えられます。オペレーショナル分析およびサーチ操作をデータベースクラスタの全てのノードで実行することを選択することも可能です。

あるいは別の展開方法として、オペレーショナル、分析、サーチの各ワークロードを分けて、それぞれを専用のデータセンタで実行させることもできます。こうすることで、個々のワークロードが計算資源やデータ資源をめぐって競合することが避けられます。データセンタ間でレプリケーションは自動的に反映されますので、ETLや手作業によるデータの移行なしにデータが各データセンタに透過的にレプリケートされます。図7-4は、オペレーショナルと分析を分けた場合の例になります。

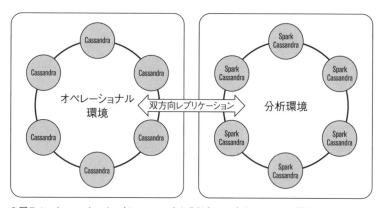

● 図7-4　オペレーショナル（Cassandra）と分析（Spark）をETLなしで運用する例

第7章 Cassandra

　つまり、RDBでは通常必要である、システム間でデータを転送する複雑なETLジョブについて思い悩む必要はなくなるという事です。

|7-3-8|
高速な書き込みと読み込み

　Cassandraの特質の1つは、データの書き込みと読み取りの両方における高速な入出力です。

　Cassandraへのデータの書き込みは、データの完全な永続性と高速なパフォーマンスの両方を提供するようになっています。Cassandraのノードへ書き込まれたデータは、まず、ディスクにあるコミットログに記録されます。これによって、サーバに不測の事態が発生してマシンがダウンした場合でもデータはディスクで保証されています。そのディスクに書き込まれたデータはmemtableというメモリ上の構造にも書き込まれます。memtableに書き込まれたデータ量が、特定のしきい値（指定可能）を上回ると、ディスクにフラッシュされ、SSTable（Sorted Strings Table）と呼ばれるデータベースファイルに書き込まれます。これによってSSTableに書き込まれ保証されたデータと同じコミットログ上に最初に書き込まれたデータについては上書きしてもよいという状態になり、コミットログのその領域は再利用されることとなります。

174　RDB技術者のためのNoSQLガイド

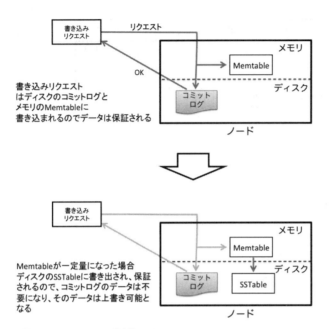

◎図7-5 Cassandraの書き込みパス

　Cassandraによるデータの書き込み方はフラッシュされる度にSSTableが作成されますので、1つのCassandraテーブルに対して多数のSSTableが存在することになります。各ノードでは、読み取りアクセスが速くなるように、複数のSSTableを1つにまとめる「コンパクション」という処理が定期的に実行されます。

　Cassandraからのデータの読み込みには、各種のメモリキャッシュやその他、読み込み応答時間を短縮するための仕組みのいくつかの処理が関与しますが、基本的には読み取り要求があると、Cassandraはデータのある可能性のあるファイルだけを見つけ出すことができる「ブルームフィルタ（bloom filter）」を参照して、読み込むキーとデータをディスク上から見つけ出し、要求されたデータセットを返す動きを行います。

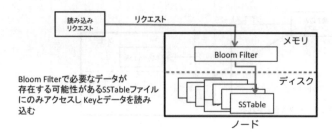

◉ 図7-6　Cassandraの読み取りパス

7-4
性能拡張

　Cassandraではクラスタを形成して、データとクエリを分散することにより、性能向上することができます。

7-4-1
クラスタアーキテクチャの概要

　Cassandraのクラスタアーキテクチャは、データベースにスケーラビリティと継続的な可用性をもたらすのに大きく寄与しています。RDBの従来型のマスタースレーブ構成や維持するのが難しい手動のシャーディング設計ではなく、洗練された、セットアップと維持も容易なマスターのない「クラスタ」構成の分散アーキテクチャがCassandraのアーキテクチャです。

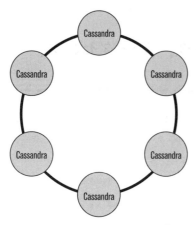

● 図7-7　Cassandraのマスターレスな「クラスタ」アーキテクチャ

　Cassandraでは、すべてのノードが等価であり、マスターノードという考え方がありません。ノードは互いにゴシップと呼ばれるプロトコルを使ってやり取りをします。このゴシップというプロトコルの名前は、芸能ゴシップといった噂話が不特定多数の人にあっという間に情報が広がることからこの名前がついたとされ、マシン同士が噂話のようにマシンの状態を瞬時に伝播するというプロトコルになります。

　容易にスケールするように作られたCassandraのアーキテクチャは、複数のデータセンタをまたいで、大量のデータと毎秒何千もの同時実行ユーザや操作を、少量のデータとユーザトラフィックを取り扱うのと同じように容易に扱えます。容量（データ、トランザクション数等）を増加したい場合は、既存の運用中のCassandraクラスタに対してオンラインで新規ノードを追加するだけで容易に追加することができます。これは、現在、世界を相手に24時間365日の運用を余儀なくされているアプリケーション開発者、運用者、管理者にとってはとても重要な機能になります。Cassandraのアーキテクチャはまた、他のマスタースレーブ型やシャーディング型のシステムとは異なり、単一障害点がないため、真に継続的な可用性を備えていると言えるでしょう。

7-4-2
Cassandraのクラスタ、データセンタ、ノード

　Cassandraはデータベースをクラスタと呼びます。このクラスタが1つのデータベースシステムとして管理されます。クラスタの中には、1つのデータセンタ、または複数のデータセンタを持ち、各データセンタは同じデータを別々にレプリケートして持つことができます。1つのデータセンタで完結させる場合、1クラスタ＝1データセンタという形になります。このデータセンタはリングとも呼ぶこともあります。データセンタを構成する各マシンをノードと呼びます。

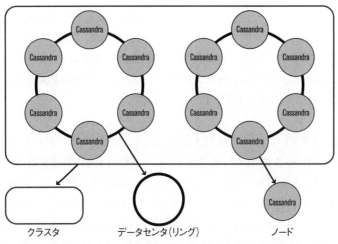

●図7-8　1つのクラスタ内に2つのデータセンタ、各データセンタに6台のノード

　Cassandraの最小構成として1台のノードで1クラスタ（1データセンタ）を構成することも可能ですが、通常は少なくとも3台のノード以上で構成することを推奨しています。これは分散環境でデータのレプリカを3つ作るようにすることでデータの安全性を確保できるからです。もう1つは、レプリカの過半数の一致を求めるという可用性を維持しながら分散環境でのデータの整合性を担保する為です。

7-4-3
データの分散

　RDBや一部のNoSQLデータベースでは、そのデータベースを構成する複数のマシンの間でデータを分散するためにシャーディングをしています。これらは多くの場合、手動かつ開発者主導が必要です。それに対しCassandraでは、クラスタ全体にわたってデータが自動的に分散され維持されるので、運用者がシャーディングの心配をする必要がありません。

　Cassandraでは、データベースクラスタを構成する各ノードにデータを分散させる手段として「パーティショナー（partitioner）」というものを使用します。パーティショナーは、行のパーティションキーからそのデータをクラスタ内のいずれかのノードに割り当てるtokenを決めるハッシュの仕組みです。

　図7-9は、"harasawa"、"tsato"、"ssuzuki"という3つのパーティションキーの3つのパーティション行が別々のノードに配置されている状態です。

パーティションキーによってどのノードにデータが配置されるのかが決まる

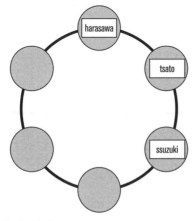

▲図7-9　データの配置

第7章 Cassandra

Cassandraでは、複数のパーティショナー手法を選べますが、デフォルトのパーティショナーは、クラスタのノードにキーがランダムに割り当てられるようにすることでデータの均等配置を実現させています。また、Cassandraはシステムから既存のノードが取り除かれたり、システムに新規のノードが追加されたりしたときに、クラスタ全体のデータのバランスを自動的に補正します。

|7-4-4|
クエリの分散

Cassandraは全てのノードに対して読み込み書き込みの両方のクエリを発行することが出来ます。

Cassadraのすべてのノードが「コーディネータ」という機能を持ち、アプリケーションは、どのコーディネータに接続していても処理が可能です。このコーディネータはデータの書き込み・読み込みが発生すると、そのキーをハッシュして、データを保持、処理するノードを見つけ出し、そのノードに対して命令を送ります。Cassadnraの設定で3つのコピーを持つとした場合（RF=3）、このコーディネータが3つのノードに分断された（1つ1つが独立した処理としての）命令を送ります。

7-5
高可用

Cassandraはレプリケーションを行うことにより可用性を高めます。

7-5-1
レプリケーションの基礎

他の多くのデータベース管理システムとは異なり、Cassandraにおけるレプリケーションは、非常にわかりやすく、設定と維持が容易です。

稼働中のCassandraデータベースクラスタの1つ以上の「キースペース（keyspace）」は前述しましたが、レプリケーションは、このキースペースのレベルで設定します。そのため、キースペースが異なれば、異なるレプリケーションモデルを一つのデータベースクラスタで持つことが可能です。

Cassandraは、クラスタの複数のノードにデータをレプリケートできるため、信頼性、継続的可用性、高速なI/O操作の確保に役立ちます。レプリケートされるデータの合計コピー数を「レプリケーション係数（replication factor）」と言います。例えば、レプリケーション係数（RF）が1の場合、クラスタ内にある各行のコピーは1つだけです。それに対してレプリケーション係数が3の場合、クラスタ内にデータのコピーが3つあります。

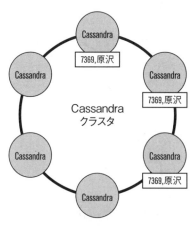

△図7-10　Replication係数(RF)=3の場合

7-5-2
マルチデータセンタとクラウドという選択

　Cassandraは、マルチデータセンタとクラウドをサポートする先進の分散データベースです。多くの本番環境のCassandraシステムは、複数の物理データセンタ、クラウド上のアベイラビリティゾーン、またはその両方の組み合わせをまたぐデータベースクラスタで構成されます。特定の地域で大規模な機能停止が発生しても、他のデータセンタが、ダウンしたデータセンタあるいはアベイラビリティゾーンに向けられていた操作を引き受けることで、データベースクラスタは通常通り稼働し続けます。ダウンしていたデータセンタがオンラインに復帰すれば、他のデータセンタと同期を行い、最新の状態になります。

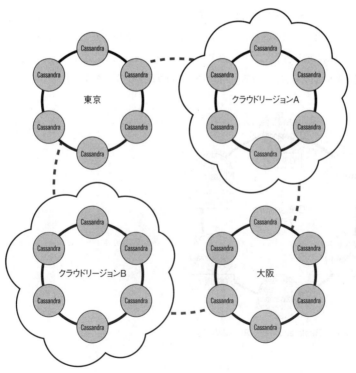

◎図7-11　単一のCassandraデータベースクラスタが複数のデータセンタやクラウドをまたげる

7-5 高可用

　単一のクラスタが複数のデータセンタや地域をまたげることで得られるもう1つの利点は、それぞれの地域でデータの読み書きを非常に高速に行えるため、個々の地域の顧客に対して非常に高いパフォーマンスを維持できる点です。キースペースとレプリケーションがいったん作成されると、あるノードが取り除かれたり、追加されたり、あるいは利用できなくなってデータ要求を受け取れなくなったりしても、他のノードは完全に独立して処理を受け付けますので、レプリカされているデータはCassandraによって自動的に維持されます。

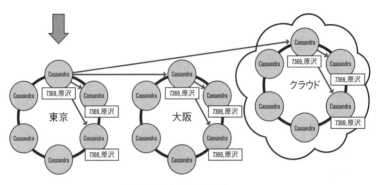

◉図7-12　Cassandraはマルチデータセンタとクラウド上の配備をサポートしどこでも作業が可能

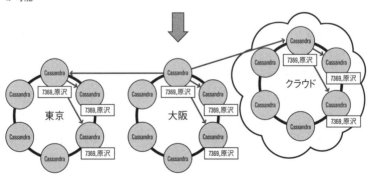

◉図7-13　Cassandraはマルチデータセンタとクラウド上の配備をサポートしどこでも作業が可能

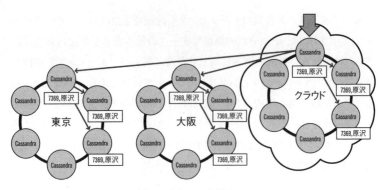

どこにアクセスしても同じ
マルチダイメンション
マルチデータセンターレプリケーション

● 図7-14　Cassandraはマルチデータセンタとクラウド上の配備をサポートしどこでも作業が可能

7-5-3
レプリケーション係数とクエリの整合性レベル

　Cassandraはクラスタの何台のノードにデータをコピー（レプリケーション）するのかをレプリケーション係数というパラメータで指定することは、先ほどふれておりますが、レプリカの作成対象となるノードが通信トラブル、故障などでダウンしていると認識されると、そのレプリカは、その時点ではそのノードには作成されません。つまり、その時点ではノード間のデータ整合性が保証されていないということが発生します。しかしながら、Cassandraにおいては、このよう場合でもデータに対して強い整合性を求める事が可能です。例えば過半数が書き込まれていればよいとする整合性を選ぶこともできますし、パフォーマンスを求めるのであれば1つのノードに書き込みが完了した時点で完了とするという設定が可能です。いずれの場合でも、後でノードが復帰したときに、ほかのレプリカと同期をさせ、結果的に整合性がとられるため、この性質を「結果整合性」と呼びます。読み取りの際も、レプリカが3つあれば、読み取り時に1つが一致しなかったとしても、過半数が一致していればよしとすることもでき、すべて一致しな

ければならない、または1件だけ読み取るということもできます。どの整合性レベルを選択するかは、アプリケーションのニーズ次第で決定することができます。

さらに、整合性は「操作ごとに」指定することができます。つまり、SELECT、INSERT、UPDATE、DELETEの操作ごとに整合性を強いものとするのか結果的なものとするのかを極端な話、毎回でも変更できるということです。例えば、特定のトランザクションを世界中のノードで利用できるようにするには、トランザクションが完了したと認識されるにはすべてのノードから応答がなければならないと指定しておき、その一方で、それほど重要でないデータ（ソーシャルメディアでの更新など）であれば、いずれ結果的に伝わればよいと考えて、整合性の要件を大幅に緩和して処理をするといった事が可能です。そのデータに対して強い整合性を求める場合、W（writeのノード数）+R（Readのノード数）>N（レプリケーション係数）が守られていれば一貫性を担保することができます。これはWriteもReadも整合性レベルをQUORUM（過半数）にした場合、例えば、レプリケーション係数＝3、Write=QUORUM、Read=QUORUMとしていた場合、レプリケーション係数3のQUORUMは2ですので、W(2)+R(2)>N(3)となり、一貫性の取れたデータを取り扱う事ができるようになります。

整合性レベル

名前	説明	使用法
ANY （書き込みのみ）	任意のノードに書き込む。すべてのノードがダウンしているならヒンテッド・ハンドオフを格納する。	可用性が最も高く、整合性が最も低い（書き込み）。
ALL	すべてのノードを確認する。1つでもダウンしている場合は失敗となる。	整合性が最も高く、可用性が最も低い
ONE （TWO、THREE）	コーディネーターに最も近いノードを確認する。	可用性が最も高く、整合性が最も低い（読み取り）。
QUORUM	使用可能なノードの過半数を確認する。	整合性と可用性のバランスが取れた設定。
LOCAL_ONE	ローカルのデータ・センター内のみで、コーディネーターに最も近いノードを確認する。	可用性が最も高く、整合性が最も低い。データ・センター間のトラフィックが発生しない。
LOCAL_QUORUM	ローカルのデータ・センターのみで、使用可能なノードの過半数を確認する。	整合性と可用性のバランスが取れた設定。データ・センター間のトラフィックが発生しない。
EACH_QUORUM	クラスターの各データ・センターで、使用可能なノードの過半数を確認する。	整合性と可用性のバランスが取れた設定。データ・センター間の整合性を維持。
SERIAL	ノードの過半数に条件付きで書き込む。現在の状態を読み取り、変更は加えない。	軽量トランザクションの直列化可能な整合性をサポートするために使用。
LOCAL_SERIAL	ローカルのデータ・センター内にあるノードの過半数に条件付きで書き込む。	軽量トランザクションの直列化可能な整合性をサポートするために使用。

◆図7-15　整合性レベル

7-6 運用

7-6-1 クエリツール、管理ツール

　Cassandraには数多くのコマンドラインユーティリティが提供されており、運用管理の仕事（nodetoolユーティリティなどで）やデータの読み込み、CQLを使用したデータベースオブジェクトの作成やクエリのCQLシェル（OracleのSQL*PlusやMySQLシェルによく似ています）が利用可能です。加えて、視覚的なツールも用意されており、データベースクラスタを対象にCQLコマンドを実行したりするDataStax DevCenter（無償）、クラスタの作成、管理、監視をビジュアルに行ったりするDataStax OpsCenter（一部有償）を利用できます。

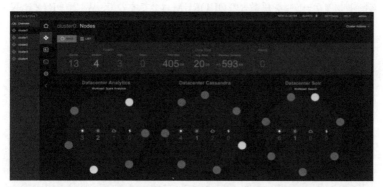

◎図7-16　DataStax OpsCenterによるビジュアルなデータベース運用管理

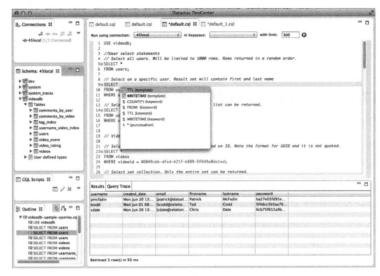

◇図7-17　DataStax DevCenterによるビジュアルなデータベースクエリ実行

7-6-2
バックアップとリカバリ

　データベースが壊れたり大規模なデータ喪失が生じたりした場合に備えて、適切なバックアップとリカバリの手順を確実に整えておくことは重要です。Cassandraにおけるバックアップとリカバリの処理の仕組みを説明します。一部の運用管理者は、単純にCassandraに組み込まれているレプリケーション機能とマルチデータセンタ対応機能をバックアップのために使用しています。機能がCassandraに組み込まれているものであるため、アドオンのソフトウェアは不要です。レプリケーションを使うのが簡単なため、クラスタに追加の物理データセンタまたは仮想データセンタを1つ以上作成して、それらを災害復旧目的で使用する人もいます。このような方策も状況によっては十分な場合もありますが、実際はバックアップが必要になるのは、大量のデータが削除されたり、テーブルが削除されたりするなど、意図しないアクション、もっと言ってしまうと、人為的なミスによるデータの消失というのがほとんどであり、こういったケースにおいては、いくら他の

データセンタにおいてレプリケーションを持っていたとしてもこの意図しないアクションは、レプリケートされ、他のデータセンタにも適用されてしまい、データは保護されないという点に注意が必要です。

|7-6-2-1| Cassandraのバックアップ

Cassandraではクラスタ内のすべてのキースペース、選択した特定のキースペース、あるいはキースペース内の特定のテーブルを簡単にバックアップできます。このバックアップをCassandraでは「スナップショット」と呼びます。クラスタのスナップショットは、コマンドラインのユーティリティにて取得することができます。コマンドラインのユーティリティを活用して自分なりのバックアップ操作をスクリプトとして作成することももちろんできますが、OpsCenterは、Webインターフェースを通じて簡単にバックアップを設定し予定する手段を提供します。

◎ 図7-18　DataStax OpsCenterのバックアップ用インターフェース

OpsCenterでは、バックアップの前と後に実行されるスクリプトを作成し

て含めることで、バックアップのカスタマイズも可能です。 Cassandraではインクリメンタル（全体ではなく新規または変更分のデータのみの）バックアップもサポートされています。

|7-6-2-2| Cassandraのリストア

　データベースのリカバリは、コマンドラインのユーティリティを使って、またはDataStax OpsCenterでビジュアルに行うことができます。全体をリストアしたり、インクリメンタルバックアップを利用したり、必要に応じてオブジェクト単位で行ったり（例えば、全テーブルではなくて、バックアップした1つだけのテーブルをリストアするなど）できます。

◎図7-19　OpsCenterを使用したキースペースのリストア

　OpsCenterでは特にリストア操作がやりやすくなっており、クラスタ内の影響を受けるノード上でのリストア処理をボタン1つで行います。

|7-6-3|
パフォーマンス管理

　データベースにおいて、トラブルシューティングやチューニングは最優先

第7章 Cassandra

事項です。Cassandraでパフォーマンス管理の作業をどのように行っていくかを説明します。

|7-6-3-1| 監視の基礎

　データベースクラスタの状態を調べたり、ネットワーク、オブジェクト、I/O操作などの全般的なメトリックスを概要レベルや詳細レベル（テーブルごとなど）で取得したりするためのコマンドラインユーティリティがいくつあります。例えば、Cassandraのnodetoolユーティリティを使えばクラスタのアップやダウンの状態、現在のデータの分散具合をすばやく知ることができます。

🔖nodetoolユーティリティを使ってクラスタの状態を調べる

```
Datacenter: Cassandra
=====================
Status=Up/Down
|/ State=Normal/Leaving/Joining/Moving
--  Address          Load       Tokens   Owns    Host ID
UN  153.128.40.86    70.26 KB   1        ?       39d357cb-cf63-4c8c-a7e5-
UN  153.149.32.91    60.25 KB   1        ?       c7a82c49-80ff-46a2-94fe-
UN  153.149.32.90    59.67 KB   1        ?       46934469-9d1b-4993-80b3-
```

|7-6-3-2| 高度なコマンドラインパフォーマンス 　　　　　　監視ツール

　パフォーマンスメトリックスの面では、DataStax Enteprise（DSE）においてCassandraは様々な方法でアクセスが可能な数多くの統計情報を提供しています。OracleやMicrosoft SQL ServerなどのRDBの世界から来ていて、OracleのV$ビューやSQL Serverの動的管理ビュー（DMV）などのパフォーマンスデータディクショナリに慣れ親しんでいるのであれば、最もわかりやすいインターフェースとしては、Performance Serviceがあります。

　Performance Serviceは各クラスタについて詳細な診断データを収集し、整理し、維持します。CQLユーティリティ（CQLシェルユーティリティ

190　RDB技術者のためのNoSQLガイド

やDataStax DevCenterなど）を使用してアクセス可能な様々なテーブル
で構成されており、クラスタのパフォーマンスについて概要レベルおよび詳
細レベルの情報を取得できます。 Performance Serviceは、以下の各レ
ベルのパフォーマンス情報を維持します。

- システムレベル ― メモリ、ネットワーク、スレッドプールの全般的な統
  計情報を提供します。
- クラスタレベル ― クラスタ、データセンタ、ノードの各レベルのメト
  リックスを提供します。
- データベースレベル ― キースペース、テーブル、ノードごとのテーブル
  に関するメトリックスをドリルダウンできます。
- テーブルヒストグラムレベル ― アクセスされているテーブルに関する
  ヒストグラムメトリックスを提供します。
- オブジェクトI/Oレベル ―「ホットオブジェクト」に関するメトリクス、
  つまり最もアクセスの多いオブジェクトに関するデータを提供します。
- ユーザレベル ― ユーザのアクティビティや、「トップユーザ」（クラスタ
  上で最もリソースを消費しているユーザ）、その他に関するメトリクスを
  提供します。
- ステートメントレベル ― 応答時間が特定のしきい値を超えるクエリ
  を検出して、関連するメトリックスを取得します。 サービスを設定し
  て、何も収集しないようにしたり、上記のカテゴリの全部または一部の
  パフォーマンスメトリクスを取得したりできます。サービスの設定が終
  わって運用を開始すると、関係するテーブルに統計情報が記録され、
  専用のキースペース（dse_perf）に格納されます。その後はそれらのパ
  フォーマンステーブルにクエリを行って、特定のオブジェクトのI/Oメト
  リックスなどの統計情報を取得できます。

第7章 Cassandra

●図7-20　パフォーマンスツール

|7-6-3-3| データベースのビジュアル監視

　コマンドラインからデータベースクラスタを監視できることに加えて、DataStax OpsCenterを使うことで、管理しているすべてのクラスタの状態を視覚的に簡単に確認できます。OpsCenterは、一目で管理対象の全クラスタの状態の全体像を見渡せるダッシュボードと、個々のクラスタやノードにドリルダウンできる機能の両方を備えています。全体像を示すダッシュボードでは、全クラスタの稼働状況を把握でき、注目を必要としている警告や問題が生じているクラスタがないか知ることができます。

7-6 運用

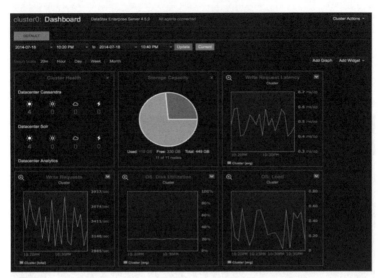

◈図7-21　クラスタの全体像を示すOpsCenterのダッシュボード

　全体像のダッシュボードから個々のクラスタにドリルダウンし、特に注目したいパフォーマンスメトリックスを示すカスタマイズされた監視ダッシュボードを作成できます。

　クラスタで実際に問題が発生する前に通知してくれる事前アラートを作成することもできます。

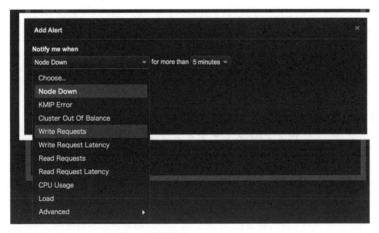

◈図7-22　OpsCenterでアラートを作成する

さらに、Best Practiceサービスなどの組込みのエキスパートサービスも利用できます。Best Practiceサービスは、クラスタを調査して、よりよいアップタイムとパフォーマンスのために設定したりチューニングしたりする方法をアドバイスします。

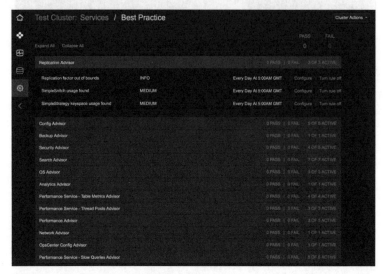

● 図7-23　OpsCenterのBest Practiceサービス

これらの機能やOpsCenterの他の機能は、データベースクラスタが自社のデータセンタにあるのか、いずれかのクラウドプロバイダにあるのかを問わず、任意のWebブラウザ（ラップトップ、タブレット、スマートフォン）を使ってデータベースクラスタを監視したりチューニングしたりするのに役立ちます。

|7-6-3-4| 問題のあるクエリの検出とトラブルシューティング

データベースにおいてシステム全体のパフォーマンスを引き下げている効率の悪いクエリを探すように依頼されることがあります。これをCassandraで行うのは難しくありません。まずDataStax EnterpriseのPerformance Serviceを使って長時間実行されているクエリ（指定の応答時間のしきい値

に基づく）を自動的に取得するようにしたら、それらのクエリ文を記録したパフォーマンステーブルに問い合わせを行います。

　加えて、アドホックで利用できる、クエリをバックグラウンドでトレースするユーティリティ機能もあります。データベースクラスタが受け取るすべてのクエリをトレースしたり、特定の割合だけをトレースしたりして、それらの結果を見ることができます。トレースユーティリティは、RDBクエリに対するEXPLAIN PLANと同じように使うこともできます。例えば、Cassandraクラスタが特定のCQL INSERT文の要求をどのように満たすのかを把握するには、CQLコマンドシェルからトレースユーティリティを有効にして、提示される診断情報を確認します。

　Cassandraのトレース機能、OpsCenterのビジュアル監視、DataStax EnterpriseのPerformanceサービス、および一般のコマンドライン監視ツールがあれば、Cassandraを対象として、普段使っているRDBと同等のほぼすべてのパフォーマンスツールがそろうことになります。

|7-6-4|
データの移行

- -

　RDBや他のデータベースからCassandraへのデータの移動は一般に簡単です。Cassandraへのデータの移行手段としては以下の選択肢があります。

- COPYコマンド ― CQLには、オペレーティングシステムのファイルをCassandraテーブルに読み込むcopyコマンドが用意されています（PostgreSQLのものによく似ています）。大きなファイルが対象の場合には推奨されない点に注意してください。
- バルクローダ ― このユーティリティは、何らかの形（カンマ、タブなど）でデータが区切られているファイルをさらにすばやくCassandra

テーブルに読み込むために作られています。SSTableLoader、Cassandra-loader/Cassandra-unloaderといったものが存在します。

- Sqoop － Sqoopは、HadoopでRDBからHadoopクラスタにデータを読み込むために使われているユーティリティです。DataStaxでは、RDBテーブルからCassandraテーブルへデータを直接読み込む方法がサポートされています。

- ETLツール － Cassandraをソースおよびターゲットのどちらのデータプラットフォームとしてもサポートする様々なETLツール（Informaticaなど）があります。これらのツールの多くは、データを抽出（extract）してロード（load）するだけでなく、受け取ったデータを様々な方法で操作できる変換（transform）ルーチンを備えています。中には無償で利用できるものもあります（Pentaho、Jaspersoft、Talendなど）。

7-7
セキュリティ

セキュリティマネージメントはCassandraにおいて、優れた機能の一つです。

7-7-1
認証

Cassandraは、組み込みの認証機能を持っており、ユーザを簡単に作成し、Cassandraデータベースクラスタに対して認証することができます。認証のフレームワークはRDBと同じスタイルのCREATE/ALTER/DROP USERコマンドを使用してパスワード付きで作成と管理ができ、Cassandraの内部で処理されます。最初のセキュリティ認証定義のプロセスを開始できるように、「cassandra」というデフォルトのスーパーユー

ザが用意されています。また、商用版のCassandraであるDataStax Enterpriseでは Kerberosなどのサードパーティの外部セキュリティパッケージ、LDAPも利用できます。

7-7-2
権限管理

Cassandraのオブジェクトの許可／権限管理機能はよく慣れ親しんでいるGRANT/REVOKEによるセキュリティ方式を採用しています。DDL、DML、SELECTの各操作に対するコントロールは、ユーザ権限の付与と取消しにより行います。GRANTは、GRANT OPTIONを付けても付けなくても実行できます。付けた場合、RDBの世界と同じように、権限を付与されたユーザは、対象オブジェクトに対する同じ権限を他のユーザに付与できます。

7-7-3
暗号化

CassandraとDataStax Enterpriseはともに、データの保護に利用できる暗号化を複数のレベルで提供しています。まず、Cassandraのクライアントマシンとデータベースクラスタとの間の通信は暗号化することを選択できます。クライアントとサーバの間のSSLによって、通信途中のデータは危険にさらされずにマシン間で安全にやり取りされます。 次に、データベースクラスタ内のノード間で転送されるデータを保護するために、ノード間の暗号化を利用できます。最後に、DataStax Enterpriseでは、透過的データ暗号化（TDE：Transparent Data Encryption）により、保存データを保護することで、データを盗まれたり不正な使われ方をされたりしないようにできます。テーブルは、デフォルトではAES 128で暗号化できますが、他の暗号化アルゴリズムも使用できます。暗号化はエンドユーザのアクティ

RDB技術者のためのNoSQLガイド 197

第7章 Cassandra

ビティからは透過的に行われ、アプリケーション側で何も変更しなくても、データの読み取り、挿入、更新などができます。

|7-7-4|
データの監査

　必要に応じてデータの監査を設定して、特定のノードまたはクラスタ全体でどのようなユーザ活動があったかを把握するには商用版のCassandraであるDataStax Enterpriseが必要です。データの監査により、多くの大規模な企業が内部および外部の各種のセキュリティポリシーに従うために必要となる「誰がいつ何を見たか、誰がいつ何を変えたか」といった類の記録が可能になります。　監査の対象にできる活動の分類レベルは以下の通りです。

- すべての活動（DDL、DML、クエリ、エラー）
- DMLのみ
- DDLのみ
- セキュリティ変更（権限の付与／取消し、ユーザの削除など）
- クエリのみ
- エラーのみ（ログイン失敗など）

　また監査の対象から特定のキースペースを除いて、本番環境のキースペースのみにすることや特に興味のあるキースペースに対象を絞ることもできます。監査データは、ログファイルに書き込んだり、Cassandraテーブルに書き込んでCQLでクエリしたりできます。

7-8
出来ないこと

　Cassandraを利用するにあたって注意しなくてはいけない点がいくつかあります。一番大きな点はトランザクション処理です。Cassandraにおいては、RDBMSのような、複数処理を一つのトランザクションでまとめるといった処理ををサポートしていません。また、ロールバック（Rollback）、ロック（Lock）という概念が存在しません。

　また、多くのRDBがもっている便利な機能、SQL関数、結合、外部キー、ストアドプロシージャといったものもありません。データベースが、シンプルにパフォーマンスを速く、そして分散させてサービスを停止しないでリニアに拡張するというのがシンプルにCassandraができることです。それを求めていないアプリケーションであった場合にはCassandraには向かないでしょう。重くなりすぎた様々な余計な機能を削ぎ落としたデータベースであるということを念頭においてアプリケーション開発を行ってください。

7-9
主なバージョンと特徴

　Cassandraの主なバージョンと特徴は以下の通りです。

❤Cassandraのリリースの歴史（2016年1月1日現在）

バージョン	リリース日	主な新機能
0.6	2010年4月12日	ROWキャッシュ、MapReduceサポート
0.7	2011年1月10日	セカンダリインデックス機能等

0.8	2011年6月3日	CQLの提供開始等
1.0	2011年10月18日	圧縮、Leveled compactionの提供等
1.1	2012年4月24日	行レベルIsolationの提供、SSDサポート等
1.2	2013年1月2日	バーチャルノード(Vnode)サポート開始等
2.0	2013年9月3日	軽量トランザクション、トリガ等
2.1	2014年9月16日	User defined type、collection索引等
2.2	2015年7月20日	JSON、UDF、DUA、Windowsサポート等
3.0	2015年11月9日	Mview、新ストレージエンジン等

7-10
国内のサポート体制

　米国DataStax社による商用版DataStax Enterprise(DSE)の正式サポートを日本において日本人のメンバーによる日本語サポートを提供しています(2016年1月1日現在)。

　DataStax Enterprise(DSE)のライセンスは年間契約でApache CassandraとAdvanced Security、保証されたCassandra、そしてサポートを提供しています。DataStax Enterprise(DSE)Standardに、インメモリオプション、Hadoop、Solr、そしてSparkをインテグレーションしたDataStax Enterprise(DSE)MaxをDataStax社より提供しています(2016年1月1日現在)。公式なマニュアルの日本語版をDataStax社のホームページにて無償提供しています。

7-11
ライセンス体系

Cassandraには無償のオープンソース版であるApache Cassandraと、有償の製品版の二種類があります。

製品版はDataStax社がDataStax Enterprise（DSE）という名称の商用ソフトウェア製品として提供しており、日本においても年間契約にて日本語によるサポートを提供しています。

7-12
効果的な学習方法

7-12-1
Cassndraの技術マニュアル

最新の情報のURLは変更になる可能性があるので、情報を探す際に助けになるように、このドキュメントにある検索キーワードを記述させていただきます。常にこちらで利用するキーワードをもとに、最新バージョンをご利用ください。

Cassandraのドキュメントはいくつかのサイトに存在しています。以下を参照ください

1. Apache CassandraのWikiサイト（英語）apache.orgのドキュメント http://wiki.apache.org/cassandra/ （検索ワード：Apache、Cassandra、wiki）

第7章 Cassandra

2. Apache Cassandraの日本語のWikiサイト https://wiki.apache.
org/cassandra/FrontPage_JP（検索ワード：Apache、Cassandra、
wiki、日本語）

3. DataStax社が提供するCassandraのマニュアル（英語）http://docs.
datastax.com/（検索ワード：DataStax、Cassandra、documents）

4. DataStax社が提供するCassandraのマニュアル日本語版　http://
docs.datastax.com/ja/（検索ワード：DataStax、Cassandra、日本語）

　最新の情報については常に、DataStax社が提供するCassandraのマ
ニュアル（英語）になります。最新バージョンをチェックするときはこちらを
参照してください。

　日本語のマニュアルはDataStax社が提供するCassandraのマニュアル
になりますが、メジャーバージョンのリリースから約半年後のリリースにな
ります。

　英語版、日本語版についてのwikiのマニュアルですが、2016年1月1日
現在で最新バージョンではありませんので注意してください。こちらをその
まま鵜呑みにすると間違える可能性があります。ただし、英語版において
はコンセプトの所や機能の基本的なところの解説（例えば、Write Path、
Read Pathのページ等）はより深いコードレベルでの動きを説明している
ページもあり、Cassandraの内部構造を理解するのには役に立つ情報が
あります。

|7-12-2|
Cassandra トレーニング

　Cassandraのトレーニングは DataStax社が Web上で無料公開してい
るものがあります（英語）https://academy.datastax.com/（検索ワード：
DataStax、Academy）。

7-12 効果的な学習方法

2016年1月1日現在以下のコースが無料で公開されているので受講可能ですが、さらに多くのトレーニングが公開予定です。

- DS101: Introduction to Apache Cassandra
- DS201: Cassandra Core Concepts
- DS210: Operations and Performance Tuning
- DS220: Data Modeling
- DS320: DataStax Enterprise Analytics with Apache Spark

DS101に関しては日本語に翻訳された字幕がはいったものが公開されています。

また、有償で、DataStax社が日本語講師による日本語でのトレーニングコースを実施しております(検索ワード：DataStax cassasndra トレーニング)。こちらも随時、コースが増えていきますので、最新情報はインターネットより検索してください。

7-12-3
Cassandraの技術情報、不具合情報

日本語でも技術書、技術情報が公開されています。しかしながら、最新バージョンでないものも多く見られるので、バージョン情報と公開された日時に気をつけて利用してください。 日本Cassandraコミュニテイでは、www.cassandra-jp.comにて最新版の情報を随時公開しています。

英語にはなりますが、以下のサイトは有用な情報が多くありますので、参照してください。

- Cassandraの最新情報、パッチ、不具合の登録、修正を管理するJira
  （英語）https://issues.apache.org/jira/browse/CASSANDRA（検

RDB技術者のためのNoSQLガイド 203

索ワード：jira、Cassandra）

● Cassandra の StackOverflow（英語）http://stackoverflow.com/tags/cassandra/topusers

StackOverflow（検索ワード：stackoverflow、Cassandra）に関しては日本語 http://ja.stackoverflow.com/（検索ワード：stackoverflow、Cassandra、日本語）も利用可能です。

第8章

HBase

8-1
概要

　Apache HBase（以降、HBase）は、KVSの一つでワイドカラムデータを扱います。ワイドカラムデータとは、列（カラム）を柔軟に変更できる形式のデータです。HBaseはGoogleのBigtable論文[1]を参考にして作られました。初めはPowerset社（現在はMicrosoftに買収された、自然言語検索エンジンを開発していた会社）によって開発され、現在はApacheソフトウェア財団によりApache Hadoopプロジェクト[2]の一部としてオープンソースソフトウェアになり、多くの開発者により開発が進められています。

　CAP定理に照らし合わせると、HBaseは整合性（Consistency）と分断耐性（Partition-tolerance）を保証し、可用性（Availability）を保証していません。ここで可用性の保証がないということは、HBaseのシステム構成上、単一障害点となるコンポーネント（プロセス）が存在していることを指します。しかし、このコンポーネントを物理的に単一障害点にすることを回避するために、複数台のマシンで構成することにより、可用性を可能な限り高めたシステムを構築することもできるので、可用性が無いというわけではありません。

　HBaseはビッグデータ処理フレームワークの1つであるHadoop環境の上で動作することが一般的です。したがって、Hadoopファミリの他のアプリケーション、例えばMapReduceアプリケーション（大規模分散並列バッチ処理）やHive（SQLによるMapReduce）[3]、Spark Streaming（ストリーミングデータ処理）[4]などとHBaseを連携させるシステムを容易に実現できます。

---

[1]　Fay Chang, et al., Bigtable: A Distributed Storage System for Structured Data, http://research.google.com/archive/bigtable.html

[2]　https://hadoop.apache.org

[3]　http://hive.apache.org

[4]　http://spark.apache.org/streaming/

8-2
データモデル

　HBaseのデータモデルは、図8-1のように、テーブル、行、列ファミリ、列、セルから構成されます。

◈図8-1　HBaseのデータモデル

　HBaseのデータモデルの内、最も大きい単位は「テーブル」です。HBaseは1つのシステムの中に複数のテーブルを持つことができます。テーブルは、RDBと同じように、テーブル名と呼ばれる名前で区別され、複数の行と、行に対応する複数の列を持ちます。

　HBaseの「行」は「行キー」と呼ばれるテーブル中のデータを特定するために必要なデータと、複数の列データから構成されます。

　HBaseの「列」は「列ファミリ」という単位でグループ化されています。ファイルシステム上では、1つのテーブルは、ある程度まとまった行とそれに対する列ファミリごとにファイルが作成されています。列ファミリ名は接頭辞、列名は修飾子と呼ばれることがあり、それはHBaseのAPIの中で列を参照する際「列ファミリ名:列名」という書式で指定されるためです。

HBaseの「セル」はHBaseのデータモデルの内、最も小さい単位で、テーブル名、行キー、列ファミリ名、列名によって指定され、図8-2のように、データとしてバージョンと値を持っています。バージョンはミリ秒のlong型整数で、いわゆるUNIX時間（1970年1月1日0時0分0秒からの現在の経過時間）が格納されています。バージョンはセルが更新されている時に過去の値を参照したり、または、値を更新する時に最新の値であることを示すために用いられます。

● 図8-2　HBaseのセルと値、バージョンの関係

　HBaseで使用するテーブル名、行キー、列ファミリ名、列名、値はバイト列のデータで表現されます。したがって、それらデータが文字列である、整数である、などの区別はHBase上にはありません。データを格納する際にはデータをバイト列に変換する必要があり、参照する際にはバイト列から想定するデータの型へ変換する必要があります。

　データに型がない（バイト列のみである）というのは不便という考え方もありますが、HBaseには、扱うデータの解釈は書き込み時ではなく読み込み時に行うべきであるという設計思想があります。たとえば、HBaseの列ファミリに属する列はデータの追加時に自由に増やすこともできます。これはRDBのスキーマ設計の難しさに対する解であると言えます。この設計思想により、データの構造が変化しても、HBase上へのデータの保存は確実に達成し、参照時の解釈はクライアント側のアプリケーションに任せるというスタンスを持ち、疎結合なアプリケーション設計を実現できます。

8-3 API

HBaseの実装プログラミング言語はJavaです。しかし、HBaseを操作するためにJavaアプリケーションを書く必要があるかというと、そうではありません。HBaseはThriftと呼ばれる言語非依存のプロトコルを持っており、Thrift APIを扱えるプログラミング言語であればほとんどのものでHBaseを操作するアプリケーションを書くことができます。

HBaseが公式に提供しているクライアント実装例[5]を見ると、少なくとも以下のプログラミング言語に対応しています。

- C++
- Java
- Perl
- PHP
- Python
- Ruby

また、HBaseをインストールしたマシンにはhbaseコマンドが提供されます。これはシェル上でHBaseを操作したり、HBaseのメンテナンスをするためのコマンドラインツールです。これを用いることで、シェルスクリプトでHBaseを操作することができます。

hbaseコマンドは第1引数により動作を設定します。hbase shellと端末上でコマンドを打つことで、対話型のシェルが起動し、HBase上のデータを操作することができます。

---

[5] https://github.com/apache/hbase/tree/master/hbase-examples

第8章 HBase

◉リスト8-1

```
$ hbase shell
HBase Shell; enter 'help<RETURN>' for list of supported commands.
Type "exit<RETURN>" to leave the HBase Shell
Version 1.1.0.1, r4de...9a0, Sun May 17 12:52:10 PDT 2015

hbase(main):001:0>
```

　以降は、このHBaseシェルを使って、データの操作の具体的な手順を説明します。

|8-3-1|
テーブルの作成

　ここでは図8-3のように、テーブル名として「test」、列ファミリ名として2つ「person」と「address」、列名としてpersonに属するものに「name」と「age」、addressに紐づくものに「zip」を定義します。

◈図8-3　HBase上に作るテーブルの例

　HBaseシェルでテーブルを作るには**create**コマンドを用います。

210　RDB技術者のためのNoSQLガイド

8-3 API

●リスト8-2

```
hbase(main):001:0> create 'test', \
{NAME => 'person'}, {NAME => 'address'}
0 row(s) in 1.3090 seconds

=> Hbase::Table - test
```

　ここで注意するべき点は、テーブル作成の段階では列ファミリのみ定義
し、列名は定義しないということです。列はアプリケーションの実装段階
（データの格納時）に決めるべき、というHBaseの設計思想があるためです。

　テーブル情報を見るにはdescribeコマンドを用います。

●リスト8-3

```
hbase(main):002:0> describe 'test'
Table test is ENABLED
test
COLUMN FAMILIES DESCRIPTION
{NAME => 'address',
 DATA_BLOCK_ENCODING => 'NONE',
 BLOOMFILTER => 'ROW',
 REPLICATION_SCOPE => '0',
 VERSIONS => '1',
 COMPRESSION => 'NONE',
 MIN_VERSIONS => '0',
 TTL => 'FOREVER',
 KEEP_DELETED_CELLS => 'FALSE',
 BLOCKSIZE => '65536',
 IN_MEMORY => 'false',
 BLOCKCACHE => 'true'}
{NAME => 'person',
 DATA_BLOCK_ENCODING => 'NONE',
 BLOOMFILTER => 'ROW',
 REPLICATION_SCOPE => '0',
 VERSIONS => '1',
 COMPRESSION => 'NONE',
 MIN_VERSIONS => '0',
 TTL => 'FOREVER',
 KEEP_DELETED_CELLS => 'FALSE',
 BLOCKSIZE => '65536',
```

RDB技術者のためのNoSQLガイド　211

第8章 HBase

```
IN_MEMORY => 'false',
BLOCKCACHE => 'true'}
2 row(s) in 0.1400 seconds
```

describeコマンドで表示される列ファミリごとの情報は、テーブル作成時に指定できるほか、alterコマンドで随時変更でき、指定しない場合デフォルトの値が入っています。

たとえば、列ファミリpersonのセルの、古いデータ（更新前のデータ）の保持量を3に変更します。

◉リスト8-4
```
hbase(main):003:0> alter 'test', {NAME=>'person', VERSIONS=>3}
Updating all regions with the new schema...
1/1 regions updated.
Done.
0 row(s) in 1.9290 seconds
```

|8-3-2|
データの格納

テーブルへのデータの格納はputコマンドを用います。ここで初めて列名を指定し、セルごとにデータを格納していきます。

◉リスト8-5
```
hbase(main):010:0> put 'test', 'p1', 'person:name', 'aiko'
0 row(s) in 0.0870 seconds
hbase(main):011:0> put 'test', 'p1', 'person:age', 20
0 row(s) in 0.0080 seconds
hbase(main):012:0> put 'test', 'p1', 'address:zip', '123-0001'
0 row(s) in 0.0080 seconds
```

putコマンドの引数はテーブル名、行キー、列ファミリ名:列名、値です。

212 RDB技術者のためのNoSQLガイド

|8-3-3|
データの参照
- - - - - - - - - - - - - - - - - -

テーブル内のデータの参照はgetコマンドで行キーを指定します。

◉リスト8-6

```
hbase(main):020:0> get 'test', 'p1'
COLUMN                          CELL
 address:zip                    timestamp=1450092816315, value=123-0001
 person:age                     timestamp=1450092778244, value=20
 person:name                    timestamp=1450092744276, value=aiko
3 row(s) in 0.0370 seconds
```

さらに列ファミリ名、列名を指定することで結果を絞り込むことができます。

◉リスト8-7

```
hbase(main):021:0> get 'test', 'p1', 'address'
COLUMN                          CELL
 address:zip                    timestamp=1450092816315, value=123-0001
1 row(s) in 0.0140 seconds

hbase(main):022:0> get 'test', 'p1', 'person:name'
COLUMN                          CELL
 person:name                    timestamp=1450092744276, value=aiko
1 row(s) in 0.0050 seconds
```

また、テーブル内の全データの参照にはscanコマンドを用います。

◉リスト8-8

```
hbase(main):023:0> scan 'test'
ROW        COLUMN+CELL
 p1            column=address:zip,
                  timestamp=1450092816315, value=123-0001
 p1            column=person:age,
                  timestamp=1450092778244, value=20
 p1            column=person:name,
                  timestamp=1450092744276, value=aiko
```

RDB技術者のためのNoSQLガイド

```
1 row(s) in 0.0340 seconds
```

HBaseには行キー以外のインデックスはありません。たとえばセカンダリインデックスをサポートするべきかについて、これまでにHBaseの開発者の間で何度も設計、議論がやり取りされてきましたが、整合性の保証が難しくなるといった点から、公式の実装にまで至っていません。

|8-3-4|
データの更新

テーブル内のデータの更新はデータの格納と同じくputコマンドを用います。

❷リスト8-9

```
hbase(main):030:0> put 'test', 'p1', 'person:age', 21
0 row(s) in 0.0100 seconds
```

更新されたかgetコマンドで確認してみます。

❷リスト8-10

```
hbase(main):031:0> get 'test', 'p1', 'person:age'
COLUMN                            CELL
 person:age                       timestamp=1450093327662, value=21
1 row(s) in 0.0130 seconds
```

データモデルの節で、セルはバージョンと値を持っていると述べました。値が更新されても、過去のセルのデータは失われず保持されます（保持数はdescribeコマンドで確認、alterコマンドで変更できます）。getコマンドにより過去のデータも確認してみます。

❷リスト8-11

```
hbase(main):032:0> get 'test', 'p1', \
 {COLUMN=>'person:age', VERSIONS=>2}
```

```
COLUMN                        CELL
 person:age                    timestamp=1450093327662, value=21
 person:age                    timestamp=1450092778244, value=20
2 row(s) in 0.0080 seconds
```

|8-3-5|
データの削除

データの削除には delete コマンドを用います。

◎リスト8-12

```
hbase(main):040:0> delete 'test', 'p1', 'person:age'
0 row(s) in 0.0230 seconds
```

削除されたデータは参照ができません。

◎リスト8-13

```
hbase(main):041:0> get 'test', 'p1'
COLUMN                        CELL
 address:zip                   timestamp=1450092816315, value=123-0001
 person:name                   timestamp=1450092744276, value=aiko
2 row(s) in 0.0140 seconds

hbase(main):042:0> get 'test', 'p1', 'person:age'
COLUMN                        CELL
0 row(s) in 0.0070 seconds
```

|8-3-6|
テーブルの削除

テーブルの削除には drop コマンドを用います。テーブルの削除の前に
は、テーブルを使用不可にしておく必要があり、そのために disable コマ
ンドも用います。

第8章 HBase

● リスト8-14

```
hbase(main):050:0> disable 'test'
0 row(s) in 2.2720 seconds

hbase(main):051:0> drop 'test'
0 row(s) in 1.2550 seconds
```

削除されたテーブルは参照することができません。

● リスト8-15

```
hbase(main):052:0> describe 'test'

ERROR: Unknown table test!
```

テーブルそのものの削除ではなく、テーブルの全ての内容のみを削除し、テーブルを再利用したい場合はtruncateコマンドを用いることができます。

● リスト8-16

```
hbase(main):053:0> truncate 'test'
Truncating 'test' table (it may take a while):
 - Disabling table...
 - Truncating table...
0 row(s) in 3.3560 seconds
```

truncateコマンドを用いた場合は、テーブル自体は削除されないので再度テーブル情報を参照することができます。

● リスト8-17

```
hbase(main):054:0> describe 'test'
Table test is ENABLED
test
COLUMN FAMILIES DESCRIPTION
...
```

8-3-7
APIについての補足

HBaseシェルで用いたコマンドとほぼ同じ名前で、各プログラミング言語のAPIが提供されています（例えばJavaであればPutクラス、Getクラス、Scanクラス、Deleteクラスなどがあります）。HBaseが提供する多プログラミング言語に対応したAPIはThrift APIがベースになっておりますが、より各プログラミング言語と親和性が高い、つまり可読性が高いAPIを提供するライブラリが、オープンソースソフトウェアとして公開されています（例えばPythonではHappyBase[*6]というライブラリが有名です）。

8-3-8
部分的トランザクション

HBaseでは部分的なトランザクションをサポートしています。RDBでは一般的なトランザクション処理について、HBaseの特徴とACID特性に照らし合わせると、表8-1のようにまとめられます。

❤表8-1　HBaseとACID特性の対応

ACID	HBaseにおける保証	HBaseにおける説明
原子性（Atomicity）	△	行単位のロックにより、行単位の更新（Put）について成功するか失敗するかのいずれかになります。複数行の更新については原子性を保証しません。
整合性（Consistency）	△	CAP定理のCと異なり、行単位について整合性を保証しますが、複数行（Scanなどの参照）においては整合性を保証しません。たとえば、テーブル単位で見た時、整合性のある参照は得られません。

---

*6　https://pypi.python.org/pypi/happybase/

独立性 （Isolation）	△	行単位について独立性を保証しますが、複数行を対象とする参照（Scan）について独立性を保証しません。つまり、更新前の行と更新後の行が結果に混在することがあります。
永続性 （Durability）	○	参照できるデータは全て永続化されています。

　HBaseに、より厳密なトランザクションをサポートさせるための取り組みとして、Yahoo!がオープンソースソフトウェアとして公開しているOmid[7]などがあります。HBaseはオープンソースソフトウェアであるため、このようなサブシステムにより機能を拡張することができます。HBaseを実用する際には、要件によってこれらのサブシステムの導入も視野に入れるべきかもしれません。

|8-3-8-1| HBaseのRDB類似機能

　RDBにあるトリガやストアドプロシージャについて、HBaseは似た機能としてコプロセッサ（Coprocessor）があります。コプロセッサは、さらに、オブザーバ（Observer）とエンドポイント（Endpoint）に分けられます。

　オブザーバは、トリガに似ています。クライアントからのクエリやオペレーションに応答し、あらかじめ定義した処理を行い、クライアントに返す結果を拡張します。応答できる対象として、リージョンに対するもの、MasterやRegionServerに対するもの、などがあります。処理の定義はJavaで記述し、あらかじめHBaseに渡しておく必要があります。

　エンドポイントは、ストアドプロシージャに似ています。ある一連の処理に名前を付け定義し、クライアントは任意のタイミングでこの処理を呼び出すことができます。オブザーバと同様、あらかじめHBaseにJavaで記述した処理の定義を渡しておく必要があります。

＊7　https://github.com/yahoo/omid

8-4 性能拡張

HBaseクラスタは複数のコンポーネント（プロセス）により成り立っており、複数台のマシンで構成することができます。そして、スケールアウト、つまり構成するサーバを増やすことで、性能を容易に向上させることができます。

8-4-1 HBaseクラスタのコンポーネント

HBaseクラスタはHDFS、Zookeeper、RegionServer（HRegion Serverとも呼ばれます）、Master（HMasterとも呼ばれます）の各コンポーネントから構成されます。各コンポーネントは個別にスケールアウトさせることができます。図にすると図8-4のような関係になります。

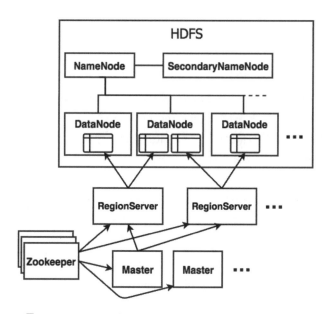

⚫図8-4　HBaseのアーキテクチャ

HDFS（Hadoop Distributed File System）はHadoop環境で一般的に用いられるファイルシステムです。HBaseは格納しているデータをファイルとしてHDFS上に書き出し、保存します。HDFSはスケールアウトすることにより保存できるデータの総容量を増やしたり、同じデータの複製を複数のマシンに配置することができ、またデータの完全性の保証を高めることができます。HDFS上のファイルはDataNodeと呼ばれるマシンに保存され、NameNodeと呼ばれるマシンでメタデータが管理されます。SecondaryNameNodeにNameNodeの情報をバックアップすることにより可用性を高めています。

Zookeeper[8]は複数台のマシンから構成される環境において、マシン間の協調作業を支援するための機能を提供するコンポーネントです。Zookeeperをインストールしたマシンの間ではリーダ選挙が行われ、常に1台のマシンがリーダとなり、処理依頼を受け付けます。また、Zookeeperはデータストアとしての機能も持っており、リーダに書き込まれたデータは他のZookeeperに同期されます。リーダとなっていたマシンが故障やネットワーク断絶などにより喪失した場合、再び選挙が行われ、新たなリーダが選出されます。Zookeeperをスケールアウトすることにより、リーダが喪失した場合の耐障害性を高めることができます。

RegionServerはHBaseのデータを管理するコンポーネントです。クライアントからのデータ読み込みや書き込みの要求は、このRegionServerが担当します。複数台で構成されたRegionServerはデータの一部をそれぞれ管理します。その管理単位はリージョン（Region）と呼ばれ、テーブル名・行キー・列ファミリ名の組み合わせで分割され、HDFS上にファイルとして書き込まれています。RegionServerをスケールアウトすることにより、リージョンを効率的に分配し、1つのRegionServerが担当するデータの数を減らし、負担を軽くすることができます。これをシャーディングと呼びます。

MasterはHBaseのデータとして存在しているテーブルやリージョンを管

＊8　http://zookeeper.apache.org

理するためのメタデータを保存、RegionServerの監視・フェイルオーバなどを担当するコンポーネントです。Zookeeperと同じくリーダ選挙が行われ、複数台で構成されている際はその内の1台のみが有効なMasterとなります。

8-4-2
データの分散とクエリの分散

クライアントはクエリに対し適切なデータを取得するために、図8-5の流れを取ります。(1) クライアントはまずテーブル名、行キー、列ファミリ名の組み合わせとZookeeper上にMasterが保存した情報を照合し、データを持っている特定のRegionServerを発見します。(2) 次にクライアントはそのRegionServerにクエリを問い合わせ、リージョンから適切なデータを取得します。

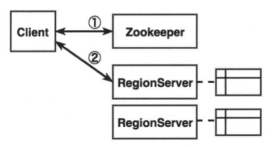

●図8-5 HBaseクライアントのクエリの流れ

HBase上のデータはリージョンごとにRegionServerで管理されています。また、リージョン内では行キーでデータがソートされて保存されています。この保存情報をMasterが管理し、Zookeeper上に保存することにより、クライアントからのデータやクエリは適切なRegionServerに送られ、担当するRegionServerは高速にデータの操作を行うことができます。

リージョンのサイズはHBaseの設定ファイルで指定することができ、大

第8章 HBase

きくなりすぎたリージョンは、自動または手動で再分割したり、データの削除などにより小さくなったリージョンは他のリージョンにマージすることができます。

データが行キーでソートされているという特徴は、任意の行に高速にアクセスできるというメリットがありますが、使い方によってはデメリットになりえます。例えば、行キーを時刻とし、クライアントからの参照のほとんどが最近の時刻のデータであるとすると、特定のリージョンにばかり参照の負荷がかかり、RegionServerをスケールアウトしていたとしてもメリットを発揮できません。行キーの設計については、ランダム文字列を入れるなど、ソートされることを前提にデータを分散させるための工夫が必要です。

クエリの結果に用いられたデータの一部は、RegionServer上のブロックキャッシュと呼ばれるメモリ領域に書き込まれ、同じデータを結果として返す場合などに、高速な応答のために再利用されます。クライアントからのデータの書き込み時に同時にキャッシュとして書き込むこともできるので、書き込んだ後にすぐ参照することがわかっているデータについてはあらかじめキャッシュに書き込んでおいた方が処理が効率的になります。

また、クエリに含まれる行キーや列ファミリ名がデータにあるかどうかを、データを参照する前に判断するブルームフィルタという仕組みを利用し、データにアクセスする回数をできる限り減らす仕組みがHBaseにはあります。これにより存在するかしないか不明なデータに対して、無駄な問い合わせ処理を減らし、高速な結果の返却ができるようになっています。

8-5
高可用

HBaseは構成する各コンポーネントにおいて高可用性を担保しています。Zookeeper、Masterについてはリーダ選挙により稼働系・待機系が

222 RDB技術者のためのNoSQLガイド

自動的に決定され、各プロセスはその決定された挙動に従います。

　RegionServerについては Master によりネットワーク不通、プロセスダウンなど RegionServer の喪失に伴う異常状態が検知されると、他の正常な RegionServer に Region 管理が移され、データの喪失は発生せず、クライアントからのクエリを継続的に処理できる仕組みになっています（図8-6の①）。

　また、HBaseのデータが書き込まれるHDFSはレプリケーション機能を持っており、同じデータが複数のDataNodeで複製されて保存されます。どのDataNodeにどういうデータがあるかはNameNodeが管理しています。HDFSを構成するマシンが喪失した場合においても、データのレプリケーションを持っているマシンが1台でも存在していればデータの喪失は発生しません（図8-6の②）。

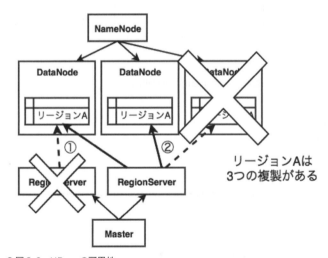

● 図8-6　HBaseの可用性

　HBase上のデータに対する更新は、一旦MemStoreと呼ばれるメモリ上の領域に保存され、ある程度まとまった単位でHFileと呼ばれるファイルとしてHDFSに書き出され、更新が完了します。HBaseがこの仕組みを

採用している理由は、HDFSは大きなサイズでのファイル書き込みに対して最も性能が引き出されるためです。しかしデメリットもあり、MemStoreに書き込まれた情報がHFileに書き出される前に、そのMemStoreを持つマシンが喪失すると、更新データは失われます。こうした更新データの喪失を防ぐため、HLogと呼ばれるWAL（Write-Ahead-Logging）が用いられます（図8-7）。HLogはMemStoreに更新データが書き込まれるよりも先にHDFS上に作成され、更新のための最小限のデータを持ちます。MemStore上のデータが喪失した時、HLogから更新データを復旧することができます。

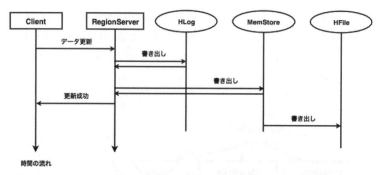

◎図8-7　HBaseのデータ更新：HLog・MemStore・HFile

8-6 運用

8-6-1 データのバックアップとリストア

HBaseのデータをバックアップ、リストアするには`hbase`コマンドを用います。ここでは、テーブルtestをディレクトリdump_dirにバックアップします。

8-6 運用

● リスト8-18

```
$ hbase org.apache.hadoop.hbase.mapreduce.Driver export test dump_dir
2015-12-14 04:19:23,038 INFO  [main] mapreduce.Export: versions=1, ...
...
2015-12-14 04:19:26,440 INFO  [main] mapreduce.Job:  map 100% reduce 0%
2015-12-14 04:19:26,443 INFO  [main] mapreduce.Job: Job job_...
2015-12-14 04:19:26,459 INFO  [main] mapreduce.Job: Counters: 18
        File System Counters
                FILE: Number of bytes read=24753914
                FILE: Number of bytes written=25237299
                FILE: Number of read operations=0
                FILE: Number of large read operations=0
                FILE: Number of write operations=0
        Map-Reduce Framework
                Map input records=1
                Map output records=1
                Input split bytes=61
                Spilled Records=0
                Failed Shuffles=0
                Merged Map outputs=0
                GC time elapsed (ms)=0
                CPU time spent (ms)=0
                Physical memory (bytes) snapshot=0
                Virtual memory (bytes) snapshot=0
                Total committed heap usage (bytes)=62717952
        File Input Format Counters
                Bytes Read=0
        File Output Format Counters
                Bytes Written=212
$ ls -l dump_dir/
total 12
-rw-r--r--. 1 root root 200 Dec 14 04:19 part-m-00000
-rw-r--r--. 1 root root   0 Dec 14 04:19 _SUCCESS
```

　出力されるログから分かるように、実際はMapReduceアプリケーション
によりHBase上のファイルを読み、ローカルのディレクトリに保存していま
す。バックアップされたファイルはSequenceFileと呼ばれるバイナリ形式
です。

　バックアップされたテーブルのデータに対して、リストアするには同様に

RDB技術者のためのNoSQLガイド 225

第8章 HBase

hbaseコマンドを用いることができます。

●リスト8-19

```
$ hbase org.apache.hadoop.hbase.mapreduce.Driver import test dump_dir
2015-12-14 04:23:49,042 INFO  [main] input.FileInputFormat: Total...
...
2015-12-14 04:23:51,117 INFO  [main] mapreduce.Job: Counters: 18
        File System Counters
                FILE: Number of bytes read=24754167
                FILE: Number of bytes written=25237573
                FILE: Number of read operations=0
                FILE: Number of large read operations=0
                FILE: Number of write operations=0
        Map-Reduce Framework
                Map input records=1
                Map output records=1
                Input split bytes=97
                Spilled Records=0
                Failed Shuffles=0
                Merged Map outputs=0
                GC time elapsed (ms)=12
                CPU time spent (ms)=0
                Physical memory (bytes) snapshot=0
                Virtual memory (bytes) snapshot=0
                Total committed heap usage (bytes)=62717952
        File Input Format Counters
                Bytes Read=212
        File Output Format Counters
                Bytes Written=0
```

|8-6-2|
監視と稼働統計

　HBaseの監視、稼働統計のために、REST APIまたはJMXクライアントにより各種指標データを取得することができます。

　たとえば、RegionServerの指標を取得するためのREST APIポートはデフォルトでTCP:60030、パスは/jmxなので、以下のようにコマンドライ

226　RDB技術者のためのNoSQLガイド

ンツールから各種指標データを取得できます。出力形式はJSONです。

● リスト8-20

```
$ curl 'http://REGION_SERVER_HOST:60030/jmx'
{
  "beans" : [ {
    "name" : "java.lang:type=Memory",
    "modelerType" : "sun.management.MemoryImpl",
    "Verbose" : false,
    "ObjectPendingFinalizationCount" : 0,
    "NonHeapMemoryUsage" : {
      "committed" : 136773632,
      "init" : 136773632,
      "max" : 184549376,
      "used" : 36353216
    },
    "HeapMemoryUsage" : {
      "committed" : 62717952,
      "init" : 64829312,
      "max" : 1020657664,
      "used" : 33994536
    },
...
```

同様に、Masterの指標を取得するためのポートはデフォルトで
TCP:60010です。

また、Hadoopディストリビューションを提供するCloudera、Horton
works、MapRは、それぞれCloudera Manager、Ambari Server、
MapR Dashboardにより簡易的なHBase各コンポーネントの指標数値、
グラフの可視化を提供しています。図8-8はAmbari Serverの可視化の例
です。

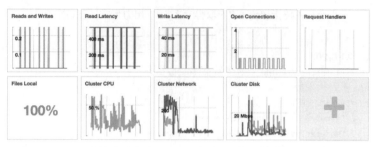

◎ 図8-8　HBaseの指標の可視化（Ambari Server）

8-6-3
バージョンアップ

　HBaseクラスタのバージョンアップをするためには、一時的にクラスタ全体を停止する必要があります。また、HBaseのバージョン間によってはHFileの互換性が無いため、古いバージョンのHFileを新しいバージョンのHBaseが参照できるよう、変換の作業が必要となります。

8-7
セキュリティ

8-7-1
データへのアクセス制御

　HBaseはテーブル単位からセル単位でのアクセス制御の設定が可能です。アクセスの種類としてR（Read:参照）、W（Write:書込）、C（Create:作成）、A（Admin:管理）などがあります。

　HBaseシェルでもgrantコマンドによりアクセス制御の設定が可能で

す。また、アクセス制御の取り消しにrevokeコマンドを用います

❷リスト8-21

```
hbase(main):060:0> grant 'user1', 'R', 'test', 'person', 'name'

hbase(main):061:0> revoke 'user1', 'test'
```

|8-7-2|
操作記録

HBase上のデータ操作記録について、監査ログ（どこのクライアントが、いつ、どのデータにアクセスしたかを記録したもの）はLog4jというJavaアプリケーションで用いられるロギングライブラリにより、ログファイルに出力することができます。Log4jの設定ファイルを編集することにより、ログファイルの出力先、出力内容、ファイルローテーションの定義などを設定することができます。

|8-7-3|
暗号化

HBaseはテーブル単位、列ファミリ単位での暗号化が可能です。例えば列ファミリに対し、データの暗号化をするにはalterコマンドを用いて設定します。

❷リスト8-22

```
hbase(main):070:0> disable 'test'

hbase(main):071:0> alter 'test', {NAME=>'person', ENCRYPTION=>'aes')

hbase(main):072:0> enable 'test'
```

また、HDFSもファイルの暗号化をサポートしているので、クライアント

第8章 HBase

側が意識しなくとも、サーバ側で自動的にデータを暗号化する仕組みを構築できます。

8-8
出来ないこと

RDBと異なり、HBaseにはJOINに対応する機能はありません。また、結果のソートやリミット、条件付きなど複雑な検索についての機能はHBaseから提供されていません。これらを実現するためには、クライアント側でまず大きめの結果を受け取り、その後にソートやリミット、条件によるフィルタリングを行う必要があります。あるいは、コプロセッサを導入することで、クライアント側の処理をサーバ側に任せることができます。

また、RDBでは可能な集計済み結果の取得機能も、HBaseは提供しません。これもクライアント側で行うという方法がありますが、HBaseと環境を同じくしているHadoopのコンポーネント、MapReduceアプリケーションやSparkアプリケーションなどであらかじめ集計をし、その集計結果をHBaseで取得するという方法もあります。

部分更新など、複雑な更新についても同様に、HBaseが提供する機能はありません。行の参照と更新をクライアント側で制御し、対応する必要があります。

HBaseはテーブル構造を持ちますが、RDBのようなSQL操作によるデータ処理ができません。HBaseにSQL操作機能を提供するサブシステムとしてApache Phoenix[*9]があります。Apache PhoenixはSalesforce.comが開発したもので、現在はオープンソースソフトウェアとして開発されています。

＊9　https://phoenix.apache.org

230　RDB技術者のためのNoSQLガイド

8-9

主なバージョンと特徴

　HBaseのバージョンは2016年1月現在、0.98系、1.0系（0.99系だったもの）、1.1系が主要となっています。先に挙げた主要Hadoopディストリビューションの現在の最新版の状況を見ると、Clouderaが1.0系、Hortonworksが1.1系、MapRが0.98系を採用しています。HBaseはHDFSやZookeeperなど依存コンポーネントがあり、バージョン間の互換は比較的ありません。したがって、各ディストリビューションの中で厳密な連携テストを行い、採用するバージョンを決定していると思われます。HBaseを導入する前に、各バージョンで追加された機能を調べ、どの機能が要件として必須であるかを把握しておく必要があるでしょう。

　各バージョンの主な特徴を以下に列挙しておきます。

● Version 0.98系
- セルごとのアクセス制御機能が追加されました
- Version 0.96と互換性がありますが、Version 0.94とは互換性がありません
- 現在はメンテナンスのための小規模なリリースがあります

● Version 1.0系
- APIが整理されました
- リージョンのレプリカをプライマリ・セカンダリに分け、読み書きの効率を高める実装が入りました

● Version 1.1系
- Version 1.0に対するバグ修正・改善が中心となり、新機能はありません
- 現在最も活発な開発が行われています

RDB技術者のためのNoSQLガイド 231

第8章 HBase

8-10
国内のサポート体制

　HBaseはHadoopディストリビューション内のコンポーネントの1つとして配布されることが多いです。主要Hadoopディストリビューションを提供するCloudera、Hortonworks、MapRなどが、各HadoopディストリビューションにおいてHBaseを提供し、商用サポートを提供しています。

8-11
ライセンス体系

　HBaseはオープンソースソフトウェアとしてApache License Version 2.0を採用しています。Apache License Version 2.0は比較的制限の緩いライセンスですが、ディストリビューションによってはライセンスの形態が異なり、商用ライセンスが適用されていることがあるため注意が必要です。

8-12
効果的な学習方法

　HBaseについての情報収集には、本家プロジェクトWebサイト[10]が最も有効です。ここには導入のためのドキュメントやAPIドキュメント、MeetupなどのHBaseに関するイベントへのリンクがあります。

　書籍では、オライリー・ジャパンから出版されているGeorgeらによる

＊10 https://hbase.apache.org

232　RDB技術者のためのNoSQLガイド

8-12 効果的な学習方法

「HBase」[11]があります。バージョン0.92を対象に書かれていますが、現在でも多くが有効な包括的なガイドとなっており、HBaseを理解する上では必須の書籍でしょう。同様にオライリー・ジャパンから出版されているWhiteらによる「Hadoop」[12]、中野らによる「Hadoop Hacks」[13]はHBaseの章が設けられており、Hadoopの他のコンポーネントとの連携についてなどの記述があります。

---

[11] Lars George 著、Sky株式会社 玉川竜司 訳、「HBase」、オライリー・ジャパン、2012年7月発行

[12] Tom White 著、Sky株式会社 玉川竜司・兼田聖士 訳、「Hadoop」、オライリー・ジャパン、2013年7月発行

[13] 中野猛・山下真一・猿田浩輔・上新卓也・小林隆 著、「Hadoop Hacks―プロフェッショナルが使う実践テクニック」、オライリー・ジャパン、2012年4月発行

RDB技術者のためのNoSQLガイド **233**

第9章

Amazon
DynamoDB

9-1
概要

|9-1-1|
概要

DynamoDBは、Amazon Web Servicesが提供するNoSQLのマネージドサービスで、NoSQLをソフトウェアとしてではなく、クラウドサービスとして利用する形になります。マネージドサービスとは、バックアップやリプリケーションといった運用管理をクラウド側に任せることを意味します。DynamoDBは、AWSが提供するサービスになりますので、利用者がAWSのサポートサービスに加入することで、AWSがサポートしてくれます。

ここにはAmazon.comが巨大なECサイトを運営する上でのノウハウが生かされています。Amazonは分散システムとNoSQLテクノロジーを使ったデータベースの拡張性、処理性能、そしてコスト効率の達成に多くの実績を保持していましたが、そのノウハウが詰まったサービスとなっています。

AWSには、NoSQL以外も含めると、Relational Database Service（RDS）、ElastiCache、Elastic MapReduce（EMR）、Redshiftといったデータベースサービスも揃えていますが、これらのサービスはデファクトスタンダードでオープンなソフトをDBエンジンとして提供し、管理のみをAWSが行うという形になっていますが、DynamoDBはDBエンジン自身をAWSが提供しており、AWSオリジナルであるという特徴があります。

DynamoDBは、主にAWS上でシステムを構築している場合のデータストアとして利用されますが、別のクラウドや拠点からも認証情報を取得していれば、利用することはできます。

また、評価目的として、DynamoDBをソフトウェアとしてローカルにダウ

ンロードして利用するDynamoDB Localも用意されています。

DynamoDBのNoSQLとしての特性は、CouchbaseやRiak等の他の
DBエンジンと似ているところがありますが、管理がクラウドに吸収される
ことによる固有の設定や機能の特性が多々あるため、基本的なデータモデ
ルやAPIの説明後に、可用性、性能、運用を重視して説明していきます。

|9-1-2|
特徴

AWS環境では、本書で紹介しているような他のNoSQLのミドルウェア
をサーバ（EC2）にインストールして利用することももちろん可能です。マ
ネージド型であるDynamoDBが優れているのは、主に運用管理面で、以
下のような代表的な項目があります。

|9-1-2-1| 管理不要で信頼性が高い

まず、AWSのサーバ（EC2）上にNoSQLのミドルウェアをインストールす
る場合、バックアップ、レプリケーション、バージョンアップに代表される運
用管理を自前で行わなくてはいけません。マネージド型であるDynamoDB
であれば、これらの運用管理をAWSが行ってくれることに加え、リージョ
ン内の複数データセンタに同期が取られ、内部のストレージも自動パーティ
ショニングされるため、信頼性も向上させることができます。

|9-1-2-2| プロビジョンドスループット

データベースの性能管理において、重要な管理項目としてボトルネックに
なりやすいディスクに対するスループットの管理があり、ストレージとデータ
ベースそれぞれのレイヤーに熟知した上で複雑なチューニングを行っていく
必要がありました。マネージド型のDynamoDBでは、テーブルごとにRead
とWriteそれぞれに対し、必要な分だけのスループットキャパシティの値を
割り当てることで、その値通りのスループットを出すことが可能です。

第9章 Amazon DynamoDB

|9-1-2-3| ストレージの容量制限がない

データベースにおいて容量管理は必須になりますが、DynamoDBはクラウドとして利用するため容量制限がなく、容量の管理が不要になります。

|9-1-2-4| 他のAWSサービスとの連動性

現在、AWSには多くのデータ連動サービスがあり、DynamoDBはそれらのサービスとの連動性が高く、データドリブンなシステムを構成する基盤となっています。詳細はユースケースにて説明します。

9-2
データモデル

DynamoDB データモデルのコンセプトは、テーブル、アイテム、アトリビュートから成り立ちます。

Amazon DynamoDB では、データベースはテーブルの集合です。テーブルはアイテムの集合で、アイテムはRDBのレコードのようなものです。そして、各アイテムはアトリビュートの集合となります。

以下はHumanResourceという、キーであるID、Name、Departmentから成り立つテーブルの例になります。アイテムは ｛｝で括られる範囲で、キーがId = 10、Id = 11の2アイテムから構成されています。アトリビュートはId、Name、Departmentになります。

```
HumamResource
{
   Id = 10
   Name = "Bob"
   Department = "Development"
}
{
   Id = 11
   Name = "Tom"
```

238 **RDB技術者のためのNoSQLガイド**

```
    Department = "Operation"
}
```

　DynamoDBに関しては、アイテム数（行数）に関しては制限がありません。しかしながらアイテムサイズ（列の長さ）とアトリビュートの文字数には制限があります。機能拡張によって上限が拡張されることもありますので、常に最新のマニュアルを確認してみてください。

|9-2-1|
アトリビュートのデータ型

　DynamoDBのアイテムは、アトリビュートの集合で構成できています。アトリビュートには必ずデータ型がありますが、執筆時点では、以下の種類が指定可能です。

- ●単一データ型
  - String
  - Number
  - Binary
  - Boolean
  - Null
- ●多値データ型
  - StringSet
  - NumberSet
  - BinaraySet
- ●ワイドカラム型
  - Map
  - List

　Stringは文字列型、Numberは数値型、Binaryはバイナリ型、Bookeanが択一型、NullがNullの許可という点は、他のデータベースと共通してい

す。多値データ型とは、String、Number、Binaryに対応しており、複数の値を設定する場合に用います。ワイドカラム型は、主にJSON形式のドキュメントを入れ込むものです。データ型は属性を作成時に指定します。

|9-2-2|
DynamoDB JSON

先ほど説明したワイドカラム型の代表的な使い方としてJSONファイルの挿入と出力があり、これらの機能をDynamoDB JSONと呼ぶことがあります。これはJSON形式のデータをそのままDyanomoDBのアイテムに挿入できる機能であり、JSONの中でも階層が1階層のものだけがそのまま格納できます。例えば、HumanResourceというテーブルに対して、JSONファイルを挿入したい場合は、図9-1のように、withJSONと定義します。詳細は後述しますが、DynamoDBのPUTではキーを指定しないとアイテムが挿入ができないので、合わせてキーの指定を行います。

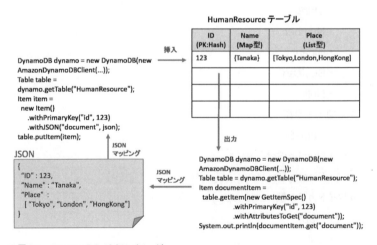

●図9-1　DynamoDB JSON イメージ

JSONデータを挿入したアイテムの属性は、ワイドカラム型になりますが、詳細には前述したMap型、List型、NULL型、Boolean型のいずれ

かに該当します。JSON構造と関連深いMap型、List型について補足します。Map型は順序無しの名前と値のペアのコレクションを含み、JSON Objectの"name":"Tanaka"のように名前と値が1対1で関連され、属性内には{ }で定義されます。List型は順序付きの値のコレクションを含み、JSON Arrayの"place":["Tokyo","London","HongKong"]という形で名前と値が1対Nで関連され、属性内では[ ]で定義されます。

　例えば、図9-1の例では、キーとしてID：123を指定して、JSONファイルを読み込み、GETで指定したテーブルにアイテムを挿入しています。この例では、NameはMap型、PlaceはList型で定義されています。挿入後は同じくキーID：123を指定して出力することでDynamoDBからJSONで出力することができます。執筆時点では、ワイドカラム側データ属性を、キーやインデックスに設定することはできません。

|9-2-3|
キー
- -

　DynamoDBのデータモデルの根幹であるキーについて、説明します。DynamoDBも他のNoSQLと同様にテーブルにはキーを指定します。DynamoDBには「ハッシュキー」と「レンジキー」という2つのキーがありますが、2015年末時点の仕様では、キーとしての組み合わせは、「ハッシュキー」のみ、「ハッシュキー」＋「レンジキー」、の2通りしかありません。したがって、元のデータモデルが、3つの以上の複合キーがある場合は、何らかの工夫が必要になってきますので、代表的な手法を紹介します。1つはテーブルを分割して片方のテーブルのキーと関連性を持たせておくという方法です。DynamoDBではテーブルの結合はできませんが、それぞれのテーブルから取得することは可能です。もう1つは、コンポジットパーティションキーと呼び、元のキーの属性を足し合わせて、DynamoDBのキー属性の中にマージして追加するという手法です。このキー設計はパーティションの役割も担っており、後述するスループットにもインパクトを与えます。

◎図9-2　複合プライマリキー

9-2-4
インデックス

　DynamoDBは、キーが2つしかないため、主キーに対するインデックス以外にも、「ローカルセカンダリインデックス(LSI)」、「グローバルセカンダリインデックス(GSI)」という2つのインデックスを利用することができます。「ローカルセカンダリインデックス」とは「ハッシュキー」の範囲の中でキー以外の属性を指定できるインデックスになり、「レンジキー」の代替となります。同じハッシュキーを持つテーブルパーティションに限定されるという意味で「ローカル」と定義しています。それに対して、「グローバルセカンダリインデックス」は、「ハッシュキー」を超えてテーブル全体でキー以外の属性を指定できます。テーブル内のすべてのデータとパーティションを対象に実行できるので、「グローバル」と定義しています。違いは、図9-3のようになります。このインデックスの個数や付替には制約がありますので、最新のマニュアルを確認しながら利用してみてください。

DynamoDB Table

Hash	Range	LSI	GSI
A	1	b	
A	2	a	{
A	3	a	
A	4	a	a
A	5	c	a
B			a
B			a

LSIはRangeを跨ぐ　　GSIはHashを跨ぐ

◈図9-3　キーとインデックス

|9-2-5|
DynamoDB Stream

　DynamoDB Streamは、テーブル内の項目レベルの追加、更新、削除の変更履歴を保持します。時系列シーケンスをキャプチャし操作が行われた順番に沿ってデータは、シリアライズされていきます。これらの情報は、最大24時間ログに保存されます（執筆時点）。アプリケーションは、このログにアクセスし、データ項目の変更前および変更後の内容をほぼリアルタイムで参照することできます。DynamoDB Streamに保持される変更履歴情報は、従来のDynamoDBのエンドポイント：https://dynamodb.region.amazonaws.comではなく、https://streams.dynamodb.region.amazonaws.comにアクセスを行います。

　DynamoDB Streamは内部的にストリームレコードで構成されています。各ストリームレコードは、各DynamoDBテーブル内の1件のデータ変更が格納され、合わせてシーケンス番号が割り当てられます。ストリームレコードは、シャードに整理されます。各シャードは複数のストリームレコード

のコンテナとして機能し、レコードへのアクセスと処理に関するメタデータが含まれています。実はこの構成は、AWSが提供しているデータストリーミングサービスであるKinesisとリソースやアーキテクチャが似通っています。また、エンドポイントが分かれて存在していることからも分かるように、DynamoDB StreamはDynamoDBから独立して存在しており非同期で連携されるため、有効化しても元のDynamoDBに対して性能上の影響はありません。

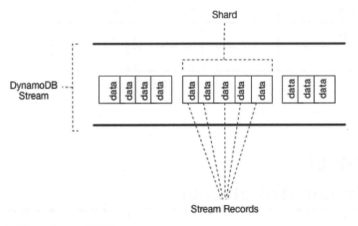

◎図9-4　DyanmoDB Stream

9-3 API

9-3-1 APIとCRUD

　DynamoDBはクラウド提供モデルであるため、Couchbase等と同様にAPIでDBの操作が可能である点が大きな特徴です。DynamoDBのAPI

はREST APIのように見えますが、厳密にはクエリAPIです。APIの種類はあまり多くありません。テーブル、インデックス等のリソースに対するCRUD（Create、Read、Update、Delete）が中心になり、APIは以下のシンプルな13個のみで構成されます。

◎表9-1　DynamoDBのAPI

API	説明
CreateTable	テーブルの作成
UpdateTable	テーブルの更新
DeleteTable	テーブルの削除
DescribeTable	テーブルの確認
ListTables	テーブル一覧の取得
PutItem	レコード全体の追加、更新
GetItem	主キーからアイテムを取得
UpdateItem	一部レコード更新、または追加
DeleteItem	アイテムの削除
Scan	全体のテーブル検索
Query	条件を加えたテーブル検索
BatchGetItem	複数のアイテムの取得
BatchWriteItem	複数のアイテムの書込

　テーブルの操作は、CreateTable（作成）、UpdateTable（更新）、DeleteTable（削除）、DescribeTable（確認）、ListTables（一覧の取得）が、該当します。作成と一覧の取得以外は、テーブル名を指定します。

　データの操作は、DynamoDBではアイテムに対して操作をします。このアイテムのCRUD操作に対応しており、PutItem（レコード全体追加）、GetItem（参照）、UpdateTable（レコード内の項目の更新）、Delete（レコード削除）が該当します。この中での誤解しやすい点は、HTTPメソッドでのPUTは更新を意味しますが、RDBでいうInsert処理となる新規レコードの挿入時は、PutItemというAPIを使うという点です。そして、この

第9章 Amazon DynamoDB

PutItem 以外は、必ずプライマリーキーを指定しますので、テーブル内の特定の行しか操作ができません。

Scanはテーブル全体の検索を行います。Queryはテーブルに対して条件指定をして行う検索になり、プライマリーキーや各属性の値を条件として指定することもできます。

先ほど紹介したCRUDに沿ったデータの操作で参照、更新、削除は特定の行しか指定できないため、複数の行を操作したい用途にBatch APIも用意されています。執筆時点ではBatchGetItemは100レコードまでの取得、BatchWriteItemは25レコードまでの更新、削除が可能になります。ここからも分かる通り、DynamoDBは大量レコードに対しての参照はQueryを活用できますが、更新と削除は得意ではないことが分かります。このような操作がある場合はテーブル設計も含めて検討する必要があります。

◎表9-2　DynamoDB Stream API

API	説明
ListStreams	ストリーム一覧の表示
DescribeStream	特定のストリームの詳細情報
GetShardIterator	シャード内の場所を表すシャードイテレーターの表示
GetRecords	特定のシャード内からストリームレコードの表示

履歴情報を管理するDynamoDB Streamは、エンドポイントが別であることもあり個別のAPIが用意されています。DynamoDB Streamはストリームとシャードから構成されますが、データ連携はAWS内部で行われるため、手動で確認するAPIは状態確認が中心になります。

ストリームの操作は一覧の取得はListStreams、ストリームの詳細情報取得はDescribeStreamで特定のストリームを指定します。

シャードの操作は、ストリーム内の一覧の取得はGetShardIterator、

246　RDB技術者のためのNoSQLガイド

シャード内のレコード取得はGetRecordsでシャードイテレーターを指定します。

9-3-2
アプリケーションから利用する

DynamoDBは、APIでテーブルを操作するという特徴から作成したテーブルのエンドポイントに対して、通信プロトコルとしてはHTTPでアクセスを行います。

DyanmoDBをアプリケーションから利用する場合は、主に2つの方法があります。

一つ目は、プログラミング言語毎に用意されたSDKとドライバを組み合わせる手法です。これらはアプリケーションからDynamoDBに接続する際にもっとも一般的な方法です。DynamoDBが公式に提供しているSDKは、C#、Java、Node.js、PHP、Python、Rubyがあります。また、その他にコミュニティで有志で開発されているドライバもあります。

二つ目はAPIです。HTTPプロトコルを経由してDynamoDBのデータを操作することができます。CRUDだけでなくインデックス管理やアクセスコントロールなど、それなりに数多くの機能が提供されています。DynamoDBに関しては、管理用メタデータやRESTfulなアプリケーションでもよく利用されますので、APIや管理用途でのCLIはよく用いられます。

9-3-3
低レベルAPIと高レベルAPI

先ほど紹介したSDKには、APIにそのまま対応した低レベルAPIと永続化やマッパーに対応した抽象化を実現する高レベルAPIの2つがありま

第9章 Amazon DynamoDB

す。

　以下はJavaによる低レベルAPIで、先ほどのHumanResourceテーブルに対して、GetとPutのメソッド部分のコードの抜粋例です。getItem()とupdateItem()のメソッド部分がAPIに対応しています。

```
//DyanamoDBを基礎定義
DynamoDB dynamoDB = new DynamoDB(new AmazonDynamoDBClient(
    new ProfileCredentialsProvider()));

//DynamoDBのHumanResourceテーブル指定
Table table = dynamoDB.getTable("HumanResource")

//HumanResourceテーブルで123がキーのアイテムを取得
GetItemSpec getItemSpec = new GetItemSpec()
    .withPrimaryKey("Id", 123)
GetItemOutcome get = table.getItem(getItemSpec);

//HumanResourceテーブルで124がキーのアイテムのアトリビュートCountryをJapanに更新
UpdateItemSpec updateItemSpec = new UpdateItemSpec()
    .withPrimaryKey("Id", 124)
    .withString("Country", "Japan")
UpdateItemOutcome put = table.updateItem(updateItemSpec);
```

　低レベルAPIでもオプション条件を指定することで、条件付き制御やアトミックカウンタといった高度な制御も可能です。条件付き制御とは、指定したアトリビュートの値がオプション指定値と合致するときのみ更新するという定義ができ排他制御も可能になりますが、ConditionExpressionオプションを指定することで実現できます。アトミックカウンタとは、名前の通り同時に行われた別の書き込みリクエストを妨げることなく既存の属性値を増減するリクエストを送信できる機能でUpdateExpressionオプションを指定することで実現できます。

　高レベルAPIには、アプリケーション開発において重宝するオブジェクト永続性モデルがあります。言語としては執筆時点ではJavaと.NetのSDKが対応しています。これにより、クラスを DynamoDB テーブルに

248 **RDB技術者のためのNoSQLガイド**

マッピングすることができ、個々のオブジェクトインスタンスをテーブル内の項目にマッピングすることができます。実現方法は、Javaを例にすると、DynamoDBMapperクラス[1]が対応しており、アノテーションを使って記述できます。以下の例では、Plain Old Java Object（POJO）として、TestClassAとTestClassBを定義しており、それぞれ@DynamoDBTableにてテーブルA、テーブルBとマッピングしています。その中にアトリビュートを定義し、@DynamoDBHashKeyで抽出しています。低レベルAPIでは冗長になるコードが高レベルAPIでは分かりやすくシンプルになるため、ある程度の規模感になると高レベルAPIを積極的に活用した方がいいでしょう。

```
@DynamoDBTable(tableName = "A")
public class TestClassA {

    private Long key;
    private double rangeKey;
    private Long version;

    private Set<Integer> integerSetAttribute;

    @DynamoDBHashKey
    public Long getKey() {
    ....

@DynamoDBTable(tableName = "B")
public class TestClassB {

    private Long key;
    private double rangeKey;
    private Long version;

    private Set<Integer> integerSetAttribute;

    @DynamoDBHashKey
    public Long getKey() {
```

---

[1] DynamoDB Mapperのクラスの概要は http://docs.aws.amazon.com/
AWSJavaSDK/latest/javadoc/com/amazonaws/services/dynamodbv2/
datamodeling/DynamoDBMapper.html を参照してください。

第9章 Amazon DynamoDB

デフォルトでは、クラスプロパティはテーブル内の同じ名前属性にマッピングされますので、同じ名前となります。したがって、対応する項目の属性名に一致しないクラスプロパティ名を定義した場合は@DynamoDBAttribute、クラス定義には、テーブル内のどの属性にもマッピングされないプロパティを含める場合は@DynamoDBIgnoreを使います。他にもレンジキーに対応させる@DynamoDBRangeKey、UUIDを自動生成する@DynamoDBAutoGeneratedKey、セカンダリインデックスに対応する@DynamoDBIndexHashKey、@DynamoDBIndexRangeKey、DynamoDB未対応の文字型に変換対応する@DynamoDBMarshalling、低レベルAPIでも触れたオプティミスティックロックを内部的に管理しているバージョン番号を指定することでラッピングした@DynamoDBVersionAttributeあります。

9-4
性能拡張

DynamoDBは、APIやデータモデルに関しては、一般的なAPIベースのNoSQLと比較して大きな特徴はありませんが、複数のデータセンタ（AWSではアベイラビリティゾーンと呼びます）に分散配置して処理を分散するアーキテクチャに特徴があり、性能にもインパクトを与えます。その構成要素を少し見ていきます。

9-4-1
結果整合性

DynamoDBではデータセンタを分散配置した分散データベースです。したがって、結果整合性の考え方を意識する必要があります。まず、Writeでは信頼性の観点から2つのアベイラビリティゾーンに書き込み完了の確認がとれた時点でACKを返します。Readに関しては複数のアベイラビリ

ティゾーンに分散配置されているデータにランダムにアクセスするため、結果整合性の考え方が適用され、最新の情報が反映されないこともあります。Readについては要件によって、これでは問題があるケースもあるため、Consistent Readオプションというものがあり、Readリクエストを受け取る前までのWriteがすべて反映されたレスポンスを保証することができます。

|9-4-2|
スループット、キャパシティーユニット

特徴にも記載しましたが、DynamoDBではテーブルを更新する際のスループットをReadとWriteそれぞれで指定することができ、その定義をキャパシティーユニットと呼びます。読み込みキャパシティーユニットは、サイズが4KBである項目に対する、1秒あたり1回の強力な整合性のある読み込み、または1秒あたり2回の結果整合性のある読み込みを表します。書き込みキャパシティーユニットは、サイズが1KBである項目に対する、1秒あたり1つの書き込みを表し、端数は切り上げになるため、以下のような算出例となります。また、インデックスがある場合は、インデックス向けにキャパシティーユニットを別に考慮する必要があります。セカンダリインデックスの算出も基本的な考え方は同じですが、テーブルがアイテムサイズでの算出であるのに対して、セカンダリインデックスはインデックスエントリのサイズで算出される点が違いとなります。

❷Read（強い整合性）キャパシティーユニットの算出例

```
アイテムサイズ：1.2KB(1.2/ 4≒0.3 ⇒ 1  繰り上げ)
読み込み項目数：1000回/秒
1000 × 1 = 1000 RCU
```

❷Writeキャパシティーユニットの算出例

```
アイテムサイズ：512B(0.512/ 1≒ 0.5 ⇒ 1  繰り上げ)
書き込み項目数：1000項目/秒
1000 × 1 = 1000 WCU
```

第9章 Amazon DynamoDB

|9-4-3|
パーティション

DynamoDBはプロビジョンされたスループットを確保するためにテーブルを複数のパーティションに分散して格納しています。そして、定義したスループットはパーティションに均等に付与されていますので、多くのパーティションに処理が分散されれば、最大限のスループットを出せますが、特定のパーティションに処理が偏っている場合は、定義したキャパシティーユニットの1/N（パーティション数）分しかスループットが出ません。具体的には、図9-5の通り、パーティションはハッシュキーの単位で分散される仕様になっているため、特定のハッシュキーにAPIの処理が集中している場合は、定義したキャパシティーユニットほどのスループットが出なくなります。したがって、ハッシュキー設計は性能を考慮すると極力特定のキーにアクセスが集中しない条件のアトリビュートを設定するというのが性能観点での重要なキー設計になります。パーティション数は、以下の定義したスループットからの算出式、以下のテーブルサイズの算出式の大きい方の要素で決まります。

（スループットからの算出式）
定義したRead Capacity Unit / 3000 + 定義したWrite Capacity Unit / 1000
（テーブルサイズからの算出式）
テーブルサイズ / 10

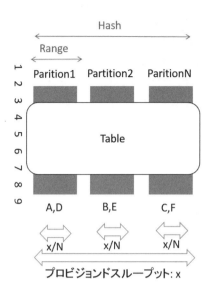

◎図9-5　パーティションとスループット

9-5 高可用

9-5-1
レプリケーション、フェイルオーバ

　まず、DynamoDBはAWSが提供するクラウドサービスであるため、物理的にはクラウド内のデータセンタに所属しています。AWSでは、グローバルにサービスを提供しているため、その地域のことをリージョンと呼び、データセンタのことをアベイラビリティゾーンと呼びます。そして、DynamoDBは、テーブルを作成時にこのリージョンを指定します。テーブルは必ず1つのリージョンに所属し、リージョンのFQDNに対応したエンドポイント（アクセス先）が作成されます。例えば、東京リージョンにAとい

うテーブルを作成した場合は、a.ap-northeast-1.amazonaws.comにアクセスします。また、意識的に設定することなく、3つのアベイラビリティゾーンにデータが自動的にレプリケーションされます。したがって、リージョンが全滅しない限り、データが消失することはありません。アクセスは、3つのアベイラビリティゾーンに分散アクセスするため、1つのアベイラビリティゾーンに不具合があった場合は、そのアベイラビリティゾーンにはエンドポイントから振り分けしないようにDNSでフェイルオーバが行われます。ただし、DNSによるフェイルオーバであるため、一時的に振り分けされHTTPエラーが発生することはあります。

|9-5-2|
クロスリージョンレプリケーション

　DynamoDBはリージョン内では分散してデータが保管されていますが、デフォルトではリージョン間ではデータが同期されていません。とはいえ、グローバルでDynamoDBのデータを同期してシステムを構成したい場合もあるでしょう。この要望に対応して、DynamoDBではクロスリージョンレプリケーション機能があります。データのレプリケーション元のDynamoDBテーブルをマスターテーブルとして定義します。このマスターテーブルは必ず1つのみである必要があり、レプリケーションの仕組み上、DynamoDB Streamを有効にする必要もあります。次に、別リージョンにあるDynamoDBテーブルのレプリケーション先をスレーブテーブルとして定義します。基本的には、マスターからスレーブへの片方向のデータの流れになるため、スレーブテーブルは参照用途が中心になります。実際のレプリケーションは、AWSが提供しているレプリケーションコーディネータというサーバが行い、その管理コンソールにて、DynamoDBのマスターとスレーブのテーブルを指定することで有効になります。

9-6 運用

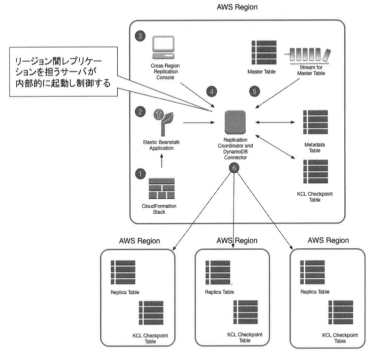

○図9-6 クロスリージョンレプリケーション

9-6
運用

9-6-1
監視

　DyanmoDBは、クラウドのサービスであり、サービス提供の主体はクラウド側になるため、DynamoDB自体の稼働監視はできません。サービスが利用不可になった時にはAWSのサービスダッシュボード等にて、何らかのアナウンスが行われます。しかしながら、サービスとして利用できる状

態であってもNoSQLを利用するにあたって、アプリケーション視点での性能監視や状態監視は必要となります。そこで、AWSではサービスの性能を監視するためにCloudWatchという標準の機能が用意されています。CloudWatchでは監視項目のことをメトリックスと呼びます。CloudWatchは、図9-7のようにコンソールから性能情報をグラフで確認もできますし、APIでメトリックスを数値で取得することもできます。DynamoDBの性能監視やアプリケーション視点の状態監視には、基本的にはこのCloudWatchを使います。DynamoDBの性能情報は機能拡張に合わせて、増えていきますが、代表的に監視できるメトリックスは表9-3となります。

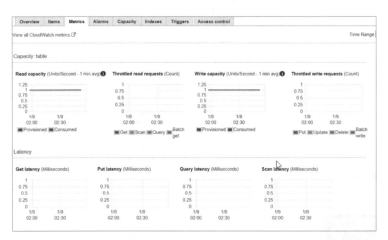

● 図9-7　DynamoDB CloudWatch Console

● 表9-3　DynamoDB CloudWatch メトリック

分類	メトリック	説明
キャパシティ	ReadCapacity（Table）	読み込みキャパシティーユニットの数（Provisioned、Consumed）
	WriteCapacity（Table）	書き込みキャパシティーユニットの数（Provisioned、Consumed）
	ReadThrottledRequests（Table）	プロビジョンドスループットの制限を超過した読み取りリクエストの数（Get、Scan、Query、Batchget）

	WriteThrottled Requests (Table)	プロビジョンドスループットの制限を超過した書き込みリクエストの数 (Get、Scan、Query、Batchget))
	ReadCapacity (Index)	セカンダリインデックスがテーブルに追加される際のキャパシティーユニットの数 (Provisioned、Consumed)
	WriteCapacity (Index)	セカンダリインデックスがテーブルに追加される際のキャパシティーユニットの数 (Provisioned、Consumed)
	ReadThrottle Events (Index)	プロビジョンドスループットの制限を超過した読み取りイベントの数
	WriteThrottle Events (Index)	プロビジョンドスループットの制限を超過した書き込みイベントの数
レイテンシ	Get Latency	正常なGetリクエストの処理時間 (milisecond)
	Put Latency	正常なPutリクエストの処理時間 (milisecond)
	Query Latency	正常なQueryリクエストの処理時間 (milisecond)
	Scan Latency	正常なScanリクエストの処理時間 (milisecond)
ストリーム	Get Record	DynamoDB StreamにGetで取得したレコード数
スキャン・クエリ	ScanReturned ItemCount	スキャン操作で返された項目の数
	QueryReturned ItemCount	クエリ操作で返された項目の数
エラー	SystemErrors	500 ステータスコードのレスポンスを生成するリクエストの数
	UserErrors	400 ステータスコードのレスポンスを生成するリクエストの数
	ConditionalCheck FailedRequests	条件付き書き込みに失敗した回数

　メトリックスは、大きくは、キャパシティ、レイテンシ、ストリーム、スキャン・クエリ、エラー、に分類されます。

まず、キャパシティは、DynamoDB固有で性能や利用料において重要な要素であるキャパシティーユニットを確認する項目です。キャパシティーユニットは図9-8のように、テーブル、インデックス、Read、Writeごとに設定されるため、それぞれに対して、割当てられている（Provisioned）キャパシティーユニット、実際に消費されている（Consumed）キャパシティーユニット、超過した（Throttle）サイズを確認することができます。設定したキャパシティーユニットが実際にどの程度使われているかを確認し、キャパシティーユニットサイズが妥当であるかの判断に有効です。

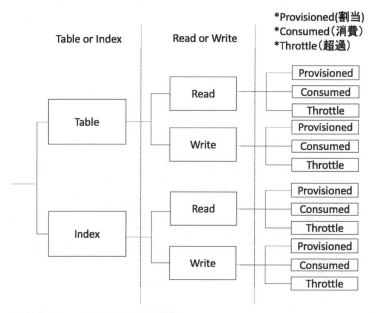

● 図9-8　Capacity Unit Metrics 階層

　レイテンシは各API処理にかかった処理時間をミリ秒単位で確認することができます。確認できるAPIはGet、Put、Scan、Queryで、API単位で平均、最大、最小、も抽出することができます。アラーム設定も可能であるため、レイテンシ要件に対してアラーム設定を行うと良いでしょう。特に、大量の同時処理があったり、多くのレコード参照が要求される場面でレイテンシが超過した場合に、キャパシティーユニットと合わせてみると、

キャパシティーユニットのボトルネックが確認することができますし、最適なインデックスの検討にも使えます。

ストリームは、DynamoDB Streamに関する監視項目です。具体的にはDynamoDB Streamに対しての参照行数を確認することができます。

スキャン・クエリでは、ScanとQeuryのAPIで返されるレコード数を確認することができます。Scan、Qeuryは特定のレコードを指定するAPIではありません。したがって、レコード数が変動するテーブルに対して何件のデータが返るかは最新データの状態に依存します。そのため、Scan、Queryの取得レコード数は前述のレイテンシが発生した場合の原因調査にも活用できますし、件数をアラーム指定して、レコード数の確認にも使えます。

エラーは、個別のDynamoDBのAPIリクエストに対するエラー件数を表示します。APIのエラーになるため、HTTPステータスコードに対応し、DynamoDBを提供するサーバ側のエラーの場合は500番台となり、SystemErrorsメトリックにエラー件数がカウントされます。API発行元であるクライアント側のエラーの場合は400番台となり、UserErrorsメトリックにエラー件数がカウントされます。エラーが発生した場合にサーバ側かクライアント側かを切り分けする際にもこのメトリックは有意義でしょう。また、ConditionalCheckFailedRequestsメトリックは条件付きリクエストに失敗した場合にエラーがカウントされます。

|9-6-2|
バックアップ

DynamoDBは、リージョン内の複数のデータセンタに同期されているため、基本的にはバックアップリストアを意識する必要がありません。しかし、リージョン間では同期が行われないため、リージョン障害までを考慮する場合は、クロスリージョンレプリケーション機能を使って別リージョンにバックアップを取得するとよいでしょう。また、手違いでデータを削除してしまった場合などに対応するために論理的なバックアップの考慮が必

要な場合もあるでしょう。この場合には、DynamoDB Streamを使うのも有効だと思います。クロスリージョンレプリケーション機能も内部的にはDynamoDB Streamを使っていますので、DynamoDBにおいては必要に応じたバックアップは、DynamoDB Streamを検討する、というのが一般的な対応になります。

9-7
セキュリティ

|9-7-1|
セキュリティの考え方

　DyanmoDBはクラウドサービスとして提供されているため、利用にあたってはセキュリティが気になるところでしょう。AWSではセキュリティを最優先事項として対応していることから、DynamoDBにも基本的なセキュリティ機能は用意されています。まず、AWSのセキュリティを考えるにあたって共有責任モデルという考え方があります。これは、AWSと利用者の2者でセキュリティを守るという考え方であり、DynamoDBの場合では、内部的なストレージ等は利用者から見えないのでAWS側でセキュリティを担保するが、論理的なテーブルデータは逆にAWS側から論理データを閲覧できないようにし、利用者側で担保することでセキュリティを担保します。

|9-7-2|
通信暗号化

　DynamoDBのエンドポイントがグローバルIPであり、インターネット経由の通信になるため、セキュリティを気にされる方もいますが、DynamoDBのエンドポイントにはHTTPSでアクセスを行うため、SSL

でDynamoDBドライバとDynamoDBへの通信を暗号化できます。DynamoDBはAWSが提供するサービスであるため、サーバ側の証明書はAWSにて管理されています。

9-7-3
アクセスコントロール

まず、DynamoDBはAWSが提供するサービスであるため、DynamoDBにAPIを発行するユーザは、AWSが提供する認証サービスであるIAM（AWS Identity and Access Management）が担います。したがって、DynamoDBにAPIで操作を行うには、IAMでユーザやロールを作る必要がありますが、このユーザやロールに個別にDynamoDBに対するポリシー（権限）を設定できます。このポリシーは、IAMが定めるルールに従い、定めることができ、基本的にはアクションに相当するAPI、リソースに相当するテーブル等、条件に相当するコンディションから構成される定義に対して、許可と拒否の設定を入れ、JSON形式で記述します。

例えば、以下は、リソースであるHumanResourceテーブルに対して、アクションであるGetItemとQueryのAPIをAmazonのフェデレーションユーザであるという条件の場合に許可するというポリシー例になります。

```
{
 "Version": "2012-10-17",
 "Statement": [
  {
   "Effect": "Allow",
   "Action": [
    "dynamodb:GetItem",
    "dynamodb:Query"
   ],
   "Resource": [
    "arn:aws:dynamodb:ap-northeast-1:************:table/HumanResource"
   ],
   "Condition": {
```

第9章 Amazon DynamoDB

```
  "ForAllValues:StringEquals": {
   "dynamodb:LeadingKeys": [
    "${www.amazon.com:user_id}"
   ]
  }
 }
 }
]
}
```

　このポリシーをIAMのユーザやロールに割り当てると、割当された
IAMのユーザやロールにはこの権限設定が適用されますので、例えば
HumanResourceにPutItemを実行しても権限エラーとなります。また、
IAMでは作成したポリシーを別のIAMのユーザやロールに割当ることも
できますので、作成したポリシー設定は流用することができます。

|9-7-4|
監査

　AWSではAPI操作の記録を取るAmazon CloudTrailという機能が
あります。DynamoDBの操作はAPIで行いますので、このCloudTrail
を使って、API操作ログをJSON形式で取得することができます。前述の
通り、DynamoDBの認証はIAMが担うため、どのIAMがどのリソース
（テーブル等）に対して、どのようなAPIを発行したか？という形で記録さ
れます。

　なお、全てのAPIがCloudTrailに対応している訳ではないため、対応し
ているAPI一覧は最新のCloudTrailのマニュアルを参照してください。ロ
グはCloudTrailで指定するAmazon S3バケットに保存されます。サンプ
ルは以下のようになります。

```
{
    "eventVersion": "1.03",
    "userIdentity": {
        "type": "AssumedRole",
```

262 **RDB技術者のためのNoSQLガイド**

```
                "principalId": "****:tom",
                "arn": "arn:aws:sts::111122223333:assumed-role/users/tom",
                "accountId": "111122223333",
                "accessKeyId": "****",
                "sessionContext": {
                    "attributes": {
                        "mfaAuthenticated": "false",
                        "creationDate": "2015-12-28T18:06:01Z"
                    },
                    "sessionIssuer": {
                        "type": "Role",
                        "principalId": "****",
                        "arn": "arn:aws:iam::444455556666:role/admin-role",
                        "accountId": "444455556666",
                        "userName": "tom"
                    }
                }
            },
            "eventTime": "2015-12-28T13:38:20Z",
            "eventSource": "dynamodb.amazonaws.com",
            "eventName": "DeleteTable",
            "awsRegion": "ap-northeast-1",
            "sourceIPAddress": "192.0.0.1",
            "userAgent": "console.aws.amazon.com",
            "requestParameters": {"tableName": "HumanResource"},
            "responseElements": {"tableDescription": {
                "tableName": "HumanResource",
                "itemCount": 0,
                "provisionedThroughput": {
                    "writeCapacityUnits": 25,
                    "numberOfDecreasesToday": 0,
                    "readCapacityUnits": 25
                },
                "tableStatus": "DELETING",
                "tableSizeBytes": 0
            }},
            "requestID": "****",
            "eventID": "****",
            "eventType": "AwsApiCall",
            "apiVersion": "2012-08-10",
            "recipientAccountId": "111122223333"
    }
]}
```

第9章 Amazon DynamoDB

9-8
出来ないこと

　まず当たり前のことですが、DynamoDBはAWSのクラウドサービス
として提供されているため、AWS以外のクラウド環境やオンプレミス環
境で動かすことができません。また、クラウドでマネージドサービスとして
提供されるため、今まで説明してきた通り、性能、運用、監視、セキュリ
ティがクラウドサービスの仕様に依存するため、独自にカスタマイズするこ
とが難しいという制約があります。そして、DynamoDBは比較的シンプル
なAPIで構成されるため、APIに用意されていない操作はできませんし、
SDKを使った高度な制御もAWSが対応している言語に限定されます。
RDBと比較しての出来ないことに関しては、他のNoSQLと共通している
と言えます。

9-9
国内のサポート体制

　DynamoDBはAWSが提供するサービスであり、AWSによる日本語で
の電話、WEBサイト、チャットでのサポートが可能です。AWSサポート
概要や料金体系は、https://aws.amazon.com/jp/premiumsupport/ で
最新の内容を確認することができます。

9-10
効果的な学習方法

　AWSの公式Webサイト http://aws.amazon.com/jp/で、AWSに関する大量の公式情報を提供しています。https://aws.amazon.com/jp/dynamodb/に進むと、DynamoDBの概要、料金、技術ドキュメント、チュートリアル、サンプルなどを入手できます。また、AWSジャパンが提供しているクラウドサービス活用資料集（https://aws.amazon.com/jp/aws-jp-introduction/）ではDynamoDBの日本語の分かりやすい概要資料も定期的にアップデートされています。また、AWSはトレーニングも提供しており、https://aws.amazon.com/jp/training/に進むと最新トレーニング内容と日程を確認することができます。開発者向けやビッグデータのコースでDynamoDBを使った演習があります。また、クラウドの自由に触れられるという特徴から、利用者自身がWEBを使って実機で学ぶセルフペースラボも提供されており、DynamoDBを使ったコースも用意されています。他にも、イベント、セミナー、オンラインセミナー、自修書、ブログなど、様々な形式で情報を入手できますし、JAWS (AWS User Group-Japan、http://jaws-ug.jp/) やTwitterハッシュタグ #jawsugで、AWSに詳しいコミュニティメンバーとコミュニケーションすることもでき、DynamoDBハンズオンも開催されることもあります。クラウドの場合は実機を使った学習が効率的で、AWSでは1年間の無料枠が用意されており、DynamoDBでも最低限の容量とキャパシティーユニットが無料で使えますので、簡単な演習においては実機を使うことをお勧めしています。最新のAWS無料枠については、https://aws.amazon.com/jp/free/で確認できます。また、利用料が気になる方はDynamoDB Localを使ってローカル環境で自習することも可能です。

RDB技術者のためのNoSQLガイド **265**

9-11
その他

|9-11-1|
バージョンと利用料

　DynamoDBは、サービスとして提供されるため、基本的には常に最新バージョンが利用可能です。ただし、SDKやCLIは内部的にバージョンを保持しているため、最新機能を使うためにはローカル側のSDKやCLIを定期的にバージョンアップする必要があります。

　DynamoDBの料金体系の特徴としては、キャパシティーユニットの割当サイズが利用料金の大きな比率を占めます。また、クラウドサービスであるため基本的には従量課金となります。このキャパシティーユニットは性能要件に応じて定めますので、性能と費用がトレードオフの関係になると言えます。したがって、ユーザの利用頻度に応じた課金体系を採用しているようなサービスをDynamoDBで構成すると収益性が高いモデルになります。具体的な料金に関しては、AWSでは継続的な値下げがありますので、常にAWSの最新のサイトを確認してください。また、AWSでサーバを提供するEC2やリレーショナルデータベースを提供するRDSでは、前払い金を支払うことで総額を安くするリザーブドインスタンスというモデルがありますが、DynamoDBに関しても似たモデルとしてリザーブドキャパシティというモデルがあります。これは、キャパシティーユニット数を固定で調達し、予め前払い金として払うことで、キャパシティーユニット一定期間の総額を割安にすることができます。期間は調達から1年と3年のモデルがあります。実際に提供するサービスはDynamoDBだけで構成される訳ではありませんが、サービス提供による徴収とDynamoDBに支払う費用の損益分岐点をまとめると、図9-9のようになります。サービスの課金体系と利用特性に合わせて、リザーブドキャパシティを採用するか否かを選択できま

す。このような料金体系の課金モデルとの親和性も、AWSとDynamoDBがインターネットサービスで採用される理由の1つでもあります。

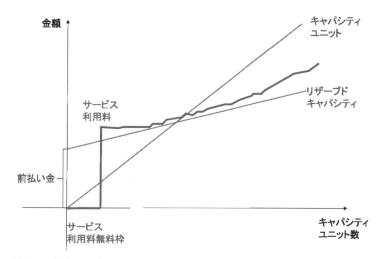

◎図9-9　料金のモデル

第 10 章

MongoDB

10-1
概要

　MongoDBは、2007年の10月から米国10gen社を中心として開発されたオープンソースのドキュメントDBです。のちに10gen社はMongoDB,Incに社名を変更し、2013年10月には約150億円の資金調達に成功し、現在でも活発に開発が行われています。

　MongoDBのデータモデルはJSONであり、格納したJSONに対してMongoクエリ言語という独自言語でクエリをかけられます。また、KVSと同様にデータを分散して処理を分散するシャーディングや、可用性を高めるレプリケーションもできます。

　MongoDBは現在もっとも広く使われているNoSQLであり、DB-Engines[1]によると2015年12月時点で全体のデータベースの中で4位であり、PostgreSQLと同程度に使われています。MongoDBはKVSが最盛期であったころに、ドキュメントDBの先駆けとして登場しました。MongoDBは当時のドキュメントDBと比較しても早い段階からJSONを扱う豊富な機能を提供していました。また導入が簡単ですぐ使えること、そしてそれまでのKVSとは異なりRDBを利用していた人に理解しやすいように設計されていること等により、一気に人気が高まり、現在の普及率に至っています。また、単体で使われる以外にも、Webフレームワークに組み込まれたり、CRMソフトウェアに組み込まれるといった、従来MySQLやPostgreSQLが占めていた位置の一部を現在ではMongoDBが担っています。

　最も多いユースケースの一つはWebアプリケーションやオンラインゲームのバックエンドでの利用でしょう。これらのアプリケーションではユーザの増減に合わせて性能を伸縮できるスケールアウトの特性が必須であり、加

---

*1　http://db-engines.com/en/ranking

えてキーバリューでは表現できない複雑なデータ構造を扱う必要があるためです。

他に、ログ蓄積の用途にも多く使われます。ログは出力元によって構造や型の異なる半構造データであるため、RDBには向いていません。そのためログをJSONに変換して、MongoDBに格納する使い方がよくされます。特に、ログ収集フレームワークであるFluentdでログを集めてMongoDBに入れるという使いが多いです。MongoDBに入れてレプリケーションを組んでおけば、大事なログが失われることがありませんし、期限付きインデックスを張っておけば自動的に古いログを引き落としてくれます。

|10-1-1|
MongoDBの主な特徴

MongoDBの主な特徴は以下の通りです。

- Mongoクエリ言語は機能が豊富
- JSONの一部を書き換える、JSONの中の配列に値を入れる等、JSONを扱う豊富な機能がある
- 配列の要素にインデックスを張る、一部のJSONだけをインデックスに含める等、インデックスが豊富
- アグリゲーションフレームワークでは、集計、絞り込み、配列展開、結合などの様々なフィルタをパイプラインで組み合わせて計算することができ、複雑な集計ができる
- バージョン3.0からは、書き込みのロックがドキュメント単位 (以前はデータベース単位) になり、書き込み性能向上
- バージョン3.2からはドキュメントの構造や型をチェックできるバリデーション機能を搭載。何が入っているかわからなくなる問題を回避
- レプリケーションでは、オンラインリクエストを受け付けない分析用のhiddenレプリカや、ヒューマンエラー対策の遅延レプリカ等、さまざま

な種類が選べる

- シャーディングでは、分散キーがハッシュだけでなく、キーの範囲やそれらの組み合わせ等さまざまな方法で分散でき、クエリに合わせて最適な分散構成が可能
- 運用では、MongoDB Ops Managerが提供されており、監視、自動アラート、差分バックアップ、ポイントインタイムリカバリ、自動バージョンアップなど、様々な機能を搭載
- セキュリティでは、基本的な機能に加え、データ暗号化や高度な認証連携が可能
- MongoDB Compassを用いれば、中に入っているデータを可視化できる
- 一つのバイナリで完結しており、そのバイナリを置くだけでインストールが完了するため、簡単
- 国内でもNoSQLとしては普及率No1であり、インターネットを検索した時の情報量が豊富

10-2
データモデル

MongoDBがどのようにデータを格納するか解説します。

10-2-1
格納するデータの階層

　MongoDBは起動すると一つのプロセス（mongodプロセス）が起動し、そのプロセスは複数のデータベースを扱えます。データベースの中には、コレクションと呼ばれるRDBでテーブルに相当するデータ構造があり、そのコレクションの中にドキュメント＝JSONが格納されます（図10-1）。より正

確にはJSONをバイナリエンコードしたBSON[*2]という形式で格納されますが、本書では説明を簡単にするために、BSONの事をJSONと表記します。

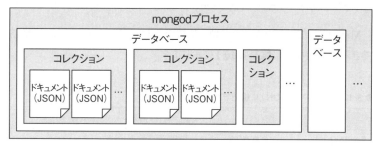

● 図10-1　MongoDBのデータモデル

JSONはキーと値のペアを格納しますが、値には配列やJSONそのもの（サブドキュメントとも言います）を格納できるため、階層構造のデータが表現できます（リスト10-1）。JSONはもともとJavaScriptで用いる連想配列でしたが、XMLよりも簡単に書ける階層データ構造として、コンピュータ間の通信で広く普及しています。

● リスト10-1　JSONの例

```
{
 ID      : 12345 ,
 name    : "渡部",
 address : {
             City  : "東京",
             ZipNo : "045-3356",
          },
 friendID: [ 3134 , 10231 , 10974 , 11165 ] ,
 hobbies : [
             { name : "自転車" , "year" : 6 } ,
             { name : "インターネット" , "year" : 10 } ,
             { name : "読書" , "no" : 16 }
          ]
}
```

[*2]　BSONはJSONをバイナリ形式にエンコードしたものであり、元のJSONに対してMongoDBで用いるための幾つかの型を追加しています。

第10章 MongoDB

|10-2-2|
格納できるデータ型

MongoDBでは様々なデータ型を格納できます。JSON（BSON）に格納できる代表的な型一覧を表10-1に示します。

❷表10-1　JSON（BSON）に格納できる代表的な型一覧

型	説明
Boolean	真偽値
32-bit integer	符号付き32bit整数
64-bit integer	符号付き64bit整数
Double	倍精度浮動小数点数（IEEE_754）
String	文字列
Regular Expression	正規表現
Date	日時（Unix epoch[3]からの経過ミリ秒）
Binary data	バイナリ
Object id	オブジェクトID（ドキュメントに付与される12byteのIDを参照するときに使う）
Null	Null値
Array	配列
Object	入れ子ドキュメント

|10-2-3|
JSONのスキーマの事前チェック（ドキュメントバリデーション）

MongoDB 3.2から格納するJSONに対して、列の存在や値の型を

＊3　Unix epochとは1970年1月1日 00:00:00.000のこと

274　RDB技術者のためのNoSQLガイド

チェックすることができるドキュメントバリデーションの機能が導入されました。この機能を有効にすることにより事前に決められた構造のJSONしか挿入や更新をすることができなくなります。

MongoDBはもともとスキーマを定義せずにデータを格納できることを売りにしてきましたが、アプリケーションによってはスキーマがあったほうが開発や保守が容易であるため、スキーマをチェックできる機能を搭載してきました。

10-3
API

MongoDBが格納したデータをアプリケーションからどのように扱うのかを説明します。

10-3-1
Mongoクエリ言語の概要

MongoDBはMongoクエリ言語という独自のクエリ言語で問い合わせを行います。まず初めに簡単なサンプルを見ていただくとイメージが湧くでしょう。

MongoDBを起動して、付属のMongoシェルでつなぐと、コマンドを待ち受ける状態になります。そこで、ドキュメントを挿入するのは、以下のようなコマンドになります。

```
> use mydb
> db.users.insert(
  { "age" : 30, name : "watanabe", friend_id : [2,6,8]})
```

第10章 MongoDB

　最初のコマンドでは、mydbというデータベースを指定しています。次の行では指定したデータベースのusersというコレクションに{ "age" : 30, name : "watanabe", friend_id : [2,6,8]}というJOSNを挿入しています。データベースの定義やコレクションのスキーマは定義する必要がないため、いきなりJSONを挿入できます。

　次に、検索する例を見てみましょう。

```
> db.users.find({"age" : 30 })
```

　このコマンドでは、参照を行うfindメソッドに対して、{"age" : 30 }という絞り込み条件を表すJSONを渡しています。これにより、ageが30であるドキュメントに絞り込んでいます。結果は以下のように出力されます。

```
クエリの結果
{ "_id" : ObjectId("563db56fe9da9ab86d705da8"),
  "age" : 30, "name" : "watanabe", "friend_id" : [ 2, 6, 8 ] }
```

　いかがでしょうか?非常に簡単だと思います。これはMongoDB付属のMongoシェルから実行した例ですが、プログラミング言語からもほとんど同じような使い勝手でデータの操作ができます。

|10-3-2|
CRUDのサンプル

　ではデータのCRUD操作を、サンプルコードを交えながら紹介していきましょう。

|10-3-2-1| Create

　まずはコレクションにJSONを挿入してみましょう。
　以下の例ではコレクションuserの中に2つのドキュメントを入れています。

276　RDB技術者のためのNoSQLガイド

```
db.user.insert(
   {"name" :"suzuki",
    "age"  :30,
    "like" :["book","movie","cooking"] }
)
db.user.insert(
   {"name" :"katoh",
    "age"  :26,
    "like" :["movie","cooking","baseball"]})
```

|10-3-2-2| Read

　次に入れたデータを検索してみましょう。全件検索する場合はfindを用います。

```
db.user.find()
```

　すると、以下の様に表示されます。_idはMongoDBが自動的に付与するIDです。

```
{ "_id" : ObjectId("5691f2901ca4e321e182c7d3"), "name" : "suzuki",
  "age" : 30, "like" : [ "book", "movie", "cooking" ] }
{ "_id" : ObjectId("5691f2a41ca4e321e182c7d4"), "name" : "katoh",
  "age" : 26, "like" : [ "movie", "cooking", "baseball" ] }
```

　検索に条件を付ける場合は、条件をJSONの形式で渡します。次の例では"name"が"suzuki"であるJSONを検索しています。

```
db.user.find({"name":"suzuki"})
```

|10-3-2-3| Update

　次に更新してみましょう。例えば、"name"が"suzuki"であるJSONの"age"を27にするのは、以下のようなクエリになります。updateに渡す最初の引数が、絞り込み条件を表すJSONであり、二つ目の引数が更新する内容です。

第10章 MongoDB

```
db.user.update({"name":"katoh"},{$set:{"age":27}})
```

これにより、JSONの中身のageの値だけを更新できました。

他にも配列に要素を追加することもできます。以下の例では、$pushオペレータを使ってlikeの配列にfishingを追加しています。

```
db.user.update({"name":"katoh"},{$push:{"like":"fishing"}})
```

|10-3-2-4| Delete

最後に以下のコマンドで削除してみましょう。

```
db.user.remove({"name":"katoh"})
```

|10-3-3|
CRUDの特徴

MongoDBはシンプルなCRUD以外にも、検索と挿入を一回のクエリで行うupsertオプションや、重複を除去するdistinctメソッド、一括で処理するマルチインサートやマルチアップデートが利用できます。

また、JSONの中身に対するオペレーションも豊富で、配列の要素追加・削除、数値のインクリメント、キー名の変更をはじめとして、様々な機能が使えます。

そして、findクエリの修飾として、ドキュメント数を制限するlimit、指定の数だけドキュメントを読み飛ばすskip、そして指定したキーで並べ替えるsortが使えます。

これらはRDBを利用していた人にとってみれば当たり前の機能に思えますが、NoSQLでは当たり前の機能ではありません。

10-3-4
集計

MongoDBではAggregationというメソッドで集計を行うことができます。集計はいくつかのフィルタをパイプラインで組み合わせて行います（図10-2）。これをアグリゲーションパイプラインと呼びます。

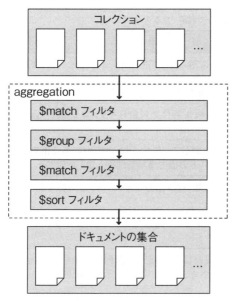

◎図10-2　アグリゲーションパイプラインの処理イメージ

集計クエリのサンプルを見てみましょう。

```
db.zipcodes.aggregate(
  [
    { $group: { _id: "$state", totalPop: { $sum: "$pop" } } },
    { $match: { totalPop: { $gte: 10000000 } } }
  ]
)
```

上記の例では、zipcodesという郵便番号を表すコレクションに対し

第10章 MongoDB

て集計をしています。フィルタの一つ目は$group でありstate の値で集約して、値としてpop の合計値を計算してtotalPop に格納することを意味しています。フィルタの二つ目は$match であり、集約した結果でtotalPop が1000万人以上の場合のドキュメントに結果を絞り込んでいます。

利用できるフィルタの種類は以下の通りです。

● 表10-2 アグリゲーションパイプラインで利用できるフィルタ

フィルタ	説明
$project	入力のドキュメントに対して、ドキュメントのフィールドの有無指定、およびフィールドのリネームを行い、返却する。また、フィールドに対して計算を行うこともできる。
$match	指定したフィールドの検索条件で対象ドキュメントを絞り込み、結果を返却する。
$redact	入力のドキュメントに対して、ドキュメントの中にある情報で、ドキュメントのフィールドの出力有無を制御して、返却する。
$limit	入力のドキュメントに対して、出力するドキュメント数を制限して、返却する。
$skip	入力のドキュメントに対して、指定数のドキュメントをスキップして、返却する。
$unwind	入力のドキュメントに対して、指定した配列の中身を、それぞれ単一のキーに変えたドキュメントにして、それを配列にして、返却しする。
$group	入力のドキュメントに対して、集約した結果を返却する。
$sort	入力のドキュメントに対して、並び替えて、返却する。
$geoNear	入力のドキュメントの地理情報を元に、地理的に近い物の順に並び替えて、返却する。
$out	出力の結果をコレクションに格納する。
$lookup	他のコレクションをLeft Outer JOINで結合する。

このように様々なパイプラインのフィルタがあるため、これをつなぎ合わせることで非常に複雑な集計も計算することが出来ます。特に、MongoDB 3.2から新たに導入された$lookup のフィルタは、他のコレ

280 RDB技術者のためのNoSQLガイド

クションを結合できるという画期的なものであり、集計する幅が一気に広がりました。このパイプラインをつなぐ集計手法になれてくると、SQLのGROUP BYよりも簡潔に集計を書ける場合があります。

|10-3-5|
アプリケーションからの使い方

MongoDBをアプリケーションから利用する場合は、主に3つの方法があります。

一つ目はMongoシェルと呼ばれるCUIベースのツールであり、MongoDB付属のmongoというバイナリを起動すると、MongoDBに接続しJavaScriptの文法でインタラクティブにMongoDBを操作することができます。クエリの他にもレプリケーションやシャーディングの設定もこのMongoシェルを通して行われます。主な用途としては、初期構築、保守作業、トラブルシューティングなどであり、OracleのSQL*PlusやMySQLのmysqlコマンドと同じようなものだと思えば良いでしょう。

二つ目は、プログラミング言語毎に用意されたドライバです。これらはアプリケーションからMongoDBに接続する際にもっとも一般的な方法です。MongoDBが公式に提供しているドライバは、C、C++、C#、Java、Node.js、Perl、PHP、Python、Motor、Ruby、およびScala用のものがあります。これらはMongoDBの有償サポートを購入すると一緒にサポートされます。また、その他にコミュニティにて有志で開発されているドライバもあり、具体的にはActionScript3、C# and .NET、Clojure、ColdFusion、D、Dart、Delphi、Elixir、Entity、Factor、Fantom、F#、Go、Groovy、JavaScript、LabVIEW、Lisp、Lua、MatLab、Objective-C、OCaml、Opa、Perl、PowerShell、Prolog、Python、R、REST、Ruby、Scala、Racket（PLT Scheme）、Smalltalkのドライバが2015年11月時点で存在しています。

第10章 MongoDB

　三つ目はREST APIです。HTTPプロトコルを経由してMongoDBの
データを操作することができます。CRUDだけでなくインデックス管理やア
クセスコントロールなど、それなりに数多くの機能が提供されていますが、
アプリケーションから利用する場合はドライバを用いることが多くREST
APIはあまり利用されていません。

|10-3-6|
インデックス

　MongoDBは、コレクション単位にインデックスを用意して、検索の際に
インデックスを利用して高速に検索ができます。MongoDBのインデックス
はRDBと同等に、豊富な種類と様々なオプションが利用可能です。

|10-3-6-1| インデックスの種類

　MongoDBで利用できるインデックスを表10-3に整理しました。

● 表10-3　MongoDBのインデックスの種類

インデックスの 種類	説明
単一	一つのキーに対してインデックスを付与。主キー以外でインデックスを作成可能。
複合	複数のキーに対してインデックスを付与。
マルチキー	配列の要素に対してインデックスを張ることが可能。例えばfriend_id:[1,5,6,7]という配列があった場合に「friend_idが5」という条件検索においてマルチキーインデックスを利用できる。
地理空間	地理情報（緯度経度）、空間情報（点、直線、多角形）に対して専用のインデックスを張り、地理空間用のクエリに対応させる。
テキスト	アルファベットに対して全文検索のインデックスを作る。日本語データには対応していない。

282　RDB技術者のためのNoSQLガイド

ハッシュ	キーに対してハッシュ関数を適用して、その値をインデックスに用いる。シャーディング環境において、偏りのあるキーを均等に分散させたい場合に利用するとよい。

このように、MongoDBは多種多様なインデックスを提供しています。セカンダリインデックスや複合インデックスはRDBでは当たり前のことですが、実は他のNoSQLではあまり見られない機能です。

|10-3-6-2| インデックスの属性

MongoDBではインデックスに対して、属性をつけることができます。表10-4に整理しました。

● 表10-4　インデックスの属性一覧

属性	説明
TTL属性	生存期間を指定してその期間が過ぎると自動的にドキュメントを削除する
パーシャル属性	条件を指定して、その条件に合うドキュメントだけをインデックスに含める
ユニーク属性	同じインデックスの値を持つドキュメントを挿入したときにエラーにできる。ただし、ハッシュインデックスには利用できない。また、シャーディング環境においては、シャードキー自体か、シャードキーを最初に指定した複合キーしか利用できない
スパース属性	インデックスに指定したキーを持っているドキュメントのみインデックスの中に含まれる。稀にしか存在しないキーをインデックスに指定するときに、インデックスサイズを削減できる

特徴的なのはパーシャル属性であり、これはMongoDB 3.2からの新機能であり、特定の条件を持つドキュメントのみをインデックスに含めることが出来ます。例えば、ユーザデータ管理においてデータの有効フラグが真の場合だけインデックスをつけるといったことが可能であり、インデックスのサイズを削減して、メモリを有効に使うことが出来ます。

第10章 MongoDB

また、TTL属性は古いドキュメントを自動的に削除してくれるため、ログなどを格納するときに古いものを勝手に消してくれるため便利です。

10-3-6-3 実行計画とHINT

RDBではSQLの実行計画をEXLPAINを用いて表示することが出来ますが、MongoDBにもexplain()メソッドにより同様の情報を得ることが出来ます。またインデックスの利用を強制するhint()メソッドも利用できます。これもRDBでは当たりの機能ですがNoSQLで提供しているものは多くありません。

10-4
性能拡張

MongoDBではシャーディング構成を取り、データとクエリを分散することにより性能を向上させます。また、レプリケーションによりセカンダリからデータを読むことで、読み込みを分散させることもできます。順に説明していきましょう。

10-4-1
シャーディングによる性能拡張

10-4-1-1 概要

MongoDBでは、データを複数のMongoDBに分散して配置して、そのノードに対してクエリを分散することにより、シャーディング構成を形成することができます。例として、3台のMongoDBでシャーディングを行った場合の図を示します。

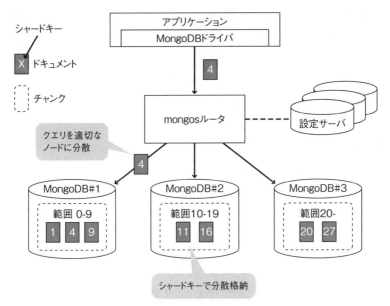

◎図10-3　MongoDB 3台でシャーディングを行った場合のシステム構成図

　図の説明をします。アプリケーションからMongoDBドライバのAPIを呼び出してクエリを発行すると、ドライバはmongosルータと呼ばれるプロセスにアクセスします。mongosルータはデータの配置情報（どのMongoDBにどのデータが入っているか）を知っているため、クエリの内容に従って適切なMongoDBにクエリを割り振ります。

　設定サーバは配置情報を永続化するための特別なMongoDBです。mongosルータは設定サーバの情報を読み込んで起動する軽量プロセスです。どちらもMongoDBの中に含まれており、特別にインストールする必要はありません。

|10-4-1-2| データの分散方法

　データはシャードキーと呼ばれるキーの値によって、その範囲で分散されます。例えば、図10-3ではシャードキーが0〜9のドキュメントはMongoDB#1に、シャードキーが10〜19のドキュメントはMongoDB#2

第10章 MongoDB

に分散されます。キーの範囲は、中にあるドキュメント情報を元に、ある程度の大きさに区切られます。区切られた範囲一つひとつをチャンクと呼びます。シャードキーはドキュメントの中にあるキーを指定することができます。また、シャードキーの値は、値をそのまま用いてもよいですし、値のハッシュ値を採用することもできます。

|10-4-1-3| クエリの分散方法

クエリの分散はmongosルータによって行われます。シャードキーを検索条件に含むクエリであれば、シャードキーを元にその範囲を担当しているMognoDBにクエリを転送して、結果をドライバに返します。一方、シャードキーを含まない検索であれば、すべてのMongoDBに問い合わせを転送し、結果をまとめてドライバに返却します。例えば、図10-3ではシャードキーの値として4を持つドキュメントがアプリケーションからinsertされているため、MongoDB#1にクエリを転送します。

mognosルータやそのデータを格納している設定サーバは複数個立てることができるため、単一障害点になることはありません。

|10-4-1-4| データの自動再配置

シャーディングでは特定のノードにチャンクが偏った場合に、自動的にチャンクを他のシャードに移動することができます。また、チャンクのサイズが大きくなりすぎた場合に、自動的にチャンクを2つに分割します。この2つの機能により、データをクラスタ全体に自動的に分散させ、負荷も分散させています。

また、オンラインでシャードを追加したり削除したりすることが可能で、その場合も上記の2つの動作により、自動的にデータが再配置されます。

10-4-2
セカンダリ読み込みによる読み込み負荷分散

シャーディングでは読み込み、書き込みともに分散されますが、MongoDBのレプリケーションの機能を使うことにより読み取りを更に分散させることが出来ます。

具体的には、MongoDBのドライバの設定により、プライマリからだけではなくセカンダリからも読み込むことができます。レプリカセット内のどのMongoDBから読み込むかはクエリごとに指定できて、セカンダリからラウンドロビンで読んだり、ping応答の速いセカンダリから読んだり、特定のタグを持つセカンダリから読むなど、柔軟な指定が可能です。

注意点としては、セカンダリからの読み込みは結果整合性です。つまりセカンダリから読んだデータは古い可能性があるということです。プライマリからセカンダリへのデータコピーはクエリとは非同期なので、プライマリにデータが書き込まれた直後はセカンダリにはデータがありません。データのコピーはロングポーリング*4という方法により限りなく速くコピーされますが、同期的ではありません。

10-5
高可用

MongoDBはレプリケーション構成により、可用性を高めることが出来ます。

＊4　ロングポーリングでは、セカンダリからプライマリに差分データを要求しますが、プライマリは更新があるまで応答は待って、更新したらその要求に応答します。

10-5-1
レプリケーションの概要

　MongoDBではデータの複製を複数のMongoDBにコピーすることができるレプリケーションができます。3台のMongoDBでレプリケーションしたときの様子を図10-4に示します。

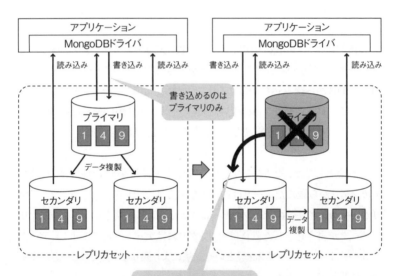

● 図10-4　MongoDB 3台でレプリケーションを行った場合のシステム構成図

　図の説明をします。レプリケーションを構成している3台のMongoDBはレプリカセットと呼ばれます。3台のうち1台が書き込みも読み込みも行えるプライマリであり、その他の2台は読み込みしか行えないセカンダリです。プライマリが障害になると、セカンダリ同士で話し合い、その中から1台をプライマリに選出します。新しいプライマリが書き込みを受け付けられるようになると、MongoDBドライバは新しいプライマリに書き込みを行うようになります。シャーディングとは異なりmongosルータや設定サーバの

ような特別なプロセスは不要です。MongoDBとドライバがあれば構築でき、非常に簡単です。

また、シャーディングと組み合わせることも可能であり、MongoDB 9台を組み合わせた場合は図10-5のようになります。

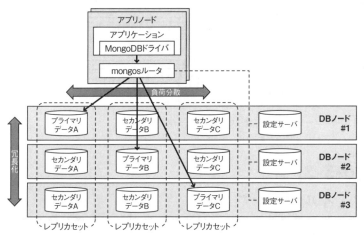

●図10-5　MongoDB 9台でレプリケーションとシャーディングを行った場合のシステム構成図

　この構成ではデータベース用のハードウェアを3つ用意して、それぞれにお互いのレプリカを持たせつつ、プライマリノードを分散して配置することにより、負荷を分散しています。また、シャーディングに必要な設定サーバもそれぞれのノードに配置して、設定サーバも冗長化しています。この構成であれば、一つのノードが障害になっても、負荷分散を継続しつつ、レプリカも存在している状態を継続できます（図10-6）。

第10章 MongoDB

◈図10-6 ノード2が障害になった場合のフェイルオーバ

|10-5-2|
フェイルオーバ

　レプリカセット内のMongoDBはお互いにヘルスチェックをしあっており、プライマリが故障すると新しいプライマリを選出するために選挙を行います。新しいプライマリが選出されるまでの間は書き込みが出来ず、新しいプライマリが選出されると書き込みが可能になります。そのため、書き込みの可用性はマルチマスターレプリケーションのNoSQLと比較すると低くなります。

|10-5-3|
セカンダリの種類

　MongoDBでは以下の3種類のセカンダリを利用できます。

290　RDB技術者のためのNoSQLガイド

10-5 高可用

⊗ セカンダリの種類

種類	説明
arbiter	データは持たず、プライマリの選出だけに参加するセカンダリ。実データを持つノードを偶数台にしたい場合に用いる
hidden	オンライン処理は受け付けず、プライマリデータ同期だけするセカンダリ。分析やバッチ処理のために用いる
delayed	プライマリから一定時間遅れて同期する。コレクションを間違って消したなどのヒューマンエラーの際に役に立つ

|10-5-4|
書き込み台数指定クエリ

　MongoDBではクエリごとに「何台のセカンダリに書き込んだらアプリケーションに応答するか」という値を決めることが出来ます。この値はW値と呼ばれます。W値を2に設定した場合、プライマリとセカンダリ一台に書き込みが完了するまでアプリケーションへは書き込み成功の通知が返りません。これにより大事なクエリが確実にレプリケーション出来たことを確認できます。また、応答速度を速くしたければW値を0に設定することにより、書き込み確認を待たなくすることも可能です。他にもクラスタノードの過半数に書いたかどうか、特定のタグを持ったセカンダリに書いたかどうか、といった柔軟な指定も可能です。

第10章 MongoDB

10-6
運用

|10-6-1|
バックアップ

MongoDBは3種類のバックアップ方法があります。

一つ目はファイルシステムを丸ごと取得するバックアップです。
MongoDBは一つのディレクトリの中にデータが全て格納されるため、
MongoDBを停止しディレクトリを丸ごとコピーすればバックアップが取得
できます。また、MongoDBの起動中に、ディスクのスナップショット機能
等でバックアップを取ることも可能ですが、その場合はバックアップから起
動する際に、書き込み中の中途半端なドキュメントが存在する可能性があ
ります。この場合ジャーナリング機能を有効にしていれば中途半端な書き
込みは自動的に無かったことになります（ロールバックされます）が、ジャー
ナリング機能が無効の場合は手動でデータベースをリペアする必要があり
ます。

二つ目はmongodumpコマンドやmongoexportコマンドでファイルとして
バックアップを取得する方法です。mongodumpではデータベースの内容を
バイナリファイルとして書き出しますが、mongoexportではJSON、CSV、
TSVいずれかの形式のテキストファイルに書き出します。どちらのコマンド
でも、フィルタを指定して、データの一部を書き出すことができます。

三つ目はマネージドサービスである「MongoDB Ops Manager」を利用
した方法です。Ops ManagerではMongoDBの更新ログを定期的に収
集し、スナップショット、差分バックアップ、およびポイントインタイムリカ

バリ*5 の機能を提供します。また、シャーディング環境において、すべての
シャードノードのデータをある時間の断面でバックアップすることができ、
ポイントインタイムリカバリが可能です。これは、上記のファイルシステム
バックアップやコマンドによるバックアップでは困難です。Ops Manager
については10-6-5「MongoDB Ops Manager」で詳しく紹介します。

|10-6-2|
ヒューマンエラー対策
(遅延レプリケーション)

　コマンドを間違ってデータを消してしまうなどのヒューマンエラーが発生
したときに、被害を最小限に抑えるために、MongoDBでは遅延レプリ
ケーションという仕組みを持っています。遅延レプリケーションでは、セカ
ンダリを一定時刻前の状態にしておくことができます。例えば10分前の
状態でレプリケーションし続けるといったことです。これにより、間違って
データを消してしまっても遅延しているセカンダリではデータが残ってい
るため、その間にセカンダリをクラスタから切り離してデータを救出すると
いったことが可能です。

|10-6-3|
監視・稼働統計

　mongostatとmongotopというコマンドが利用できます。

　mongostatコマンドは、Linuxのvmstatコマンドのように MongoDBの
統計状態をリアルタイムに表示します(リスト10-13)。

---

*5　ポイントインタイムリカバリとは、時刻を指定してその時間の状態にデータベースを戻
す機能です。

第10章 MongoDB

● リスト10-13　mongostatコマンドの出力例

```
connected to: 127.0.0.1
insert   query update delete getmore command flushes mapped  vsize ...
   410    1200     *0     *0       0    1|0       1     12g  24.4g ...
   360    1211     *0     *0       0    1|0       0     12g  24.4g ...
   372    1922     *0     *0       0    1|0       0     12g  24.4g ...
```

　mongotopコマンドは、Linuxのtopコマンドのようにコレクション毎の処理時間をリアルタイムに表示します。負荷が集中しているコレクションを探す場合に用います（リスト10-14）。

● リスト10-14　mongotopコマンドの表示例

```
ns                      total    read    write  2015-07-10T04:56:52
mydb.mycol                6ms     6ms      0ms
admin.system.roles        0ms     0ms      0ms
admin.system.version      0ms     0ms      0ms

ns                      total    read    write  2015-07-10T04:56:53
mydb.mycol               44ms    44ms      0ms
admin.system.roles        0ms     0ms      0ms
admin.system.version      0ms     0ms      0ms
```

　他にもサーバの状態をJSON形式で詳細に表示するコマンドがありますが紹介は割愛します。

|10-6-4|
バージョンアップ

- -

　マイナーバージョンアップやパッチバージョンアップであれば、mongodのバイナリファイルの置き換えで実施できます。メジャーバージョンアップであれば、データファイルのフォーマット変更作業などを伴うことがあります。

　バージョンアップの際は、レプリケーションを構成している複数台を順番にバージョンアップするローリングアップデートが可能です。

294　RDB技術者のためのNoSQLガイド

|10-6-5|
MongoDB Ops Manager

　MongoDB Ops Managerとは、MongoDBの監視、アラート、バックアップ、自動バージョンアップ、自動デプロイを行うことができるアプリケーションです。従量課金のクラウドタイプと、有償サブスクリプションによるオンプレミス型の二つの提供形態があります。

　クラウドタイプでは、手元のMongoDBが動作している環境にOps Managerのエージェントプログラムをインストールすることにより、エージェントが各MongoDBと通信し、稼働統計情報やバックアップのための更新情報をクラウドにPUSHで送信します。またクラウド側からの指示で、手元の環境のバックアップ・リストアや自動バージョンアップを行います（図10-7）。データの送付はHTTPSを用いて行われ、データセンタからクラウドへの方向の通信さえ許可されていれば可能であるため、FWにエージェント用のポートを開ける必要はありません。

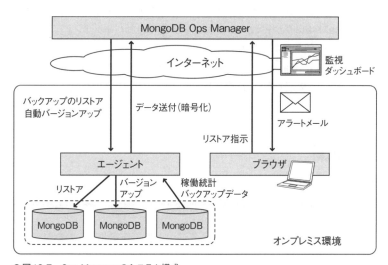

●図10-7　Ops Managerのシステム構成

図10-8にOps Managerの監視画面のスナップショットを載せます。

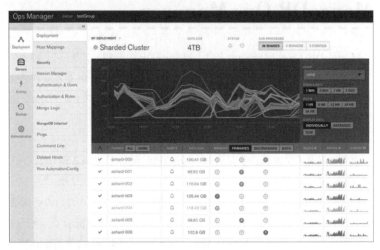

◈図10-8　Ops Managerの画面

> **Note** Ops Managerの前身
>
> MongoDB Ops Managerは、以前はMongoDB Management Service (MMS) と呼ばれていました。その頃は自動バージョンアップや自動デプロイ機能はありませんでした。
> さらに昔はMongoDB Monitoring Serviceと呼ばれており、この時はバックアップ機能がなく、監視とアラートのみのサービスでした。

10-7
セキュリティ

MongoDBではセキュリティに関して幾つか機能を提供しています。

|10-7-1|
通信暗号化

SSLでMongoDBドライバとMongoDB間の通信を暗号化できます。

|10-7-2|
データ暗号化

有償版のMongoDBでは、データを暗号化して格納できます。これは HIPAA, PCI-DSS, FERPAといったセキュリティの標準化に準拠しています。

|10-7-3|
アクセスコントロール

ユーザやロールを作り、付与された権限ごとにできる操作を制限することができます。制限できる操作はデータベースのアクセス、コレクションのアクセス、管理オペレーション、稼働統計の取得など様々です。

|10-7-4|
監査

有償版のMongoDBでは、監査レポートを出力することができます。

10-8
出来ないこと

　RDBには複数のクエリをアトミックに実行するトランザクションがあります
が、MongoDBにはありません。MongoDBがアトミックに処理を行える対
象は、一つのドキュメントに限ります。例えば`db.collection.find()`
とクエリを発行して、すべてドキュメントを取得しようとしたときに、最初のド
キュメントを取得してから最後のドキュメントを取得するまでに、ほかのアプ
リケーションが当該コレクションを更新してしまう可能性があります。

　RDBでは複数のテーブルを結合して一貫して取得することができます。
「一貫して取得」の意味は、一つのテーブルを取得して、もう一つのテーブ
ルのデータと突き合わせている間に、ほかのクエリが割り込んできて結合
先のテーブルを更新するといったことはないということです。トランザク
ションの中にいると言い換えてもよいでしょう。一方、MongoDBでは集計
以外では結合ができません。結合のようなことをしたければ、他ドキュメン
トのキーを格納しておき、アプリケーションで複数回クエリを投げて、結果
をアプリケーションで結合する方法が考えられます。しかし、この方法は一
貫した結果を取得できません。なぜならば、クエリを複数回投げている間
に、他のアプリケーションが割り込んで結合対象のドキュメントを更新して
しまう可能性があるためです。

　MongoDBには参照整合性がありません。つまり、あるドキュメントと関
連するドキュメントを一貫して消したり更新したりすることはできません。

　トリガ、ストアドプロシージャ、シーケンス、ビュー、副問い合わせ、日本
語によるLIKE検索、日本語の全文検索などの機能はありません。

　レプリケーション構成においてレプリカ内の複数のMongoDBを書き込
むことはできません。プライマリノードしか書くことはできず、マルチマス

ターレプリケーションではありません。

インデックスを用いないソートをする場合に32メガバイトのメモリ制限があります。

MongoDB 2.xまでは利用するメモリを制限できません。空いているメモリを使えるだけ使います。

10-9
主なバージョンと特徴

|10-9-1|
バージョンのつけ方

MongoDBのバージョンは3つの数字からなり、メジャーバージョン、マイナーバージョン、パッチバージョンの3つです。例えばMongoDB 2.6.9であれば、メジャーバージョンが2で、マイナーバージョンが6で、パッチバージョンが9となります。

メジャーバージョンアップは大きな構成変更がなされたときに行われ、互換性が無くなる可能性があります。具体的にはメジャーバージョン2とメジャーバージョン3では、アプリケーションからの利用方法はほぼ同じですが、データの格納方法が異なるため、マイグレーションの作業が伴います。

マイナーバージョンアップは、互換性があるバージョンアップであり、例えば2.4から2.6に上がると、古い機能はそのまま使え新しい機能が追加されているという具合になります。マイグレーションの作業は発生しません。また、偶数番号は安定版、奇数番号は開発版となっており、奇数番号のものは本番環境で利用してはいけません。

パッチバージョンは、パッチが当たるたびに、バージョンが上がります。

|10-9-2|
主なバージョンとその機能

2015年12月時点での主なバージョンとその機能は以下の通り。

❤主なバージョンとその機能

バージョン	説明
2.6	既に開発が終わっている2系の最終バージョン。バグフィックスだけは行われている
3.0	新しくWiredTigerストレージエンジンの導入。ロックの単位がデータベース単位だったものがドキュメント単位になった。メモリ利用量が制限できるようになった等の変更あり
3.2	2015年12月にリリースされた最新バージョン。ドキュメントのバリデーション、部分的インデックス、アグリゲーション時に他のコレクションを結合できる機能などが主な新機能

10-10
国内のサポート体制

2015年12月時点で、MongoDBの日本法人は存在しませんが、株式会社野村総合研究所、日本システムウエア株式会社、およびクリエーションライン株式会社が日本でサブスクリプション販売代理及び技術サポート提供を行っています。

10-11
ライセンス体系

MongoDBは無償でオープンソースのAGPLライセンスと、有償の商用ライセンスの2つのライセンスがあります。

有償版で提供される拡張機能については、2015年12月時点で以下のような追加機能[6]が提供されています。

- Ops Manager のオンプレミス版か Cloud Manager Premium を利用できる
- Red Hat Identity Management の認定
- Kerberos と LDAP認証
- 監査機能
- SNMP サポート
- 暗号化ストレージの利用
- インメモリストレージの利用
- MongoDB Compass（データ可視化UIツール）の利用
- BI コネクター
- Windows、Red Hat/CentOS、Ubuntu、Amazon Linux でのプラットフォーム認定
- プライベート、オンデマンドトレーニング
- 技術サポートが利用できる
- 技術サポートのSLA保証
- 緊急パッチ
- ライセンスが商用ライセンスになる

＊6　MongoDB 社の MongoDB Enterprise Advanced Datasheet から引用 http://info-mongodb-com.s3.amazonaws.com/MongoDB_Enterprise_Advanced_Datasheet.pdf

10-12
効果的な学習方法

　英語が読めるのであれば、MongoDBの公式ドキュメント[7]を読むのが最も効果的な学習方法です。簡単なイントロダクションや設定値の一覧などはもちろんのこと、シャーディングの詳細な動作原理やドキュメントの設計方法など、有用な情報が数多く記載されています。

　日本語の情報であれば、「MongoDBイン・アクション」[8]を読むのが良いでしょう。MongoDBの基本的な事項はほぼすべて網羅して書いてあります。ただし、記載内容がMongoDB 2系の内容であるため、ストレージエンジンはMMAPのことについてのみ書いてあります。WiredTigerについては公式ドキュメントを見るのが良いでしょう。

10-13
その他

|10-13-1|
便利な機能一覧

　その他の便利な機能は以下の通り。

---

[7]　https://docs.mongodb.org/manual/

[8]　MongoDBイン・アクション Kyle Banker 著, Sky株式会社 玉川 竜司 訳

10-13 その他

◎ その他便利な機能一覧

機能	説明	ユースケース
地理空間クエリ・インデックス	2Dや3Dのデータを格納し、それに対して交点や近傍などの検索をかけることができる。アプリでのつくり込み不要	地図アプリのデータベース
キャップ付きコレクション	サイズを指定したコレクションを作れる	バッファ
生存期間指定インデックス	保存期限を指定したコレクションを作り、自動的に古いドキュメントを引き落とせる	ログ保管
データ圧縮	MongoDB 3から利用できるWired Tigerのストレージエンジンでは、データやインデックスを圧縮して格納できる	大容量データ保存
GridFS	シャーディングの機能を利用して、大容量ファイル（16メガバイト以上）を扱うことができるAPIを提供する。このAPI経由でファイルを保存すると勝手に分割して、シャーディングで分散保存してくれる	大容量ファイルシステム
ジャーナリング	単一ドキュメントに対して、書き込みの一貫性が保持できる	突然の電源停止等に対応したい
データ可視化（MongoDB Compass）	MongoDBに入っているデータを可視化するツール（図10-9）	データ管理

◎ 図10-9　MongoDB Compassによるデータの可視化

第11章

Couchbase

11-1
概要

|11-1-1|
Couchbase という言葉

さて、突然ですが "Couchbase" というと、意味する範囲が広いので、ま
ず用語の整理からはじめたいと思います。

● Couchbase Server

分散キャッシュストレージのMemcached[1]、Apache CouchDB[2]とい
う二つのオープンソースプロダクトが融合して誕生した、オープンソースの
ドキュメントDBです。

"Couch" というと Apache CouchDB を連想される方もいらっしゃると思
いますが、Couchbase Server は全くの別物で、Memcached互換プロト
コルによるデータアクセスと、優れたクラスタ管理機能、JSONドキュメン
トに対するクエリをサポートしています。

● Couchbase モバイル

スマートフォンなどのモバイルデバイス上で稼働する軽量ドキュメント
DBのCouchbase Lite、Couchbase LiteとCouchbase Server間での
データ同期を実現するSync Gatewayという二つの製品から構成されてい
ます。これらの製品もオープンソースです。

● Couchbase, Inc.

---

*1　オンメモリの分散キャッシュストレージ http://memcached.org/

*2　JSONドキュメントNoSQLデータベース http://couchdb.apache.org/

上記二つのソリューションを開発、サポートしている会社です。カリフォルニア州Mountain Viewの本社を起点とし、ヨーロッパ、中東、アジアとグローバルにビジネスを展開しています。

クラウド、オンプレミスのバックエンドで稼働するCouchbase Serverと、モバイルデバイスまで対応するソリューションを併せ持つのは数あるデータベース製品の中でも大きな特徴です。

本章では、Couchbase社のフラッグシッププロダクトである、Couchbase Serverにフォーカスして、解説していきます。モバイルソリューションについては本章の後編で触れます。

11-1-2
Couchbase Serverの主な特徴

Couchbase Serverの典型的なユースケースである「インタラクティブなWebシステム」を例にあげて、特徴を説明して行きます。図11-1では典型的なCouchbase Serverのシステム構成を示しており、その中に①〜⑥の番号が代表的な特徴を示しています。順番に説明して行きましょう。

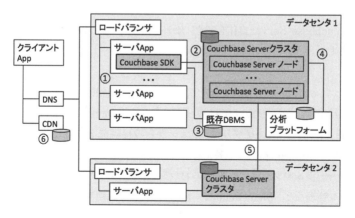

● 図11-1　Couchbase利用システムアーキテクチャ例

|11-1-2-1| ①JSONに対するSQLライクなクエリ言語

Couchbase Serverを利用するWebアプリケーションでは、JSONドキュメントに対してSQLライクなクエリ言語（N1QL、ニッケルと発音）が利用できます。そのため、RDB技術者にとっては学習しやすく、生産性を上げることが期待できるでしょう。

|11-1-2-2| ②シャーディングによるスケールアウト

Couchbase Serverクラスタはビジネス、システムの成長に合わせてオンライン中にスケールアウト、またはスケールダウンすることができます。ノードの追加/削除の際のデータの再配置も透過的に行われ、システム運用中に実行することができます。これによりサーバメンテナンス、アップグレードの際もシステムを停止する必要はありません。

|11-1-2-3| ③高機能なキャッシュとして

ある程度のリクエスト数を処理するWebシステムでは、メインのデータベースへのアクセス負荷を軽減するために、キャッシュストレージを導入することが多くあります。Couchbase ServerはMemcachedを組み込んでいるため、Memcachedと同等の性能が出せます。これに加え、レプリケーションやディスクへの永続化、オンラインでの拡張といった機能を持っているため、高可用なキャッシュストレージとして既存のデータベース、メインフレームやレガシーシステムの手前に配置することができます。もちろん、Couchbase Server自体をメインのデータベースとして利用することもできますね。

また、Couchbase ServerへのアクセスはMemcached互換のAPIを利用できます。このため、すでにWebシステムでMemcachedを利用している場合、クライアントアプリケーションからの接続先をMemcachedからCouchbase Serverに切り替えるだけで移行することができます。コールドキャッシュやクラスタ拡張時のバランシング、クライアント側の設定ファイル管理など、Memcachedの運用に関連する課題を解決するためにCouchbase Serverへ移行する事例もあります。

|11-1-2-4| ④分析プラットフォームとの連携

Couchbase Serverはオペレーショナルな用途に加えて、リアルタイムなデータ分析を行うことが可能です。加えて、他のデータストアや過去のデータを利用して、より大規模な分析を行う必要がある場合は、HadoopやSparkクラスタにデータを転送して大規模な分析を行い、その結果をまたCouchbase Serverに保存して、オンラインのWebアプリケーションで利用する、という連携が可能です。また、N1QLの登場と同時に、ODBC/JDBCドライバも利用可能となりました。TableauなどのBIツールからODBCドライバ経由での分析も可能となっています。

|11-1-2-5| ⑤データセンタ間レプリケーション

単一クラスタ内のレプリケーションに加え、クラスタ間、データセンタ間のレプリケーション（XDCR）をサポートしています。データセンタレベルの障害が発生してもシステムを継続して利用するためのディザスタリカバリ（DR）対策が可能です。また、グローバルに展開しているサービスにおいては、US、アジア、UKなど、各リージョンのCouchbase Serverクラスタ間でデータを同期し、ユーザに近い場所にデータを配置することで、データローカリティを高め、より応答性の高いシステムの構築も可能です。あるいは、オンラインでトラフィックを受け付けるシステムと、分析用クラスタ間のデータ同期に利用したり、鮮度の高いバックアップを取得する目的で利用することもできます。

|11-1-2-6| ⑥コンテンツのメタデータストア

「画像やビデオなども保存できるのか」と質問されることがあります。Couchbase Serverでは、バイナリデータも保存できるので、可能ではありますが、お勧めしません。Couchbase Serverの利点は、保存するアイテム単位での細やかなキャッシュ管理により、低レイテンシ、高スループットの高性能を提供できることです。画像やビデオなどサイズの大きなコンテンツは、Couchbase Serverではなく、CDNやS3などのストレージに配置し、そのメタデータをCouchbaseに保存して高速に参照できるようにするのが一般的です。

第11章 Couchbase

11-2
データモデル

Couchbase Serverがどのようなデータを格納するかを説明します。

```
┌─────────────────────────────────────────────────────────┐
│ Couchbase Server クラスタ                                  │
│ ┌─────────────────────────────────────────────────────┐ │
│ │ バケット: music_app                                    │ │
│ │ ┌──────────────────────┬──────────────────────────┐ │ │
│ │ │ キー                  │ バリュー                   │ │ │
│ │ ├──────────────────────┼──────────────────────────┤ │ │
│ │ │ user::a49e2577-f257-47c2- │ {"name": "Foo",       │ │ │
│ │ │ ab0b-63a6dc5f4919    │  "email": "foo@example.com", │ │ │
│ │ │                      │  "favariteGenres": ["jazz", "rock"]}│ │ │
│ │ ├──────────────────────┼──────────────────────────┤ │ │
│ │ │ genre::jazz          │ {"desc": "演奏の中にブルー・ノート、シン│ │ │
│ │ │                      │  コペーション..."}          │ │ │
│ │ └──────────────────────┴──────────────────────────┘ │ │
│ │                    ...                               │ │
│ └─────────────────────────────────────────────────────┘ │
│                      ...                                 │
│ ┌─────────────────────────────────────────────────────┐ │
│ │ バケット: log_events                                   │ │
│ └─────────────────────────────────────────────────────┘ │
└─────────────────────────────────────────────────────────┘
```

◈ 図11-2　データモデル

　Couchbase Serverでは保存するデータを「バケット」という入れ物で管理します。バケットとは巨大な連想配列のような物です。1つのクラスタには、複数のバケットを作成できます。

　図11-2では音楽データを管理するシステムをイメージしています。アプリケーションでインタラクティブにデータを読み書きするmusic_appのバケットと、同アプリケーションのログイベントを保存しておいて分析に利用するためのlog_eventsで分けています。

　バケット内にはユニークなキーと、キーに対するバリューを保存しています。

　キーは250バイトまでの任意の文字列を指定できます。Couchbaseでは一つのバケットにユーザや音楽のジャンル、楽曲情報など、複数のデータ

310　RDB技術者のためのNoSQLガイド

種別を保存することが一般的です。このため、キーの先頭に"user::"など
のデータ種別を識別する接頭語を付けることがあります。

バリューには20メガバイトまでのデータを格納できます。このバリュー
には、バイナリ、文字列、数値などが保存でき、単純なKVSとして利用す
ることもできます。ここでバリューをJSON形式の文字列で保存しておくと、
JSON内の項目にクエリでアクセスしたり、部分的に更新を行うなど、ド
キュメント型データベースとしてのメリットが出てきます。

Couchbase Serverでは、データベース側で保存するデータのスキーマを
一切チェックしません。保存するデータの形式、構造はデータを保存するア
プリケーション側で管理することになります。

11-3
API

|11-3-1|
データへのアクセス方法

Couchbase Serverには保存したJSONドキュメントにアクセスするAPI
が主に以下の3種類あります。

- キーでのアクセス
- SQLライクなクエリ言語、N1QL
- 差分MapReduceによるView

第11章 Couchbase

> **Note** データアクセス用のREST APIは無い
>
> 「Couchbse Serverにデータアクセス用のREST APIは利用できない
> のか?」と聞かれることがありますが、Couchbase Serverには保存デー
> タに対するCRUD用のRESTfulなAPIはありません。
>
> Couchbase Serverで利用できるのは、クラスタやノードを管理するため
> のREST APIです。ノードをクラスタに追加してリバランスを行ったり、バ
> ケットを作成したり、統計情報を取得したりするAPIが用意されています。
>
> この他、ViewやN1QLはHTTPプロトコルで公開されています。これ
> を直接HTTPクライアントから実行することはできますが、お勧めはしま
> せん。なぜなら、Couchbase Serverクラスタでは複数のノードが稼働し
> ていて、これらのインターフェースを提供するノードはフェイルオーバやク
> ラスタの拡張で変動することがあります。このため、通常はクラスタトポロ
> ジを理解するCouchbase Serverのクライアント向けSDKライブラリを
> 通して利用します。

| 11-3-1-1 | キーでのアクセス

これが3種類の中で最も高性能な方法です。アクセスしたいキー、すな
わちドキュメントIDが分かる場合はこちらを使いましょう。Couchbase
ServerのルーツとなるMemcachedと同様の低レイテンシ、高スループット
でアクセスできます。

前述の音楽データを管理するシステムを再びイメージしてみましょう。
ユーザがログインした後、ユーザドキュメントのキーをセッションで保持す
るとします。その後の操作ではドキュメントのキーを利用してCouchbase
Serverにアクセスすれば良いですね。

キーを指定して、JSONドキュメントのCRUD操作(Create:新規作成、
Read:参照、Update:更新、Delete:削除)が可能です。

312 RDB技術者のためのNoSQLガイド

そもそもドキュメントIDがわからない場合はどうすれば良いでしょうか。

例えば、メールアドレスを入力してログインする場合、入力されたメールアドレスでドキュメントを探す必要があります。N1QLは、ドキュメントのキー以外でアクセスする必要がある場合に非常に便利です。

|11-3-1-2| SQLライクなクエリ言語、N1QL

N1QLはJSONドキュメント用SQLとも呼ばれています。SQLとほぼ同等のクエリ構文で、WHERE、ORDER BY、JOINなどSQLでおなじみのキーワードが使えます。さらに、JSONを扱うためのNEST、UNNESTなどの入れ子オブジェクトや、配列を扱うための命令も備えています。

N1QLは2015年10月にリリースされたCouchbase Server 4.0から利用可能です。そして、同12月にリリースされた4.1からは、INSERTやUPDATEなどのDMLも正式サポートされました。

それでは、ログイン用のメールアドレスから該当ユーザのドキュメントを検索するN1QLの例をみてみましょう:

◆リスト11-1　emailアドレスでユーザを検索する

```
SELECT META().id, userData
FROM music_app AS userData
WHERE email = "foo@example.com";
```

構文はSQLそのものですね。FROMでクエリ対象のバケット名を指定します。分かりやすいように"userData"という別名をつけています。

また、"userData"部分はバケットに保存されたJSONドキュメント本体なので、ドキュメントIDは含まれません。ドキュメントIDを取得するには、META関数を利用します。

N1QLクエリの結果はJSONドキュメントで返ってきます。

第11章 Couchbase

◉リスト11-2　N1QLクエリの結果

```
[
  {
    "id": "user::a49e2577-f257-47c2-ab0b-63a6dc5f4919",
    "userData": {
      "email": "foo@example.com",
      "favoriteGenres": [
        "Jazz",
        "Rock"
      ],
      "name": "Foo",
      "playlists": [
        "f5a6db41-57a1-4f1c-8677-7402e69cde39",
        "6d44817c-0631-4bf6-9b97-34f802960f76"
      ],
      "type": "user"
    }
  }
]
```

　多くのエンジニアの方はすでにデータベースのデータにアクセスする手段
として、ある程度SQLをマスターしていると思います。慣れ親しんだ構文を
そのままに、NoSQLデータベースにもクエリが発行できるのは非常に楽で
すね。

◉N1QLを高速化するインデックスシステム

　N1QLではJSONドキュメントに対し、アドホックなクエリを実行するこ
とができます。これを実現するため、Couchbase Server 4.0から、新たな
インデックスシステムが導入されました。これをグローバルセカンダリイン
デックス（Global Secondary Index、以下GSI）と呼んでいます。

　N1QLから利用できるGSIには、プライマリインデックスと、セカンダリ
インデックスの二種類があります。

◉GSI: プライマリインデックス

　プライマリインデックスはバケット内のすべてのドキュメントIDに対するイ
ンデックスです。作成対象のバケット名（music_app）を指定し作成します。

314 RDB技術者のためのNoSQLガイド

❤リスト11-3　プライマリインデックス作成例

```
CREATE PRIMARY INDEX ON music_app;
```

　プライマリインデックスを作成することで、様々なアドホッククエリが可能となります。これだけで保存されたJSONドキュメントの検索や集計が可能になります。しかし、プライマリインデックスを利用するということは、バケットをフルスキャンするということです。

⦿GSI: セカンダリインデックス

　先のメールアドレスでユーザを検索する場合に、ユーザが100万人いた場合、100万件のJSONドキュメントをデータベースから取り出し、中身のemail項目がWHERE句で指定した条件と一致するか判定する必要があります。これは非常に非効率ですね。

　これらのクエリを高速化するために、N1QLではJSONドキュメント内の項目に対し、セカンダリインデックスを作成することができるようになっています。

　GSIの作成は以下のCREATE INDEX文で行います。インデックス名、対象のバケットと、JSON内の項目（email）を指定するだけです。さらに必要があればWHERE句を使って、インデックス対象を絞り込むこともできます。

❤リスト11-4　セカンダリインデックス作成例

```
CREATE INDEX user_by_email ON music_app(email) WHERE type = "user";
```

　クエリ実行時にGSIを確実に適用するには、WHERE句の条件をGSIの定義と同一にする必要があります。今回の例では、typeとemailで検索する必要がありますね。

❤リスト11-5　セカンダリインデックスの利用例

```
EXPLAIN SELECT * FROM music_app
WHERE type = "user"
  AND email = "foo@example.com";
```

第11章 Couchbase

正しくGSIを使えているかどうかは、クエリの先頭にEXPLAINをつけて確認しましょう。実行計画が出力されるので、IndexScanとなっていればGSIを利用しています。代わりにPrimaryScanとなっている場合はバケット内の全JSONドキュメントを判定していることになるので注意しましょう。

プライマリインデックスさえあれば、様々なクエリをアドホックで実行可能ですが、性能には限界があります。アプリケーションから実行するクエリが固まってきたら、適切なGSIを作成してクエリを高速化しましょう。

⊙N1QL は結合にも対応

N1QLでは、結合もサポートしています。

N1QLの結合を使えば、ドキュメント間の関連も簡単に扱うことができます。今までNoSQLデータベースを利用する上で実装が面倒だった部分がかなり簡単になりました。

簡単な例で説明しましょう。ドキュメント、doc-aとdoc-bがあったとします。そして、doc-bには"parent"というフィールドで、doc-aのキーが設定されています。

❂リスト11-6　結合サンプルJSONデータ

```
|doc-a|doc-b|
|{"name": "foo"}|{"name": "bar", "parent": "a"}|
```

この関連を結合を使ってクエリしてみましょう。N1QLクエリは次のようになります。

❂リスト11-7　関連するドキュメントを結合

```
SELECT u.name AS userName, u.parent, p.name AS parentName
FROM `user_profiles` AS u USE KEYS "doc-b"
JOIN `user_profiles` AS p ON KEYS "doc-" || u.parent;
```

11-3 API

クエリの結果は以下の通りです。

●リスト11-8　結合の実行結果

```
[
  {
    "parent": "doc-a",
    "parentName": "foo",
    "userName": "bar"
  }
]
```

　クエリの内容を少し解説しましょう。まずは、USE KEYSです。検索対象のドキュメントIDが分かっている場合は、WHERE句で検索するのではなく、USE KEYSを利用します。

　Couchbase Serverへのデータアクセス方法で最も高速なのはキーでのアクセスでしたね。N1QLクエリでもこれは同じです。USE KEYSを利用すると、インデックスをスキャンする必要なく、直接マネージドキャッシュからドキュメントを取得できます。

　続いて、結合の構文です。結合の後に対象のバケット名を指定します。ここでは元となるバケットと同じものを指定しています。そして結合元を"u"、結合先を"p"と別名を付けています。Userのuと Parentのpです。これは何でも構いませんが、意味が分かるレベルで短めにしておくのがオススメです。

　N1QLでの結合は、ON KEYSで元となる結合ドキュメントの何をキーとして結合するのかを指定します。結合のキーには結合するドキュメントのIDを指定する必要があります。

　この時、元のデータが完全な結合先のドキュメントIDを保持していなくても、先の例のように文字列を加工することができます。SQLと同様、文字列の連結は"||"で行います。

　N1QLは非常に大きなテーマなので、本書では語りきれません。是非実際にいろんなクエリを実行していただき、この便利さを味わっていただき

RDB技術者のためのNoSQLガイド 317

第11章 Couchbase

たいと思います。JSONのフレキシブルなデータモデルと、SQLライクな宣言型クエリ言語の組み合わせは非常に強力です。

|11-3-1-3| 差分Map/ReduceによるView

N1QLは便利ですが、苦手なクエリもあります。例えば、インデックスを使ったとしても対象の件数を絞り込めないものをGROUP BY集計する場合などです。今回のサンプルでは、例えば楽曲のジャンル毎の件数をカウントする場合などです。楽曲の登録数が数百万程度ある場合でも、N1QLのクエリでは、単一のQueryサービス上で集計が行われるため、そのサーバのリソースを圧迫してしまい、クエリのレスポンスも悪くなってしまいます。

そんな時は、View（Map/Reduce）を使うと良いでしょう。Map/Reduceとは、map関数とreduce関数の二つを定義して、分散環境で大量のデータをgrepしたり、集計するためのプログラミングモデルです。Map/Reduceの実行環境としてHadoopが有名ですが、Couchbase Server上でも分散データベースの特徴を活かしたMap/Reduceの実行が可能です。

Couchbase Serverでは、Map/Reduceの関数をバケットに登録しておくと、更新されたJSONドキュメントが一つずつmap関数に渡され、map関数内のemit()で出力した新たなkey/valueと、元のドキュメントIDがViewインデックスに保存されます。

Map関数の例を見てみましょう。

◎リスト11-9　Map関数例

```
function (doc, meta) {
  // trackのドキュメントのみ対象とする
  if(doc.type == "track"){
    // 楽曲のジャンルでループ
    for(var i = 0; i < doc.genres.length; i++){
      // 一つずつViewインデックスのエントリを作成
      emit(doc.genres[i], doc.title);
```

```
        }
    }
}
```

　続いて、Reduce関数です。Couchbase Serverにはいくつか組み込みのreduce関数が用意されているので、今回は_countを利用します。これは、map関数で出力されたkey/valueを同一のkeyでグループ化し、グループごとの件数をカウントするものです。今回の例では、ジャンルごとの楽曲数にあたります。

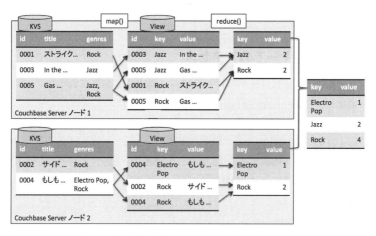

●図11-3　View:ジャンル毎の楽曲数集計

　Couchbase ServerのView（Map/Reduce）は更新されたドキュメントのみを処理する差分MapReduce方式を採用しています。
　ドキュメントの更新と、map関数の処理はCouchbase Serverノード間で分散されるため、データ更新頻度の高いシステムで集計を行う際に威力を発揮します。

第11章 Couchbase

|11-3-2|
クライアントライブラリの
各API実行サンプル

Couchbase Server向けのクライアントライブラリは、Java、.NET、C、Node.js、PHPをはじめ、ほぼ主要な開発言語向けの公式ライブラリが存在します。本記事ではコードサンプルとしてJavaを利用します。開発言語ごとの特性はありますが、どの開発言語でもライブラリのAPIは統一されているので同じ様に記述できます。

|11-3-2-1| キーでのアクセス

以下のコードではユーザのドキュメントを取得し、お気に入りのジャンルを追加し、Couchbase Serverを更新する例です：

● リスト11-10　キーでのアクセス

```
// ドキュメントIDを指定してバケットからユーザドキュメントを取得
String docId = "user::a49e2577-f257-47c2-ab0b-63a6dc5f4919";
JsonDocument userDoc = bucket.get(docId);

// JSON内の配列要素にお気に入りジャンルを追加
userDoc.content().getArray("favoriteGenres").add("electro pop");

// バケットに更新したドキュメントを保存
bucket.upsert(userDoc);
```

上記はJavaのクライアントライブラリ内のJsonDocumentクラスから直接JSONドキュメントを編集しています。

|11-3-2-2| N1QLクエリ

N1QLクエリの実行方法は大きく3つあります。

一つ目はCouchbase Serverインストールに付属しているcbqコマンドで

す。cbqコマンドは対話的にN1QLコマンドを実行できるコマンドラインインターフェースです。

❷リスト11-11　cbqコマンドからN1QL実行

```
$ /opt/couchbase/bin/cbq
Couchbase query shell connected to http://localhost:8093/ .
cbq> SELECT COUNT(*) AS cnt FROM music_app;
{
    "requestID": "7ca7256f-213c-4972-81eb-7cac2b5e11d8",
    "signature": {
        "cnt": "number"
    },
    "results": [
        {
            "cnt": 129
        }
    ],
    "status": "success",
    "metrics": {
        "elapsedTime": "6.008641ms",
        "executionTime": "5.9641ms",
        "resultCount": 1,
        "resultSize": 34
    }
}
```

　二つ目はQuery Workbenchというツールです。執筆時点では開発プレビュー版として、Couchbase Serverインストールとは別にダウンロードして利用する形になっています。

　Query Workbenchは、WebブラウザからN1QLクエリを実行するGUIインターフェースです。

第11章 Couchbase

◈ 図11-4 Query Workbench画面

Query Workbenchでは、describeという非常に便利な機能が使えます。
これは、バケット内のJSONドキュメントをランダムサンプリングし、スキーマ
を推測する機能です。バケット内にユーザ、プレイリスト、楽曲など複数の種
別のドキュメントがある場合、それぞれのJSONドキュメントの構造で似たも
のをまとめて、共通のフィールドを分析し、スキーマを推測します。

三つ目はCouchbase Server用クライアントSDKライブラリを利用する
方法です。

ライブラリ経由でN1QLを実行する方法は色々あります。単純に文字列
を連結してクエリステートメントを作成する方法や、以下のサンプルの様に
クエリDSLを利用したり、パラメータを埋め込む際にパラメタライズドクエ
リを利用したりできます。

詳細は各SDKライブラリのAPIドキュメントを参照してください。

◈ リスト11-12　JavaのクエリDSLでN1QL実行

```java
// JavaのクエリDSL利用例
Statement statement = Select.select("*").from(i("music_app"))
  .where(x("type").eq(s("user"))
    .and(x("email").eq(s("foo@example.com"))));

// N1QLクエリを実行
N1qlQueryResult queryResult
  = bucket.query(N1qlQuery.simple(statement));

// 結果を標準出力に表示
queryResult.forEach(System.out::println);
```

322　RDB技術者のためのNoSQLガイド

|11-3-2-3| View クエリ

Viewクエリを実行するためには、前述のView (Map/Reduce) 定義を事前にCouchbase Server側で作成しておく必要があります。View定義は、管理画面やCouchbase Serverの管理用REST API、クライアントライブラリから作成できます。

View定義はデザインドキュメントと呼ばれるオブジェクトでCouchbase Server内に保存されています。一つのデザインドキュメントには、複数のView定義を作成できます。以下のコード例ではすでに、リスト11-8のMap関数、Reduce関数には組み込みの_countを利用して、tracksというデザインドキュメントにby_genreというViewが作成されていることを前提としています。

作成されたViewをクエリするアプリケーションコードは次の様になります。同一のViewでも、クエリのパラメータによって、様々な用途に利用できます。詳細は以下のコメント文と実行結果をご覧ください。

◎リスト11-13　Viewクエリ実行例

```
    // クエリ対象のViewはデザインドキュメント名と、View名で指定
    ViewQuery viewQuery = ViewQuery.from("tracks", "by_genre");

    // View定義でreduceが記述してあっても、reduce実行の有無は
    // クエリ実行時に指定できます。
    // Reduceを実行しない場合、map関数でemitされたインデックスのエントリを返します。
    System.out.println("// Mapのみ、Reduceなし");
    viewQuery.reduce(false);
    bucket.query(viewQuery).forEach(System.out::println);

    // Map関数でemitしたインデックスのキーで検索が可能です。
    System.out.println("// Mapのみ、ジャンルで検索");
    viewQuery.reduce(false).key("Jazz");
    bucket.query(viewQuery).forEach(System.out::println);

    // Reduceありで、Group集計を行わないと、全体としての集計となります。
    System.out.println("// 全体でreduce");
    viewQuery.reduce(true).group(false);
```

```
bucket.query(viewQuery).forEach(System.out::println);

// Group集計を行うと、map関数でemitしたキー単位の集計となります。
System.out.println("// ジャンル単位でreduce");
viewQuery.reduce(true).group(true);
bucket.query(viewQuery).forEach(System.out::println);
```

上記のコードを実行すると、次の様な結果が出力されます。

◆ リスト11-14　Viewクエリ実行結果

```
// Mapのみ、Reduceなし
DefaultViewRow{id=track::0004, key=Electro Pop, value=もしもネコふんじ…
DefaultViewRow{id=track::0003, key=Jazz, value=In the middle…
DefaultViewRow{id=track::0005, key=Jazz, value=Gas Stationが見つか…
DefaultViewRow{id=track::0001, key=Rock, value=ストライク・ザ・トライク}
DefaultViewRow{id=track::0002, key=Rock, value=サイドブレーキが止まらない}
DefaultViewRow{id=track::0004, key=Rock, value=もしもネコふんじゃたなら}
DefaultViewRow{id=track::0005, key=Rock, value=Gas Stationが見つか…

// Mapのみ、ジャンルで検索
DefaultViewRow{id=track::0003, key=Jazz, value=In the middle…
DefaultViewRow{id=track::0005, key=Jazz, value=Gas Stationが見つか…

// 全体でreduce
DefaultViewRow{id=null, key=null, value=7}

// ジャンル単位でreduce
DefaultViewRow{id=null, key=Electro Pop, value=1}
DefaultViewRow{id=null, key=Jazz, value=2}
DefaultViewRow{id=null, key=Rock, value=4}
```

11-4
性能拡張

　この節ではCouchbase Serverがどのようにスケールアウトして性能拡張するかを説明します。

11-4-1
データ分散

Couchbase Serverクラスタではどのようにデータを分散しているのでしょうか。ポイントはキーのハッシュとvBucketです。

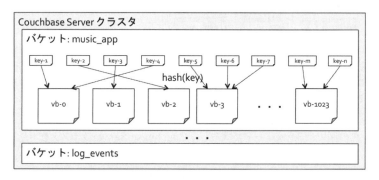

●図11-5 キーのハッシュとvBucket

バケットに保存するデータにはバケット内でユニークとなるキーを設定します。図では"key-1"から"key-n"を表しています。これらのキーからハッシュ値を計算し、いずれかのvBucketに割り当てています。vBucketの個数は固定で、現在のバージョンでは1,024個です。整理すると、1クラスタにはn個のバケット、1バケットには1,024個のvBucketで、保存する各オブジェクトはキーのハッシュ値により、自動的にvBucketにマッピングされる、ということです。

それでは、図11-6を利用し、vBucketがどのようにサーバに配置されるかを解説します。

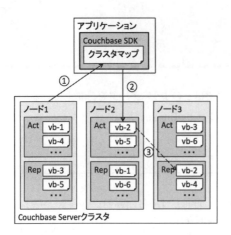

● 図11-6　アクティブ、レプリカvBucket、アクセスの分散

　この図では3台のノードで構成したCouchbase Serverクラスタを示しています。バケットの中には1,024個のvBucketが存在します。Couchbase Serverでは、各ノードが均等なvBucketを保持するように、自動的にvBucketをノードに割り当てます。このvBucketとノードの割り当てはクラスタマップとして管理されていて、全てのCouchbase Serverノード、クライアントアプリケーション間で共有されます。

　Couchbase Serverではバケットごとに、レプリカをいくつ持つのかを指定することができます。図ではレプリカ数が1の状態を示し、各ノードが担当するvBucket（アクティブ、図11-6ではActと表記）のvBucketは、他のノード上にレプリカ（図11-6ではRepと表記）として作成されます。

11-4-2
データアクセスの分散

　次に、分散したデータに対してどのようにアクセスを分散させるか説明します。先ほどと同じ図11-6を用いて説明します。

11-4 性能拡張

クライアントアプリケーションからはまず、クラスタに接続します。この接続先は、クラスタ内の任意のノードで構いません。クラスタ内のいずれかのノードに接続できれば、クラスタマップを取得して他のノードの情報は自動的に分かる仕組みです（図11-6の①の矢印）。

そして、利用するバケットをオープンします。ドキュメント作成リクエストがそのキーを担当するCouchbase Serverノードに到達すると、ノードのメモリ上に保存され（図11-6の②の矢印）、その後非同期にディスクへの永続化、他のノードへのレプリケーションが実行されます（図11-6の③の矢印）。

ここでは基本となるキーでのアクセスに関する分散を説明しました。ViewやN1QLがどのように分散されるかは11-13-4「Couchbase Serverアーキテクチャ詳細」をご覧ください。

| 11-4-2-1 | データアクセスは強い整合性

単一のCouchbase Serverクラスタでドキュメントのキーが属するアクティブなvBucketを担当するのは常にクラスタ内の一つのサーバです。同一のキーに対するアクセスは同じサーバが担当するため、キーでのアクセスを行う場合、最新の情報を返す「強い一貫性」を持ちます。つまりCAP定理の分類ではCPに分類されます。一般的なマスタースレーブ構成のデータベースでは、参照の負荷を分散させるためにレプリカ（スレーブ）からデータを読み込みますが、Couchbase Serverのレプリカは可用性を高めるためだけに存在しています。参照も更新も、アクティブ（マスター）なvBucketを保持するノードに対して送信されます。

一方、ViewやGSIなどはデータ更新後に非同期に反映されるため「結果整合性」となります。

また、複数のCouchbase Serverクラスタを利用して、マルチマスター構成とすることができます。詳細は11-5-3項「複数クラスタ間のレプリケーション（XDCR）」をご覧ください。

RDB技術者のためのNoSQLガイド　327

11-4-3
リバランスによる無停止でのクラスタ伸縮

　Couchbase Serverクラスタは、ノードをクラスタに追加、またはクラスタからノードを削除することで、データベースのキャパシティをリニアに伸縮することができます。また、この変更を行う際に、データベースやアプリケーションを停止する必要はありません。ノードの増減を行い、vBucketの再配置を実行する操作を「リバランス」と呼びます。

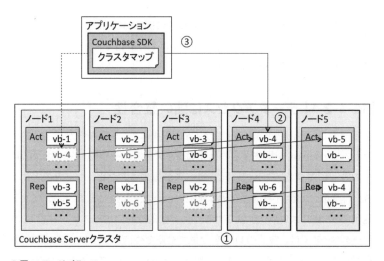

● 図11-7　リバランス

　リバランスを実行する手順は、二つのステップで構成されます。

1. まず、クラスタにノードを追加（またはクラスタから削除）します。一度に複数のノードを追加、削除することができます。上図ではノード4とノード5を一度に追加しています。この時点では変更後のクラスタトポロジを指定しただけで、データの移動はまだ実行されていません。
2. その後、リバランスを実行します。すると、各ノードで担当するvBucket数が均等になるように、ノード間でvBucketの移動を行います。移動さ

れる度にクラスタマップが更新され、アプリケーションからのデータア
クセスは正しいノードに対して送信されます。

　上図では3ノードから、5ノードのクラスタに拡張しました。ノード単位の
バケットのRAM容量を30ギガバイトに設定していた場合、もともとクラス
タ全体のRAM容量は90ギガバイト（30ギガバイト x 3）でした。リバラン
ス後はクラスタ全体のRAM容量は150ギガバイト（30ギガバイト x 5）と
なります。データが均等に分散されるため、各ノードのディスクI/O、CPU
負荷もリバランス前は全体の1/3を担当していたのが、1/5を担当すれば
良いだけになり、各ノードの負荷を軽減することができます。

11-5
高可用

　Couchbase Serverではクラスタのレプリケーション機能を用いて高可
用構成を実現できます。そこで本節ではレプリケーションの説明をしていき
ます。

11-5-1
クラスタ内レプリケーション

　Couchbase Serverクラスタでは、バケット毎に、レプリケーションの有
無、レプリケーション数を指定することができます。例えば、レプリケー
ション数を1とすると、オリジナルのデータに加え、1つのレプリカがオリジ
ナルを保持するノードとは別のノードで作成されます。レプリカ数は最大3
つまで指定することができます。レプリケーションは、前述の説明の通り、
データ更新時に非同期に実行されます。

　レプリカ数が1の場合、クラスタ内のノードが1台ダウンしても、フェイル

オーバにより復旧が可能です。ただ、闇雲にレプリケーション数を増やして
しまっても、レプリカを持つノード上のマネージドキャッシュ領域を圧迫しま
すし、レプリカのデータもディスクへ永続化するため、ディスクI/Oも必要に
なります。安全性と性能面でのトレードオフを考慮する必要があります。

|11-5-2|
物理構成を意識したレプリケーション

　通常のレプリケーションでは、レプリカが作成されるノードは、レプリカ
のvBucketが各サーバで均等に分散されるように割り振られます。
　システムの構成によっては、複数のラックを利用していることもあるで
しょう。
　また、IaaSのクラウドプラットフォームでは、物理的なサーバの集合をグ
ループ化し、グループ単位での障害が他のグループに影響を与えない仕組
みがあります（アベイラビリティゾーンやセットと呼ばれます）。
　このような物理的な構成グループ単位で障害が発生した場合、オリジナ
ルとレプリカが同一のグループに存在していると、レプリカを作成していて
も、データの復旧ができなくなってしまいます。

　グループ規模の障害が発生しても、全てのデータに対するアクセスを継
続して提供する必要があるシステムでは、Couchbase Serverのラックゾー
ンアウェアネスを利用すると良いでしょう。

　ラックゾーンアウェアネスでは、Couchbase Serverクラスタ内でグルー
プを作成し、ノードをグループに割り当てることで、レプリカが必ずグルー
プをまたがって作成されるようにすることができます。例えばグループが
A、Bの二つあり、ノード1、2がグループA、ノード3、4がグループBの
場合、ノード1、2がアクティブで保持するvBucketのレプリカは、ノード3
または4に作成されます。

このため、ラックゾーンアウェアネスを利用すると、グループA全体に障害が発生しても、グループBのノード3、4だけで、全てのデータをフェイルオーバすることができます。

|11-5-3|
複数クラスタ間のレプリケーション (XDCR)

ラックゾーンアウェアネスでは、ラックなどの物理構成グループ規模の障害でもフェイルオーバが可能でした。これらのグループは通常同一のデータセンタやリージョン内に存在します。データセンタやリージョン単位で障害が発生した場合、ラックゾーンアウェアネスでも対応できません。また、地理的にはなれているデータセンタ間でレプリケーションを行うためには、ネットワークレイテンシ、不安定な接続経路、再接続性、セキュリティなど、クラスタ内のレプリケーションとは異なる要件が存在します。

Couchbase Serverでは、この要件に対し、クロスデータセンタレプリケーション（以下、XDCR）を利用することで対応できます。

XDCRは異なるデータセンタ、リージョンで稼働するクラスタ間で、データの同期を行う機能です。地理的に離れたクラスタ間でのネットワーク通信を、効率的に、セキュアに行うことができます。

|11-5-3-1| 双方向XDCRでマルチマスター構成

XDCRは単一方向のレプリケーションです。送信元となるクラスタから送信先のクラスタを指定し、Push形式で変更されたドキュメントをレプリケーションします。

ですが、送信先のクラスタから逆方向に送信元へとXDCRを設定することで、双方向のレプリケーションも構成できます。

第11章 Couchbase

双方向のXDCRを利用すると、同じバケット内の同一のキーがそれぞれのクラスタでアクティブとなり、マルチマスター構成のデータベースとして利用できます。単一のクラスタは強い一貫性を持つため、CAP定理上の分類ではCPとなりますが、双方向XDCRを利用した場合APの特性を持ちます。

| 11-5-3-2 | 双方向XDCRでのコンフリクト解決

同じデータがそれぞれのクラスタで更新できる、ということは、それぞれのクラスタで同じデータをレプリケーションが完了する前に更新してしまった場合はどうなるのでしょうか。この状態をコンフリクトと呼びます。

Couchbase Serverでは双方向XDCRでコンフリクトが発生した場合、どちらかの更新を残す(もう一方の更新は上書きされる)コンフリクト解決を、自動的に行います。

執筆時点のバージョンでは、このコンフリクト解決のルールは「多く更新された方が勝つ」というものです。更新回数が同一の場合、勝者はほぼランダムに決まります。

例えば、クラスタ1、クラスタ2があり双方向XDCRでレプリケーションされているとします。この時、クラスタ1でdoc-aを作成すると、それがレプリケーションされ、クラスタ2にもdoc-aが保存されます。

Couchbase Serverに保存するドキュメントにはリビジョンIDというメタデータがあります。これはドキュメントを更新するたびにインクリメントされます。

それぞれのクラスタでdoc-aが初めて保存された時のリビジョンIDは"1"です(実際には"1-ランダム値"となりますが、ここでは話を簡潔にするために単に"1"とします)。

先ほどの状態では、クラスタ1、2それぞれのドキュメントの状態をdoc-a(1)としましょう。

332 RDB技術者のためのNoSQLガイド

この後、クラスタ1でドキュメントが更新されると、クラスタ1ではdoc-a（2）となります。不幸にもXDCRのネットワーク経路の途中で機器が故障し、レプリケーションされなかったとします。

そして、クラスタ1で、再度ドキュメントを更新し、doc-a（3）になったとします。

その後、クラスタ2の方でドキュメントを更新すると、まだレプリケーションされていないので、doc-a（2）となります。

ネットワークが復旧し、XDCRが再開されました。XDCRは自動的に復旧します。読者の皆さんは、どのドキュメントの状態が残って欲しいでしょうか。多くの方は、最後に更新した、クラスタ2のdoc-a（2）を期待すると思います。最後に更新した状態なのですから。

しかし、前述のルールの通り、「多く更新された方が勝つ」のです。クラスタ1のdoc-a（3）が勝者となり、クラスタ2のドキュメントはdoc-a（3）のデータで更新されます。

これは多くの方が期待される結果とは異なるものです。実際にユーザからのフィードバックが寄せられ、「最後に更新した方が勝つ」のルールとなる変更がロードマップ上に存在します。

現時点でのベストプラクティスは、それぞれのクラスタで扱うキー空間を分けることです。例えばドキュメントIDの先頭にクラスタの識別子を付けます。

また、通常双方向XDCRを行う場合、各クラスタにアクセスするWebアプリケーションサーバ群も、それぞれのデータセンタで稼働させます。そして、DNSによってエンドユーザからのアクセスを振り分けます。この振り分けルールにはユーザセッションを維持するスティッキーを利用します。

11-6
運用

11-6-1
バックアップ

　Couchbase Serverでは、データファイルのコピー、cbbackupツールの利用、XDCRの利用の3種類があります。

　データファイルのコピーはファイルシステムのスナップショットや、ファイルを別ディスクにコピーすることで行います。データファイルのコピーによるバックアップでは、同一構成のクラスタにしかリストアすることはできません。

　Couchbase Serverにはバックアップ用にcbbackupというツールが付属しています。これを利用すると、クラスタ全体かつ全バケットのバックアップ、バケット単位のバックアップ、ノード単位のバックアップを柔軟に取得することができます。また、バックアップ元とリストア先のクラスタの構成が異なる場合でも、リストアが可能です。cbbackupで取得したバックアップは、cbrestoreコマンドで復旧します。加えて、Couchbase Server 3.0から、cbbackupで差分バックアップが取得できるようになりました。差分バックアップを利用すれば、フルバックアップを毎週日曜の深夜に取得し、平日は直近のバックアップからの差分バックアップのみ取得する、という運用が可能です。バックアップ取得時間の短縮ができます。

　最後に、バックアップ用途のCouchbase Clusterを別にセットアップし、オリジナルのクラスタからバックアップ用クラスタにXDCRを設定することで、最も鮮度の高いバックアップを作成することもできます。

|11-6-2|
監視・稼働統計

　Couchbase Serverの監視、稼働統計情報の取得には3つの方法があります。

　一つ目は、管理画面の利用です。管理画面には、クラスタ全体のRAM、Disk容量、各バケットへの秒間アクセス、参照、更新の頻度や、ディスクキューに滞留しているアイテムの数など、きめ細かな統計情報をリアルタイムに監視できます。

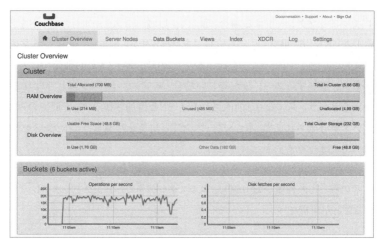

◈図11-8　管理画面

　二つ目は、付属のcbstatsコマンドです。管理画面に表示されている情報をコマンドラインから取得できます。

　そして、三つ目は、管理用REST APIの利用です。管理画面とcbstatsはどちらも、このREST APIを利用し各種統計情報を取得しています。

　サードパーティの監視、アラートシステムから、cbstats、管理用REST

APIを利用して統計情報を取得し、クラスタの運用監視を行うことができます。

11-6-3
バージョンアップ

Couchbase Serverでは定期的にバグフィックス版がリリースされます。運用中にシステムを停止せずにアップグレードを行う際にもリバランス機能が活躍します。

例えば、4ノードのクラスタ（ノード1、2、3、4）をバージョン4.0.0から4.1.0へアップグレードする場合、新しく4.1.0をインストールしたノードを2台（ノード5、6）用意し、ノード3、4をクラスタから削除、ノード5、6をクラスタに追加し、リバランスを行います。この時、クラスタから削除するノード数と、追加するノード数が等しい場合、スワップリバランスと呼ばれる特別なリバランスになり、削除されるノードと追加されるノード間でのみ、データが移動されます。ネットワーク、CPU負荷を軽減し、リバランスを短時間で完了できます。

その後、この作業を繰り返し、クラスタ全体をローリングアップグレードすることが可能です。

IaaSのクラウド環境で運用している場合、新規インスタンスを手軽に作成できますが、オンプレミスの環境では新規にサーバを調達するのが難しい場合もあります。その場合は、クラスタから1ノードを削除し、リバランスしてから、そのノードをアップグレードしてクラスタに戻すと同時に別のノードを削除してリバランス、という操作を繰り返すことも可能です。

11-7
セキュリティ

11-7-1
通信暗号化

　Couchbase Serverでは、各種ネットワーク経路で通信を暗号化することでセキュリティを高めることができます。

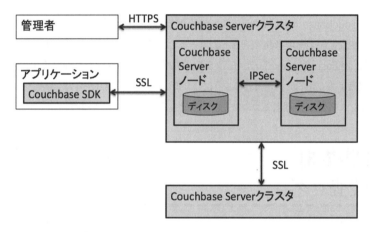

◎図11-9　通信経路暗号化

　管理者がWeb管理画面へアクセスする場合や、管理用REST APIへアクセスする場合、HTTPSを利用できます。Couchbase SDK経由でCouchbase Serverクラスタへデータアクセスを行う際には、通信をSSLにより暗号化できます。また、Couchbase Server間でXDCRを利用する場合、通信をSSLにより暗号化できます。

　通常、単一のCouchbase Serverクラスタは同一ネットワークセグメント

第11章 Couchbase

内にデプロイしますが、クラスタ内レプリケーションなど、同一クラスタ内のノード同士のデータ通信をする場合、IPSecの利用を推奨します。

Couchbase Serverでは保存したドキュメントやGSI、Viewインデックスなどを各ノード上のファイルシステムに保存します。これらのファイルを暗号化する必要がある場合、Vormetric[*3]などの透過的なファイルシステム暗号化ソリューションを利用します。

|11-7-2|
管理者ユーザ、LDAP連携

Couchbase Serverクラスタへの管理操作（バケットの作成、トポロジの変更など）は管理者権限を持ったユーザとしてアクセスする必要があります。Couchbase Server 3.0から、クラスタ情報の閲覧のみ可能な参照専用の管理者アカウントが利用できるようになりました。また、4.0からはLDAPと連携し、複数の管理者アカウントを管理できるようになっています。

|11-7-3|
監査ログ

Couchbase Server 4.0から、クラスタへの管理操作を監査ログとして出力可能になりました。先ほどのLDAP連携を利用して複数の管理者アカウントを利用することで、誰が、いつ、どのような操作を、どこから（リクエスト経路）実行したのかを監査ログに出力できます。監査ログはJSON形式で出力されます。

＊3　鍵管理、ファイルシステム暗号化などのセキュリティソリューションを提供 http://www.vormetric.com/

RDB技術者のためのNoSQLガイド

11-8
出来ないこと

　一つは、複数のキーにまたがったトランザクション管理ができないことです。Couchbase Serverでは、単一のキーに対する更新はアトミックに行われます。しかし、複数のキーを更新して、まとめてコミット、ロールバックを制御するトランザクションには対応していません。

　また、Couchbase Server側ではスキーマのチェックは一切行われません。Couchbase Serverへデータを保存するアプリケーション側に全てが委ねられることになります。データベースのスキーマを変更せずに新規項目やデータ種別を追加できる点は非常に魅力的ですが、アプリケーション側で正しくスキーマを管理することが必要になります。

　データを更新した際に、データベース側で処理を実行するトリガの機能もありません。これについては、データ更新発生イベントをDCP経由で受信する独自のコンシューマを実装する手段があります。しかし、DCPのコンシューマの実装は考慮すべき事項が山のようにあるので、Kafka[4]のコネクタを利用し、Couchbaseに対するデータの変更を一度Kafkaに流してから、Kafkaに接続するコンシューマを実装する方法をお勧めします。

＊4　Pub-Sub型分散メッセージングシステム http://kafka.apache.org/

第11章 Couchbase

11-9
主なバージョンと特徴

11-9-1
バージョンの振り方

- -

Couchbase Serverのバージョンは、メジャー、マイナー、パッチバージョンの3つの数字で構成されます。例えば、Couchbase Server 4.1.0であれば、メジャーバージョンが4、マイナーバージョンが1、パッチバージョンが0となります。

Couchbase Serverでは、メジャーバージョンを上げる場合であっても、基本的に無停止でのバージョンアップをサポートしています。ただし、2.xから4.xなど、メジャーバージョンをスキップするアップグレードはサポートされません。サポート対象のアップグレードパス[5]として、公式ドキュメントに記載されています。

無停止でのローリングアップグレードによりバージョンアップを行う場合、クラスタ内の全てのノードが新バージョンになると、新バージョンで追加された機能が有効になるように設計されています。

＊5　http://developer.couchbase.com/documentation/server/4.1/install/upgrading.html

340　RDB技術者のためのNoSQLガイド

|11-9-2|
主なバージョンとその機能

◆主なバージョンとその機能

バージョン	主な新機能
2.x	View（Map/Reduce）でJSONドキュメント内の任意の項目でクエリ、集計が可能になり、KVSからドキュメント型へと進化。
3.x	DCP（Database Change Protocol）が導入され、ViewやXDCRなど、コンポーネント間のデータ転送がメモリからメモリへとより効率的に行われるようになった。メモリ内に全てのメタデータを保持しないフルイジェクションモードが追加され、より大量のデータセットに対応。
4.x	SQLベースのN1QLによりJSONドキュメントがクエリ可能に。既存のデータサービスに加え、クエリサービス、インデックスサービスが追加された。

Couchbase社では、各バージョンのサポート終了時期をサポートポリシー[6]として公開しています。

11-10
国内のサポート体制

日本語での商用サポートを行っている代理店として、SCSK株式会社[7]があります。

＊6　http://www.couchbase.com/support-policy

＊7　https://www.scsk.jp/product/common/couchbase/

11-11
ライセンス体系

Couchbase社のプロダクトはオープンソースとしてApache License 2.0ライセンスを採用しています。ソースコードリポジトリやバグ管理システムにアクセスすることも可能です。Couchbase Server、各言語用SDK、Couchbaseモバイルなど、各プロダクトの情報へのリンクがまとまったページ[*8]があります。

オープンソースプロダクトとして、上記の情報を公開すると共に、Couchbase社ではソースコードをコンパイルして作成したバイナリのパッケージを提供しています。このバイナリのパッケージにはコミュニティ版と、エンタープライズ版の二つがあります。

エンタープライズ版では、Couchbase社による商用サポートを利用できます。また、一部のバグフィックスバージョンはエンタープライズ版のみでしかリリースされません。

加えて、セキュリティ関連の機能や、より耐障害性を高める機能など、エンタープライズ版でのみ利用可能な機能があります。詳細はダウンロードページ[*9]をご覧ください。

コミュニティ版は商用環境でも自由にお使いいただけますが、エンタープライズ版を商用環境で利用するためにはサブスクリプションを契約する必要があります。詳細は販売代理店にお問い合わせください。

---

*8 http://developer.couchbase.com/open-source-projects

*9 http://www.couchbase.com/nosql-databases/downloads

11-12
効果的な学習方法

Couchbase Serverは、パッケージをダウンロードしてインストールするだけで、難しい設定ファイルを変更したりせずとも、簡単に試すことができます。まずは実際に触ってみるのが一番でしょう。

初めてCouchbase Serverを使い始める際にはGetting Startedページ*10をご覧になることをお勧めします。内容は英語ですが、ダウンロードのリンク、サンプルアプリケーションの実行方法、各開発言語のコードスニペットやサンプルプロジェクトなどが一箇所にまとまっています。

公式ドキュメント*11には豊富な情報が記載されています。日本語のドキュメントも有志により順次翻訳されプレビュー版*12が公開されています。ドキュメントの翻訳に参加して、じっくり原文のドキュメントを読み込むのもお勧めの学習方法です。

Japan Couchbase Users Group*13による勉強会が隔月ペースで開催されています。Couchbaseユーザによる利用事例共有発表や、プロダクト最新情報の共有があります。

効率良く、体系的に学びたい方には、公式トレーニングをお勧めします。無料のオンライントレーニングコース*14ではビデオ（英語、順次日本語字幕追加中）によるレクチャーとサンプルアプリケーションの開発を通して学習できます。

＊10　http://www.couchbase.com/get-started-developing-nosql

＊11　http://developer.couchbase.com/guides-and-references

＊12　http://labs.couchbase.com/docs-ja

＊13　https://couchbasejpcommunity.doorkeeper.jp/

＊14　http://training.couchbase.com/online

第11章 Couchbase

11-13
その他

11-13-1
モバイルソリューション

本章では、バックエンドのドキュメントDBである、Couchbase Server
を主に解説してきました。ここで、Couchbaseの特徴であるモバイルへの
対応について少し触れておきましょう。

Couchbaseモバイルソリューションは、モバイルデバイス上で稼働
する軽量なNoSQLデータベースのCouchbase Liteと、バックエンドの
Couchbase Serverクラスタ間でデータの同期を行うSync Gatewayとい
う製品を組み合わせたソリューションです。

Couchbaseモバイルソリューションで解決できるユースケースには、以下
のようなものがあります。

❤ モバイルソリューションで解決するユースケース

機能	ユースケース
デバイス上のローカルデータベース、非同期にバックエンドシステムと同期	オフライン耐性を持ったモバイルアプリケーション、モバイルアプリケーションログデータの収集
チャネルを利用したSync Gatewayのドキュメントルーティング	エンドユーザが興味のあるチャネルに属するJSONドキュメントだけを、デバイスに送信
ユーザ認証、権限管理	チャネルにアクセスできるユーザを制限し、ユーザの所属グループごとに適切な情報を配信
JSONドキュメントへのバイナリデータ添付	スマートフォンの特性を活かし、写真やビデオ、音声をJSONドキュメントに添付して共有

344 RDB技術者のためのNoSQLガイド

| Couchbase Lite間のP2P通信 | デバイス間通信、IoT、エッジコンピューティング |

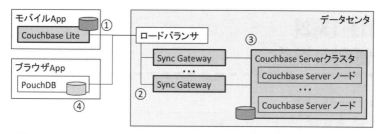

● 図11-10　Couchbaseモバイルソリューションを利用したシステムのデプロイ構成例

　Couchbase Liteは、iOS、Android、Linux、OS X、Windows、Microsoft.NET、PhoneGap、Xamarin、Unityといった、多彩なプラットフォームで稼働させることができます。スマートデバイス用のモバイルアプリケーションだけでなく、Raspberry Piなどのシングルボードコンピュータ上でも利用できます。

　Couchbase Liteを利用したアプリケーションでは、デバイス上のローカルデータベースに対してデータの入出力を行います。Couchbase Liteのデータ同期APIを実行するだけで、バックエンドのCouchbase Serverとデータが同期できます。同期にはサーバからダウンロードするPull型と、デバイスからサーバへ送信するPush型があります。また、継続的にバックグラウンドで同期を行うモードと、一度だけ同期を行って終了するモードがあります。

　ブラウザアプリケーションも含めてCouchbaseモバイルソリューションを利用する場合は、PouchDB[*15]を利用すると、Sync Gateway経由のデータ同期が可能です。

　様々なデバイス、クラウドやオンプレミスのバックエンドシステムでのデー

---

*15 JavaScript用データベース、Apache CouchDB、Couchbase社Sync Gatewayの同期プロトコルに対応 http://pouchdb.com/

第11章 Couchbase

タ同期モバイルエッジサイドでのデータ分析など、利用できるシーンは様々です。

|11-13-2|
便利な機能

◆ その他便利な機能

機能	説明	ユースケース
アトミックカウンタAPI	キーバリューのバリューにJSONではなく、整数値を保存し、アトミックに整数をインクリメント、デクリメントすることができる。	連番の生成や、Webページ閲覧数管理など。
期限付きドキュメント	ドキュメントを作成、更新する際に、ドキュメントの有効期限を指定することができる。有効期限を30分後とすると、30分後にそのドキュメントはCouchbase Serverのメモリからも、ディスクからも削除される。	セッション情報など、一定時間を過ぎると自動的に消えて欲しいデータに便利。
楽観ロックによるドキュメント更新	保存したドキュメントには、更新する度にサーバ側で変化するCAS値（Check And SetもしくはCompare And Swapの略）がある。クライアントアプリケーションからドキュメントの更新リクエストを実行する際に、データベースから取得した時点のCAS値を渡すことで、楽観ロックを行う。参照後に他のクライアントからすでに更新されている場合、サーバ側のCAS値が異なるため、更新をエラーにできる。	同一ドキュメントを複数クライアントから更新する際の排他制御。
地理空間View	GeoJSON形式のジオメトリ情報でドキュメントをインデクシングし、クエリできる。	JSONドキュメントに緯度経度を付与し、地図上で選択した範囲に存在するJSONドキュメントをクエリ。

Couchbase Hadoop コネクタ	RDBなどのデータベースからHDFSにデータを転送するApache Sqoop向けの、Couchbase Server用プラグイン。Couchbase Server上のデータをテキスト形式でHDFSにエクスポートしたり、HDFSからインポートする。	Hadoopクラスタ上で、他のデータソースを組み合わせたデータ分析を行う、またその分析結果をCouchbase Serverに保存し、オンラインアプリケーションから利用する。履歴データのエクスポート。
Spark コネクタ	ビッグデータ処理フレームワークのApache SparkでCouchbase Serverに保存されたデータを利用するためのコネクタ。Couchbaseからキー指定、Viewクエリ、N1QLを利用してデータを取得し、Sparkに渡して分析が可能。またSparkストリーミングや、Spark SQLにも対応する。Spark側での処理結果をCouchbase Serverに保存することもできる。	Hadoopでのバッチ的な大量の過去データ分析ではなく、よりリアルタイム性の高い分析。他システムのデータを組み合わせて分析。
Kafka コネクタ	Couchbase Server側で発生したJSONドキュメントの更新などのイベントを、高スループットのPub-Sub型分散メッセージングシステムのApache Kafkaに対してストリーム送信する。	Couchbase Serverに保存したデータを他システムにリアルタイムでストリーム配信する。JSONドキュメント更新時に条件により処理を実行するトリガ機能を実装する。
Elasticsearch/ Solrコネクタ	全文検索サーバソフトウェアのElasticsearch/Solrにプラグインを追加し、Couchbase ServerからXDCRでJSONドキュメントをレプリケートし、全文検索インデックスを作成する。	JSONドキュメント内項目値の完全一致、前方一致、部分一致だけでなく、文章内単語レベルの検索、活用形のゆらぎを吸収して検索するなどの全文検索。
ODBC/JDBC ドライバ	ドライバはSQLをN1QLに変換し、Couchbase Serverのデータをクエリする。	ODBC/JDBCドライバに対応する既存のBIツールやその他のRDB関連ツールからCouchbase ServerへSQLでアクセスする。

第11章 Couchbase

|11-13-3|
ロードマップ

　本書の執筆時点（2015/12/10）では、Couchbase Server 4.1.0 が最新バージョンとしてリリースされています。4.x はコードネーム「Sherlock」として開発が進められていました。目玉機能である N1QL は足掛け3年、膨大なエンジニアリングの努力が注がれてついに安定版として利用できるようになった NoSQL データベースのゲームチェンジャーとなる機能です。

　N1QL の登場でより扱いやすくなった Couchbase Server は、Sherlock に続き、「Watson」というコードネームで開発が進められています。現在、Watson でリリースが予定されている大きな新機能として、サブドキュメント API と、CBFT があります。

|11-13-3-1| JSONドキュメントの部分的なアクセス

　JSON ドキュメントを部分的に取得、更新するための API として、サブドキュメント API が開発中です。N1QL を利用すれば、部分的な取得、更新が可能ですが、N1QL の内部では JSON ドキュメント全体を Data サービスから取得し、JSON をパースしてから処理しています。

　これに対し、サブドキュメント API は Data サービスの Memcached プロトコルレベルで実装されています。

　このため、Data サービスと Query サービスやクライアントアプリケーション間のネットワークで必要なデータだけを転送すればよく、帯域利用を削減でき、より高性能に、よりドキュメント型データベースの特徴を活かしたアプリケーションの開発が可能になります。

|11-13-3-2| 全文検索

　現在、Couchbase Server に保存した JSON ドキュメントは N1QL や View で検索することができますが、文章中の単語レベルで検索するような全文検索機能が必要な場合、Elasticsearch や Solr など、外部の全文

検索エンジンが必要です。

Couchbase社では、CBFT（Couchbase Full Text search）として独自に全文検索エンジンの開発を進めており、Watsonのリリースでは、Couchbase Serverの一部として全文検索機能が組み込まれる予定です。

|11-13-4|
Couchbase Serverアーキテクチャ詳細

|11-13-4-1| Couchbase Serverノードの内部、RAMとディスク、DCP

11-4「性能拡張」では、クライアントアプリケーションとCouchbase Serverクラスタとのやりとりを説明しました。ここでは、Couchbase Serverノード単体として、内部で何が起こっているのかを解説します。

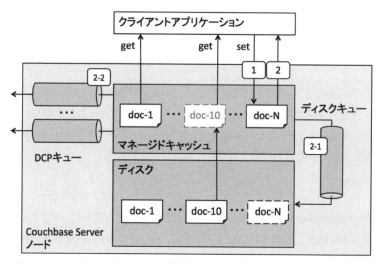

◎図11-11　Couchbase Serverノードの内部

図では、単一のCouchbase Serverノードを示しています。ノード上に

はバケット内のデータを保持するストレージとして、RAM上のマネージド
キャッシュ、永続化するためのディスクがあります。Couchbase Serverが
高速に動作するのはクライアントアプリケーションからのデータアクセスは
マネージドキャッシュ経由で行い、その他の処理は全て非同期で行ってい
るためです。

　例えば、クライアントアプリケーションからdoc-1をgetする際、マネージ
ドキャッシュ上にデータがあれば、それがそのまま返却されます。クラスタ
のトポロジを理解するスマートクライアントではそのキーを保持するノード
と直接やり取りをするため、1ミリ秒未満から数ミリ秒のレイテンシとなりま
す(ネットワークレイテンシに依存)。

　データを更新する場合、1. クライアントからsetリクエストが送信され、
マネージドキャッシュ上にdoc-Nのデータが保持されます。その直後、2.
クライアントには書き込み完了の通知が返されます。その後、2-1. ディス
クキューに更新が登録され、非同期にディスクへ書き込まれます。加えて、
2-2. DCPキュー(Detabase Change Protocol)にも更新情報が登録され、
他のノードへのレプリケーションや、GSI、Viewインデックスへの反映など
も非同期に行われます。

　Couchbase Serverはこのメモリセントリックで非同期でのコンポーネン
ト間連携を用いたアーキテクチャにより、高性能なアクセスを維持しなが
ら、N1QLやViewなどの柔軟なデータアクセス、レプリケーションや永続
化といった対障害性の向上を同時に実現しています。

　データをどんどん追加し、マネージドキャッシュに収まらなくなってくる
と、Couchbase Serverノードは自動的に、利用頻度の低いデータをキャッ
シュから除去します。図では、doc-10のように、ディスクには永続化されて
いるが、キャッシュには載っていない状態となります。このキーに対してク
ライアントがgetリクエストを送信すると、ディスク参照が必要となり、レイ
テンシが悪化します。

Couchbase Serverの運用で非常に重要なのは、アクセス要件に必要十分なマネージドキャッシュの領域と、ディスクI/Oが確保できているかという点です。幸いなことに、Couchbase Serverでは、ノードをクラスタに追加するだけで、クラスタ全体のキャッシュ容量、ディスクI/O、CPU性能をスケールアウトすることができます。

◉GSI、Viewインデックスの鮮度に関する注意点

Couchbase Serverに保存したデータは、マネージドキャッシュ上に格納された後、非同期にGSIやViewインデックスに反映されます。

データを保存した直後にN1QLやViewクエリを実行すると、まだインデックスに反映されていない場合があります。

直前のデータ更新をN1QLやＶｉｅｗクエリで確実に検索する（RYOW:Read Your Own Writeと呼ばれます）必要がある場合、クエリ実行時のオプションでインデックスの鮮度を指定します。

RYOWを実現するためにはそれぞれ、ViewクエリではStaleパラメータにfalseを、N1QLクエリではScanConsistencyにrequest_plusを指定します。

どちらも、インデックスが特定の状態まで最新化されていることを待ってからクエリを実行する仕組みです。

当然ながら、インデックスの鮮度と、クエリのパフォーマンスにはトレードオフが存在します。データ更新とクエリ実行の関係性を吟味し、現時点でのインデックスの状態（必ずしも最新の状態ではない）で問題がない場合は、インデックス更新を待たないようにしましょう。

現在の状態のインデックスを使う場合、N1QLではScanConsistencyにnot_bounded、ViewクエリではStaleパラメータにokを指定します。

基本的にはこれらを利用し、RYOWは必要な場合のみ利用することを推奨します。

11-13-4-2 3つのデータアクセスインターフェース、3種類のサービスコンポーネント

さて、これまでに、Couchbase Serverクラスタがどのようにデータを分散し、RAMやディスクを利用しているのかを解説してきました。これらの仕組みはCouchbase Serverのバージョン3系までで実装されたものになります。

これに加え、バージョン4.0からは新しくN1QLが利用できるようになり、N1QLクエリを受け付け、実行計画を立て、クエリを実行するN1QLクエリエンジンと、N1QLクエリ用のGSIが追加されました。バージョン4.0からは、これらの異なるプロセスを実行するコンポーネントの集合として、Dataサービス、Queryサービス、Indexサービスの3つのサービスが存在します。

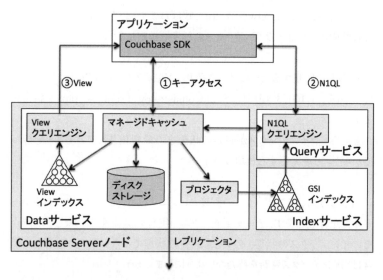

◎図11-12 データアクセスインターフェースとサービスコンポーネント

図で示すように、バージョン3までで利用可能であったキーアクセス、Viewクエリを実装しているコンポーネントはDataサービスと呼ばれます。N1QLを実行する部分はQueryサービス、GSIを管理する部分をIndexサービスと呼びます。Couchbase Serverをインストールすると、この3つ

11-13 その他

のサービスが全てインストールされます。

　アプリケーションから更新したドキュメントはDataサービスのマネージドキャッシュに保存され、その後、DCPを経由して非同期にDataサービス上のプロジェクタというプロセスに渡されます。ここでは、GSIインデックスの定義を参照し、インデックス対象の項目を含んでいれば、Indexサービスへと該当のデータを渡します。

　QueryサービスではN1QLクエリの内容を解析し、実行計画を立てます。GSIが利用できればGSIへ対象のキーをスキャンするためのリクエストを送信します。その後、キーを利用してDataサービスからJSONドキュメント本体を取得し、最終的なN1QLの実行結果を返します。

| 11-13-4-3 | 異なるワークロードを適切にスケールする多次元スケーリング

　Couchbase Server 4.0になってN1QLが利用可能となり、できることが増えました。その分、データベースとしての複雑度も増しています。Dataサービス、Queryサービス、Indexサービスと、3つのサービスに分けて管理するのには、異なるワークロードを適切にスケールできるようにする狙いがあります。

　各サービスの特徴をサーバリソースの利用の観点で比較してみましょう。

❤ 各サービスのサーバリソース利用傾向

サービス	CPU	メモリ	ディスク
Data サービス	キーアクセス、View アクセス、View インデックスのメンテナンスに加え、ディスク上のファイルコンパクション、各コンポーネントにデータを転送するためのDCPなど	マネージドキャッシュとして割り当てる領域、Viewを利用する場合はViewインデックスをキャッシュするためのOSレベルファイルキャッシュ	バケットに保存されたJSONドキュメントのデータを永続化する、Viewを利用している場合、Viewインデックスもディスク上にファイルとして保存される

RDB技術者のためのNoSQLガイド　**353**

第11章 Couchbase

Query サービス	N1QLクエリの構文解析、実行計画計算、実行結果の構築	ORDER BYやGROUP BYなど複数ドキュメントによる処理結果をバッファするための領域	ディスク上に保持するデータはない
Index サービス	GSIへの反映、GSIのスキャン	インデックスバッファキャッシュ	GSIのファイル、JSONドキュメントデータではなく、GSIで指定したインデックス対象の項目データが保持される

また、各サービスを分散性の観点から比較してみましょう。

❤ 各サービスの分散性

サービス	アクセスの分散
Dataサービス	各キーは自動的にvBucketを利用して分散、アクセスはvBucketを担当するサーバへ分散される、サーバの追加でリニアにスケール
Queryサービス	ステートレスなWebアプリケーションの性質を持つ、サーバの追加でリニアにスケール。アプリケーションからはQueryサービスを稼働させているノード間にラウンドロビンでリクエストが分散される
Indexサービス	分散しているデータを効率的にスキャンするため、一つのGSIはIndexサービスを稼働している一つのノード上で集約して管理される。クラスタ内に3つのIndexサービスノードが存在しても、GSIが一つしかない場合は、1台のIndexサービスノードのみを利用していることになる。複数のGSIを作成し、複数台のIndexサービスノードを活用する、もしくは同一のGSIを複数のノード上に作成することも可能

　要は、各サービスによって必要なサーバリソース、分散性が異なるということです。Couchbase Serverは全てのサービスをサーバ上で稼働することもできますが、さらに大規模なシステムでは、各サービスの特徴に合わせて、適切なスペック、台数のノードを利用し、個別のサービスをデプロイすることができます。これを「多次元スケーリング」と呼んでいます。

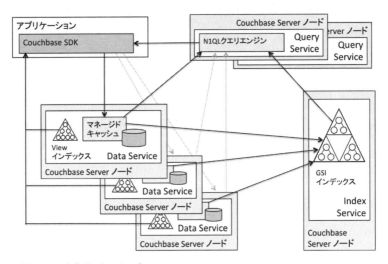

◎図11-13　多次元スケーリング

　上図は多次元スケーリングを利用し、各サーバノードに個別のサービスを稼働しているデプロイ構成を示しています。Dataサービスはコモディティなサーバインスタンスを並べてリニアにスケールさせます。JSONドキュメントのデータ、Viewインデックスを保持するので、ディスクにはSSDを利用できるとなお良いでしょう。

　一方、Query Serviceではディスクに保持するデータがないので、CPUとRAMをある程度積んだインスタンスを並べれば良いでしょう。

　Indexサービスは、分散しているデータを効率的に検索するのが目的です。このため、複数のDataサービスノードで管理されている全データのインデックスを保持できるハイスペックなサーバインスタンスが利用できると望ましいでしょう。

　IaaS型のクラウドプラットフォームと組み合わせれば、これらの要件に沿うインスタンスタイプを適切に選択し、より投資対効果の高いデプロイ構成を取ることが可能になります。

第 12 章

Microsoft Azure
DocumentDB

第12章 Microsoft Azure DocumentDB

12-1
概要

　最初にMicrosoft Azure（以下、Azure）の全体像を概観し、次にMicrosoft Azure DocumentDB（以下、DocumentDB）の概要を紹介します。また、DocumentDBを使ってみるための手順についても、簡単に紹介します。

12-1-1
Microsoft Azure

　Microsoft Azureは、マイクロソフトが提供するパブリッククラウドサービスです。Azureは2008年10月に発表され、プレビューを経て、2010年1月に正式にサービスの提供が開始されました。その後、現在にいたるまで、継続的に新機能の提供や機能拡張が続けられています。Azureには、グローバルでのサービス提供、IaaS*1とPaaS*2の両方をサポートする数多くの機能、信頼性やコンプライアンスといったエンタープライズのニーズへの対応、クラウドとオンプレミスを組み合わせたハイブリッドクラウドをサポートする機能群、Microsoftのテクノロジーのみならず様々なオープンソースソフトウェア（OSS）のサポートといった特徴があります。

　米国、ヨーロッパ（アイルランド、オランダ）、アジア（香港、シンガポール）、ブラジル、オーストラリア、インドなど、世界中の20以上のリージョンで、Azureのサービスを利用可能です（1つのリージョンには、複数のデータセンタが含まれています）。2014年2月には、東日本リージョン、西日本リージョンの提供を開始しています。これにより、アプリケーションやデータを国外に持ち出したくないといったセキュリティ／コンプライアンスの要件へ

＊1　Infrastructure as a Service

＊2　Platform as a Service

の対応、ネットワークの観点でユーザにより近い場所でアプリケーションを稼働することによるパフォーマンス向上、国内の2つのリージョンを活用した災害復旧（DR）のサポートが可能になりました。

　ここから、Azureの主な機能を簡単に紹介していきましょう。まず、Azureは、次のサービスに代表される、いわゆるIaaS機能をサポートしています。

- ●Azure Virtual Machines: Windows Server、Linuxの仮想マシン（VM）を実行できるサービス
- ●Azure Storage:「BLOB」（ファイルを格納するオブジェクトストレージ）、「テーブル」（キーバリューストア）、「キュー」（メッセージキューイング）、「ファイル」（SMBプロトコルを使うファイルストレージ）をサポートしている分散ストレージサービス
- ●Azure Virtual Network: VMなどを配置する仮想ネットワークを構成し、オプションでAzure側の仮想ネットワークをオンプレミスネットワークに接続できるサービス

　加えて、Azureは、幅広いPaaS機能も提供しています。たとえば、Web/モバイルアプリケーション開発者向けのサービスであるAzure App Serviceは、次の4つの機能を提供しています。

- ●Web Apps：Webアプリのホスティング
- ●Mobile Apps：スマートフォン/タブレット向けのアプリのクラウド側のバックエンド
- ●API Apps：Web APIのホスティング
- ●Logic Apps：SaaSやオンプレミスシステム間のビジネスプロセスの自動化

　Azureは、ここに挙げた機能以外にも様々な機能を提供しています[3]。

＊3　Azureのさらなる情報については、次の2つのWebサイトをご覧ください。http://azure.com/（http://azure.microsoft.com/ja-jp/ にリダイレクトされます）。http://www.microsoft.com/ja-jp/server-cloud/azure/

第12章 Microsoft Azure DocumentDB

|12-1-2|
Microsoft Azureのデータベース関連の
サービス

- -

　Azureでは、次のようなデータベース関連の幅広いサービスを提供しています。

- Azure SQL Database: SQL ServerベースのRDBのサービス
- Azure SQL Data Warehouse: SQL Serverベースのリレーショナルデータウェアハウスのサービス
- Azure Storage: キーバリューストアである「テーブル」をサポートしている分散ストレージサービス
- Azure DocumentDB: JSONドキュメントを格納するドキュメントデータベースのサービス
- Azure Redis Cache: インメモリ型のキーバリューストア/キャッシュであるRedisのサービス
- Azure HDInsight: ワイドカラムストアであるHBaseを含む、Hadoopサービス

　オペレーショナル データベース向けの4つのサービスを比較してみましょう。

360 RDB技術者のためのNoSQLガイド

⊘表12-1　データベース関連サービスの比較

カテゴリ	抽象化	最大 DBサイズ	クエリ言語
SQLDatabase	テーブル、行、列（カラム）	1テラバイト	SQL
DocumentDB	コレクション、ドキュメント	数百テラバイト	SQLのサブ セット/拡張
Storage （テーブル）	テーブル、パーティション、 エンティティ	500テラバイト	ODataクエリ のサブセット
HDInsight （HBase）	テーブル、行、カラム、セ ル、カラムファミリ	数百テラバイト	なし

カテゴリ	トランザクショ ンのサポート	セカンダリ イン デックス	ストアドプロ シージャ/ トリガ	料金体系
SQLDatabase	DB内の全テーブル	あり	T-SQLで作成	スループット 単位
DocumentDB	コレクション内の 全ドキュメント	あり	JavaScriptで 作成	スループット 単位
Storage （テーブル）	同一パーティ ション内の全エ ンティティ	なし	なし	ストレージ 容量
HDInsight （HBase）	同一行内の全セル	なし	Javaで 作成	ストレージ 容量/VM起 動時間

　本章では、Azure SQL Database、Azure Storage、Azure
HDInsightについては説明しません[4]。

＊4　詳細は、http://azure.com/ にアクセスして「ドキュメント」に進み、対象のサービスの
ドキュメントを確認してください。

12-1-3

Microsoft Azure DocumentDB

ここからは、Azureのドキュメントデータベースサービスである
DocumentDBについてさらに詳しく見ていきましょう。

DocumentDBの提供以前には、Azure上でドキュメントデータベース
を使いたいユーザは、IaaSのAzure Virtual Machinesを使い、ドキュ
メントデータベースのクラスタ環境(たとえば、Linux VMで動作する
MongoDBクラスタ)を自分で構築する必要がありました。さらに、VM上
で動作するデータベースの運用、管理、監視も自分で行う必要がありまし
た。そのため、Azureでドキュメントデータベースをフルマネージドのサー
ビスとして提供して欲しい、というリクエストが、マイクロソフト社内外の
Azureユーザから出ていました(Bing、MSN、Cortanaなどのマイクロ
ソフト自身のサービスも、内部でAzureを使っています)。また、既存のド
キュメントデータベースの多くは複雑なクエリやトランザクション処理に対
応しておらず、高度なデータ管理が困難でした。そこで、マイクロソフトは、
こういった機能を利用できるドキュメントデータベースサービスの開発を開
始しました。

2014年8月に、マイクロソフトはDocumentDBを発表し、
DocumentDBのパブリックプレビューの提供を開始しました。その後、継
続的に機能を拡張し、2015年4月には、DocumentDBが一般提供(GA)
となりました。 一般提供後も継続的に機能を拡張し、2015年12月には
東日本リージョン、西日本リージョンでのDocumentDBの提供が開始され
ました。これによって、日本国内のDocumentDBユーザが増えていくこと
でしょう。

DocumentDBは、Web/モバイルアプリケーション向けに設計された、
JSONドキュメントを格納できるスキーマレスのドキュメントデータベース
サービスです。DocumentDBはフルマネージドのサービスであるため、

ユーザがデータベース環境の構築や運用管理を行う必要はなく、必要に応じてデータベース環境を立ち上げ、不要になれば削除し、従量課金で使った分だけ料金を支払います。

DocumentDBでは、高速な読み取り/書き込みが可能で、必要に応じてデータベースを簡単にスケールアップ/ダウンできます。JSONドキュメントを格納するために、スキーマを定義する必要はありません。デフォルトでデータベース内のすべてのJSONドキュメントに対してインデックスが自動作成されるため、自分でインデックスを作成する必要もありません。DocumentDBは、SQL言語による複雑なクエリに対応し、4つの整合性（一貫性、Consistency）レベルをサポートしています。また、JavaScript言語を使ってストアドプロシージャ、トリガ、UDF（ユーザ定義関数）を作成でき、複数ドキュメントにわたるトランザクション処理を実現できます。

DocumentDBにアクセスする様々な方法が提供されています。データベースの作成、JSONドキュメントのCRUD操作やクエリといった、DocumentDBのあらゆる操作を行うREST APIが公開されています。さらに、このREST APIをラップする各種プログラミング言語向けのクライアントSDK、WebベースのAzureポータル、GUIツールがあるので、必要に応じてこれらのSDKやツールを活用できます。

- DocumentDB REST API: DocumentDBのあらゆる操作のためのREST API
- DocumentDBクライアントSDK（公式）: .NET、Java、Node.js、Python
- DocumentDBクライアントSDK（コミュニティ開発）: PHP、Ruby、Go
- Azureポータル: Webベースの管理コンソール
- Azure CLI: 動作するコマンドラインインターフェイス（Mac/Linux/Windows）
- Visual Studio: 統合開発環境（IDE）（Windows）
- DocumentDB Data Migration Tool: DocumentDBへのデータ移行

第12章 Microsoft Azure DocumentDB

を支援するGUIツール（Windows）
- Azure DocumentDB Studio（コミュニティ開発）：GUIツール（Windows）

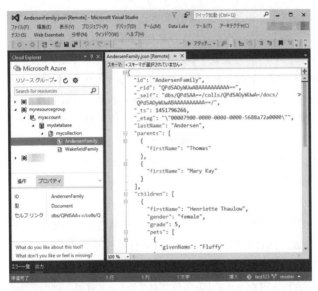

● 図12-1　Visual Studio

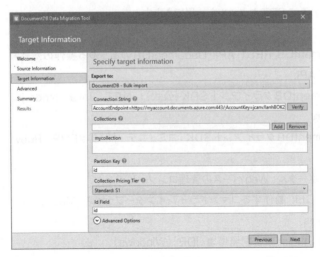

● 図12-2　DocumentDB Data Migration Tool

◎図12-3　Azure DocumentDB Studio

12-1-4
DocumentDBを使ってみよう

　DocumentDBは、Query Playground（クエリプレイグラウンド）[*5]というWebサイトを公開しています。ここでは、登録やログインを行うことなく、DocumentDBに格納されたサンプルのJSONドキュメントに対して様々なSQLクエリを発行し、その結果を確認できます。Query PlaygroundはDocumentDBサービス標準のUIではありませんが、DocumentDBに触れ、SQLクエリの主な機能を学ぶのに便利なWebサイトです。残念ながら、現時点ではUIの言語は英語のみです。

　また、自分でDocumentDBの環境を作成したい場合には、Azureサブスクリプションを持っている必要があります。Azureサブスクリプションは、管理者がAzure環境にアクセスする際の契約単位です。

＊5　http://www.documentdb.com/sql/demo

第12章 Microsoft Azure DocumentDB

　Azureサブスクリプションを持っていない場合は、`http://azure.com/`にアクセスして右上の「無料評価版」に進むと、1か月間で20,500円分の無料枠を持つAzureの無料評価版に登録できます。その際、すでにお持ちのMicrosoftアカウントでのログイン（または、Microsoftアカウントの新規作成）、電話による認証、クレジットカードの登録が必要となります。なお、無料枠を使い切った場合、Azureサブスクリプションが無効化されるだけで、自動的に課金が発生することはないので、ご安心ください。

　Azureサブスクリプションを作成したら、Azureポータルで、DocumentDBのデータベースアカウント、データベース、コレクション（詳細は後述）を作成できます。

◎図12-4　データベースアカウントの作成

　Azureポータルでは、作成済みのコレクションに対して次の3つのツールを利用することで、DocumentDBの主な機能をGUIで簡単に試すことができます。コレクションへのJSONドキュメントの新規作成、作成済みのJSONドキュメントの更新、作成済みのJSONドキュメントに対するSQLクエリの発行などを試してみましょう。

- ドキュメント エクスプローラー：コレクション内のドキュメントの CRUD 操作
- クエリ エクスプローラー：コレクションへの SQL クエリの発行
- スクリプト エクスプローラー：コレクション内のストアドプロシージャ、トリガ、UDF の作成、更新、削除

◎図12-5　ドキュメント エクスプローラー

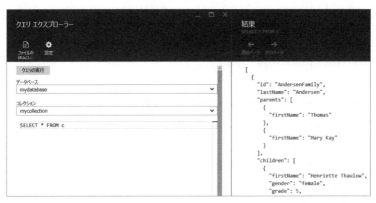

◎図12-6　クエリ エクスプローラー

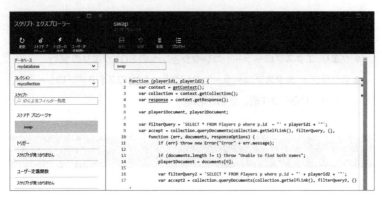

● 図12-7　スクリプト エクスプローラー

12-1-5
Azureの他の機能との連携

Azureには、DocumentDBと連携可能なさまざまなサービスがあります。DocumentDBと他のサービスを組み合わせることで、より付加価値の高い機能を簡単に実現できます。

- Azure Search: DocumentDBの全文検索
- Azure Data Factory: DocumentDBのバックアップ、外部とのデータ連携/統合
- Azure HDInsight: DocumentDBのデータに対するHiveやPigのジョブの実行
- Azure Stream Analytics: リアルタイムイベント処理の結果のDocumentDBへの出力
- Microsoft Power BI: DocumentDBのデータの可視化/分析

12-2 データモデル

ここでは、DocumentDBにおけるリソースの概念と、JSONドキュメントのデータモデルについて見ていきましょう。

12-2-1 リソースモデル

DocumentDBでは、リソースによってデータが管理されます。これらのリソースは、高可用性を確保するためにレプリケーションされ、論理URIによって一意にアドレス指定されます。DocumentDB のすべてのリソースには、HTTPベースのRESTfulなAPIを適用することができます。DocumentDBには、次の図にある10種類のリソースがあります。

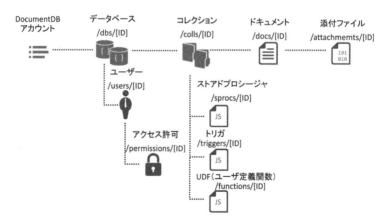

◎図12-8　DocumentDBのリソースモデル

Azureサブスクリプションには、複数のDocumentDBデータベースアカウントを作成できます。データベースアカウントは、DocumentDBにアク

第12章 Microsoft Azure DocumentDB

セスできる一意の名前空間です。データベースアカウントには、作成時に
指定する一意のデータベースアカウントIDを基に、ホスト名[**データベース
アカウントID**].documents.azure.com(たとえば、myaccount.
documents.azure.com)が割り当てられます。データベースアカウン
ト配下のすべてのリソースのURIでは、このホスト名が使われます。

　DocumentDBのデータベースアカウント配下にあるすべてのリソースは、
JSONドキュメントとして格納されています。データベースアカウントは、複
数のデータベースを持ちます。各データベースは複数のコレクションを持
ち、各コレクションは、ストアドプロシージャ、トリガ、UDF、ドキュメント、
ドキュメントに関連する添付ファイルを持ちます。また、データベースには
ユーザが関連付けられ、各ユーザには、他の様々なコレクション、ストアド
プロシージャ、トリガ、UDF、ドキュメント、添付ファイルにアクセスするた
めの一連のアクセス許可が関連付けられます。データベース、ユーザ、アク
セス許可、コレクションは、既知のスキーマを持ったシステム定義リソース
であり、ドキュメント、ストアドプロシージャ、トリガ、UDF、添付ファイル
は、ユーザが自由に定義できるJSONコンテンツです。

　ユーザ作成のJSONドキュメントを格納するには、データベースアカウン
ト、データベース、コレクションを順次作成し、そのコレクションにユーザ
作成のJSONドキュメントを格納します。

◎表12-2　DocumentDBのリソース

リソース	説明
データベースアカウント	データベースの論理コンテナ。
データベース	コレクションに分割されたドキュメントストレージの論理コンテナ。ユーザのコンテナ。
コレクション	課金対象のエンティティ。JSONドキュメント、関連するJavaScriptアプリケーションロジックが格納されます。
ドキュメント	ユーザ作成のJSONドキュメント。デフォルトでは、スキーマ定義やインデックス作成は不要。

370　RDB技術者のためのNoSQLガイド

12-2 データモデル

ユーザ	アクセス許可の範囲を決める論理名前空間。
アクセス許可	特定のリソースへのアクセスを許可するためにユーザに関連付けられる認可トークン。
ストアドプロシージャ	JavaScriptで記述されたアプリケーションロジック。コレクションに登録され、データベースエンジン内で実行されます。
トリガ	挿入、置換、削除の各操作の前後に実行される、JavaScriptで記述されたアプリケーションロジック。
UDF（ユーザ定義関数）	JavaScriptで記述されたアプリケーションロジック。DocumentDBクエリ言語を拡張できます。
添付ファイル	外部のBLOBやメディアに対する参照や関連するメタデータを含む特殊なドキュメント。

|12-2-2|
データモデル

　DocumentDBの「ドキュメント」リソースには、任意のJSON[6]ドキュメントを格納可能です。JSONでは、値のデータ型として次の4種類が定義されており、JSONをサポートしているDocumentDBでも、これらのデータ型がそのままサポートされています。さらに、GeoJSON[7]仕様に準拠した地理空間データもサポートされています。地理空間データを扱う具体例については、後述します。

- 文字列（Unicode文字）
- 数値（IEEE 754 倍精度）
- ブール値（true、false）
- null
- 地理空間（GeoJSON）

＊6　JSONについては、http://www.json.org/json-ja.html をご覧ください。

＊7　GeoJSON仕様については、http://geojson.org/ をご覧ください。

RDB技術者のためのNoSQLガイド 371

第12章 Microsoft Azure DocumentDB

　DocumentDBのすべてのリソースはJSON形式で管理されており、次の共通するプロパティを持ちます。リソースに対してシステムが生成するすべてのプロパティは、先頭にアンダースコア（_）が付きます。「ドキュメント」リソースでは、ユーザがJSONドキュメント内でidプロパティを指定しない場合、ドキュメントの一意のIDがシステムによって自動生成されます。

●表12-3　DocumentDBのプロパティ

プロパティ	ユーザ設定可能/ システム生成	目的
_rid	システム生成	リソースに対してシステムが生成する一意かつ階層型の識別子（リソースID）。
_etag	システム生成	楽観的同時実行制御に必要となる、リソースのETag。
_ts	システム生成	リソースの最終更新時のタイムスタンプ（1970年1月1日午前0時0分0秒（UNIXエポック）からの経過秒数である「UNIX時間」形式）。
_self	システム生成	リソースに対するアドレス指定可能な一意のURI。
id	ユーザ設定可能	リソースに対するユーザ定義の一意の名前（ID）。親リソースのコンテキストで一意となる最大256文字のユーザ定義の文字列。

　REST APIのリクエスト先のURLとして使われるリソースURIは、前述の階層型のリソースモデルと各リソースのリソースIDを基に構築されています。たとえば、ドキュメントのリソースURIは、次のような形式になります。

```
https://[データベースアカウントID].documents.azure.com/
dbs/[データベースのリソースID]/colls/[コレクションのリソースID]/
docs/[ドキュメントのリソースID]
```

　ドキュメントの_selfプロパティには、dbs/[データベースのリソースID]/colls/[コレクションのリソースID]/docs/[ドキュメントのリソースID]形

式の文字列が格納されており、これを使って容易にリソースURIを生成できます。ドキュメント以外のリソースでも同様です。

● 図12-9　Azure DocumentDB Studioで表示したドキュメントのプロパティ

このリソースIDベースのURIでは、システム生成のリソースIDが使われるため、可読性が低くなります。また、対象のリソースのリソースURIを取得するには、リソースを取得するクエリを実行してその_selfプロパティを読み取る必要があります。

そこで、2015年8月に、デフォルトのリソースIDベースのURIに加えて、IDベースのリソースURIのサポートが追加されました。IDベースのリソースURIは、次のような形式になります。各リソースのIDはユーザ設定可能なので、可読性の高い既知のIDを設定しておくことで、クエリを実行することなくリソースURIを構築可能になります。

```
https://[データベースアカウントID].documents.azure.com/
dbs/[データベースのID]/colls/[コレクションのID]/docs/[ドキュメントのID]
```

例:https://myaccount.documents.azure.com/dbs/mydatabase/colls/mycollection/docs/mydocument1

12-3
API

ここでは、API、SDK、クエリなどといった、開発者がDocumentDBにアクセスするための方法について、簡単に紹介していきます。

12-3-1
REST API

DocumentDBは、リモートのAzureリージョン上で稼働しているサービスです。ユーザから見ると、ホスト[**アカウントID**]**.documents.azure.com**上で稼働しているDocumentDBサーバが公開しているRESTfulなAPIに、リモートからHTTPSまたはTCPでアクセスするだけであり、DocumentDBの内部構成の詳細は隠蔽されています。DocumentDBの内部アーキテクチャについては、後述します。

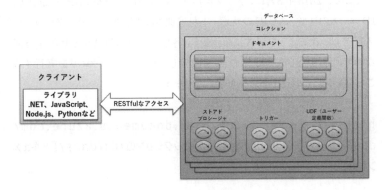

●図12-10 ユーザから見たDocumentDB

DocumentDBのリソースのREST APIは次のHTTPメソッドをサポートしています。これらのAPIを使うことで、特定のリソースに対するCRUD

操作が可能になります。

- POST: 新規リソースの作成（Create）
- GET: 既存リソースの読み取り（Read）
- PUT: 既存リソースの更新（Update）
- DELETE: 既存リソースの削除（Delete）
- HEAD: レスポンス ペイロードなしの GET（レスポンス ヘッダーのみの取得）

たとえば、JSONドキュメントを新規作成するには、次のURIに対してPOSTメソッドのリクエストを発行します。

```
https://[データベースアカウントID].documents.azure.com/
dbs/[データベースのリソースID]/colls/[コレクションのリソースID]/
docs
```

JSONドキュメントを新規作成するREST APIのリクエスト、レスポンスの例を次に示します。リクエストでは、POSTメソッドが使われており、ペイロードにJSONドキュメントが含まれています。レスポンスでは、HTTPステータスコード「HTTP/1.1 201 Created」によって、JSONドキュメントの新規作成に成功したことが分かります。レスポンスのペイロードとして返されるJSONドキュメントは、リクエストでPOSTしたJSONドキュメントに、_rid（リソースID）、_ts（タイムスタンプ）といった、システム生成のプロパティが追加されたものになっています。

リスト12-1　REST APIのリクエスト

```
POST https://myaccount.documents.azure.com/dbs/ehszAA==/colls/
ehszALxRRgA=/docs HTTP/1.1
x-ms-date: Mon, 18 Apr 2015 05:44:01 GMT
authorization: type%3dmaster%26JzdIpWJCeEmXPiFSGaoCuB3Lw%3d
x-ms-version: 2015-04-08
Host: myaccount.documents.azure.com
Content-Length: 311
Expect: 100-continue
```

第12章 Microsoft Azure DocumentDB

```
{
   "id":"Book2",
   "Title":"About Seattle",
   "Language":{
      "id":"English"
   },
   "Author":{
      "id":"Fred",
      "Location":{
         "City":"Seattle",
         "Country":"United States"
      }
   },
   "Synopsis":"Seattle, the largest city in...",
   "Pages":400,
   "Topics":[
      {
         "Title":"History of Seattle"
      },
      {
         "Title":"Places to see in in Seattle"
      }
   ]
}
```

●リスト12-2　REST APIのレスポンス

```
HTTP/1.1 201 Created
Transfer-Encoding: chunked
Content-Type: application/json
Server: Microsoft-HTTPAPI/2.0
x-ms-last-state-change-utc: Mon, 18 Apr 2015 04:46:59.610 GMT
etag: 00002500-0000-0000-0000-53f192a00000
x-ms-resource-quota: documentsSize=10475520;
x-ms-resource-usage: documentsSize=0;
x-ms-schemaversion: 1.1
x-ms-request-charge: 7.96
x-ms-indexing-directive: Default
x-ms-serviceversion: version=1.0.240.1
x-ms-activity-id: 0bbad043-533f-4be5-a811-f10d4849c3cf
x-ms-session-token: 20
x-ms-gatewayversion: version=1.0.240.1
Date: Mon, 18 Apr 2015 05:44:00 GMT
```

376 RDB技術者のためのNoSQLガイド

```
{
    "id":"Book2",
    "Title":"About Seattle",
    "Language":{
        "id":"English"
    },
    "Author":{
        "id":"Fred",
        "Location":{
            "City":"Seattle",
            "Country":"United States"
        }
    },
    "Synopsis":"Seattle, the largest city in...",
    "Pages":400,
    "Topics":[
        {
            "Title":"History of Seattle"
        },
        {
            "Title":"Places to see in in Seattle"
        }
    ],
    "_rid":"ehszALxRRgACAAAAAAAAAA==",
    "_ts":1408340640,
    "_self":"dbs\/ehszAA==\/colls\/ehszALxRRgA=\/",
    "_etag":"00002500-0000-0000-0000-53f192a00000",
    "_attachments":"attachments\/"
}
```

　PUTメソッドによるドキュメントの更新では、JSONドキュメント全体の更新が可能ですが、JSONドキュメントの一部分だけを更新することはできません。

　また、更新時には、標準のHTTPエンティティタグ（ETag）を使った、楽観的同時実行制御がサポートされています。クライアントがあるドキュメントを読み取り、その更新を行おうとした場合を考えてみましょう。読み取りと更新の間に別のクライアントが同じドキュメントを更新していた場合は、HTTP 412 Precondition failureで更新に失敗します。これによって、

第12章 Microsoft Azure DocumentDB

別のクライアントによる更新が上書きされて失われてしまう「Lost Update」を回避することができます。

ドキュメントの読み取りでは、既知のID、またはリソースIDを持つドキュメントを取得することしかできません。より複雑な検索を行うには、後述するSQLクエリを使う必要があります。

|12-3-2|
クライアント SDK

どんなプログラミング言語でも、REST APIを呼び出すクライアントコードを作成することはできるでしょう。ですが、冗長で退屈なREST APIを呼び出すクライアントコードを書く代わりに、REST APIをラップするクライアントライブラリがあれば、開発生産性は飛躍的に向上します。

DocumentDBは、.NET、Java、Node.js、Python向けに公式のクライアントSDKを提供しています。また、PHP、Ruby、Go向けのクライアントSDKが、コミュニティ主導で開発されています。

ここでは、Node.js SDKを使ったコードの例を見てみましょう。このコードでは、データベースアカウントのIDとキーを使ってDocumentClientを作成しています。それから、そのデータベースアカウントで、データベース、コレクション、ドキュメントを順次作成しています。クライアントライブラリ（documentdbモジュール）を使って、クライアントコードを簡単に作成できることが分かるでしょう。

378 RDB技術者のための NoSQL ガイド

12-3 API

◉リスト12-3 Node.jsのクライアントコード

```
var DocumentClient = require('documentdb').DocumentClient;

var host = "myaccount";
var masterKey = "[データベースアカウントのキー]";
var client = new DocumentClient(host, {masterKey: masterKey});

var databaseDefinition = { id: "mydatabase" };
var collectionDefinition = { id: "mycollection" };
var documentDefinition =
  { id: "hello world doc", content: "HelloWorld!" };

client.createDatabase(databaseDefinition, function(err, database){
    if(err)return console.log(err);

    client.createCollection(database._self, collectionDefinition,
        function(err, collection){
        if(err)return console.log(err);

        client.createDocument(collection._self, documentDefinition,
        function(err, document){
            if(err)return console.log(err);
        });
    });
});
```

|12-3-3|
インデックス

　前述の通り、CRUD操作の読み取りAPIでは、既知のID、またはリソースIDを持つドキュメントを取得することしかできません。より複雑な検索を行うには、SQLクエリを使う必要があります。ここでは、SQLクエリを紹介する前に、SQLクエリと関係の深いインデックスについて見ていきましょう。

　コレクションにドキュメントが追加されるたびに、DocumentDBはすべてのドキュメントプロパティにインデックスを自動作成します。この自動イ

RDB技術者のためのNoSQLガイド　379

第12章 Microsoft Azure DocumentDB

ンデックス作成によって、スキーマやセカンダリインデックスを気にせずに、格納されたあらゆるドキュメントを検索できます。

DocumentDBのインデックスは、JSONドキュメントのツリー表現を活用しています。JSONドキュメントのツリー表現では、ダミーのルートノードを作成し、その配下にドキュメントに含まれる実際のノードを配置します。例として、次の2つのJSONドキュメントを考えてみましょう。

●リスト12-4　JSONドキュメント1

```
{
    "locations": [
        { "country": "Germany", "city": "Berlin" },
        { "conutry": "France", "city": "Paris" }
    ],
    "headquarters": "Belgium",
    "exports": [
        { "city": "Moscow" },
        { "city": "Athens" }
    ]
}
```

●リスト12-5　JSONドキュメント2

```
{
    "locations": [
        { "country": "Germany", "city": "Bonn", "revenue": 200 }
    ],
    "headquarters": "Italy",
    "exports": [
        { "city": "Berlin", "dealers": [{ "name": "Hans" }] },
        { "city": "Athens" }
    ]
}
```

これらに対応するツリー構造を次に示します。

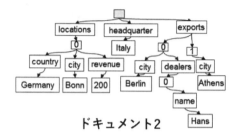

● 図12-11　JSONドキュメントのツリー構造

　JSONドキュメントの構成要素は、ツリー構造におけるパス表現に対応しています。たとえば、{"headquarters": "Belgium"}は、パス/headquarters/Belgiumに対応し、"exports"に対する配列[{ "city": "Moscow" }, { "city": "Athens" }]は、パス/exports/[]/city/Moscow、/exports/[]/city/Athensに対応します。

　インデックス自動作成によって、(開発者が特定のパスパターンを除外するインデックス作成ポリシーを明示的に設定していなければ)ドキュメントツリー内のすべてのパスにインデックスが作成されます。コレクションでドキュメントが更新されるたびに、インデックスも更新されます。パス表現によって、JSONドキュメントがフラットな構造であっても深くネストした構造であっても、インデックス管理のコストは変わりません。

　DocumentDBでは、コレクション内の各ドキュメントを表現するすべてのツリー構造の和集合で構成される、インデックスツリーを構築します。このインデックスツリーは、コレクションでのドキュメントの追加、更新、削

除に合わせてメンテナンスされ続けます。

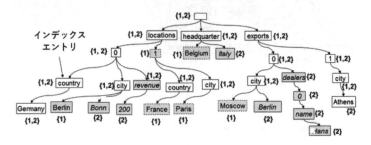

● 図12-12　インデックスツリー

　DocumentDBのクエリ言語では、コレクション内の一連のドキュメントに対してリレーショナル型のプロジェクションやフィルタが可能です。DocumentDBのクエリランタイムが、インデックスツリーを使ってこういったクエリを実現しています。

　デフォルトのインデックス作成ポリシーでは、全ドキュメントの全プロパティのインデックスが自動作成されます。コレクションのインデックス作成ポリシーをカスタマイズすることで、特定のプロパティをインデックス対象から外すことができます。たとえば、長い文字列が含まれるプロパティをインデックス対象から外すことで、インデックス容量を削減することができます。

　デフォルトのインデックス作成モードは「同期（Consistent）」です。この場合、ドキュメントの書き込み時にインデックスが同期的に更新されるため、整合性のあるクエリが可能です。インデックス作成ポリシーをカスタマイズすることで、「非同期（Lazy）」モード、「なし（None）」モードを使うことができます。「非同期（Lazy）」モードでは、ドキュメントの作成/更新時ではなく、コレクションの負荷が低くなった時点で、インデックスが更新されます。このモードは、大量のドキュメントをインポートする際のスループット向上に役立ちます。クエリを使わない場合は、「なし（None）」モードを使うことで、インデックスを削除できます。

DocumentDBのインデックスは、次の3種類のインデックスをサポートしています。デフォルトのインデックス作成モードでは、文字列に対してはハッシュインデックス、数値に対しては範囲インデックスを作成します。たとえば、文字列の範囲クエリやORDER BYクエリを行いたい場合には、インデックス作成モードをカスタマイズし、検索対象の文字列プロパティに対して範囲インデックスを指定できます。

- ●ハッシュインデックス: 文字列/数値データ型向け。等値クエリ、結合クエリをサポート
- ●範囲インデックス: 文字列/数値データ型向け。等値クエリ、範囲クエリ、ORDER BYクエリをサポート
- ●空間インデックス: 地理空間データ型向け。空間クエリをサポート

|12-3-4|
SQLクエリ (DocumentDB SQL)

それでは、DocumentDBのSQLクエリ言語を具体的に見てみましょう。

DocumentDBは、クエリ言語としてSQLベースの「DocumentDB SQL」をサポートしています。SQLは最も幅広く普及したクエリ言語の1つなので、マイクロソフトは、DocumentDB向けに新しいクエリ言語を開発するのではなく、SQLをサポートすることにしました。DocumentDB SQLは、JavaScriptプログラミングモデルに基づくクエリ言語であり、JavaScriptの型システム、式評価、関数呼び出しを基盤としています。これによって、リレーショナル型のプロジェクション、JSONドキュメント間の階層型ナビゲーション、自己結合、空間クエリ、JavaScriptで記述されたUDFの呼び出しなどに対して、自然なプログラミングモデルが提供されます。

SQLクエリの発行は、CRUD処理の実行と同様に、REST API、クラ

第12章 Microsoft Azure DocumentDB

イアントSDK、Azureポータルなどを使って簡単に行うことができます。

例として、次の2つのJSONドキュメントが格納されたコレクションを考えます。これらは、家族のドキュメントであり、両親、子供や子供のペット、住所、登録などのデータが含まれています。文字列、数値、ブール値、配列、ネストしたプロパティがあります。IDが"AndersenFamily"のドキュメントではfirstName/lastNameが使われていますが、IDが"WakefieldFamily"のドキュメントはでgivenName/familyNameが使われている点が異なります。また、前者には、地理空間データ型のlocationプロパティが含まれています。

❤リスト12-6　AndersenFamily

```
{
    "id": "AndersenFamily",
    "lastName": "Andersen",
    "parents": [
        { "firstName": "Thomas" },
        { "firstName": "Mary Kay" }
    ],
    "children": [{
        "firstName": "Henriette Thaulow",
        "gender": "female",
        "grade": 5,
        "pets": [ { "givenName": "Fluffy" }]
    }],
    "address": { "state":"WA", "county":"King", "city":"seattle" },
    "creationDate": "2015-01-03T12:00Z",
    "isRegistered": true,
    "location":{
        "type": "Point",
        "coordinates": [ 31.9, -4.8]
    }
}
```

❤リスト12-7　WakefieldFamily

```
{
    "id": "WakefieldFamily",
    "parents": [
```

```
      { "familyName": "Wakefield", "givenName":"Robin" },
      { "familyName": "Miller", "givenName":"Ben" }
  ],
  "children": [
      {
          "familyName": "Merriam",
          "givenName": "Jesse",
          "gender": "female",
          "grade": 1,
          "pets": [
              { "givenName": "Goofy" },
              { "givenName": "Shadow" }
          ]
      },
      {
          "familyName": "Miller",
          "givenName": "Lisa",
          "gender": "female",
          "grade": 8
      }
  ],
  "address": { "state":"NY", "county":"Manhattan", "city":"NY" },
  "creationDate": "2015-07-20T12:00Z",
  "isRegistered": false
}
```

　このコレクションに対してクエリを実行してみましょう。次のクエリを実行すると、IDが"AndersenFamily"に一致するドキュメントが返されます。SELECT * であるため、クエリの出力は元のJSONドキュメント全体になります。

◎リスト12-8　IDを指定したドキュメントの検索

```
SELECT *
FROM Families f
WHERE f.id = "AndersenFamily"

[{
    "id": "AndersenFamily",
    .....
}]
```

第12章 Microsoft Azure DocumentDB

　次のクエリは、WHERE句を持たないため、コレクションの全件検索になります。TOP演算子で、クエリ結果の件数を最初の1件に制限しています。なお、後述するORDER BY句を持たないクエリでは結果の順序が不定のため、TOP演算子は常にORDER BY句と併用することが推奨されています。

❷ リスト12-9　TOP

```
SELECT TOP 1 *
FROM Families f

[{
    "id": "AndersenFamily",
    .....
}]
```

　次のクエリでは、SELECT句では、新しいJSONドキュメントの構造を生成しています。

　RDB向けのSQLは行と列を処理しますが、DocumentDB SQLはツリー構造のドキュメントを処理します。RDB向けのSQLでは [テーブル].[カラム]形式でカラムを指定しますが、DocumentDB SQLでは、[property1].[property2].[property3]のような形式でツリー構造内のネストしたプロパティを指定します。

❷ リスト12-10　JSONの生成

```
SELECT {"Name":f.id, "City":f.address.city} AS Family
FROM Families f
WHERE f.address.city = f.address.state

[{
    "Family": {
        "Name": "WakefieldFamily",
        "City": "NY"
    }
}]
```

次のクエリでは、ORDER BY句を使って、都市名の順でソートしています。なお、文字列に対してORDER BYを行うには、デフォルトのインデックス作成ポリシーをカスタマイズする必要があります。

◎リスト12-11　ORDER BY

```
SELECT f.id, f.address.city
FROM Families f
ORDER BY f.address.city

[{
    "id": "WakefieldFamily",
    "city": "NY"
},
{
    "id": "AndersenFamily",
    "city": "seattle"
}]
```

　RDBでは、正規化された2つのテーブル間で外部キーによる参照整合性制約が定義されている場合に、それら2つのテーブルを結合（JOIN）することが多々あります。DocumentDBでは、データモデルを正規化せず、単一ドキュメントに関連する複数のエンティティがあることが少なくありません、今回の例では、家族と親、家族と子供、子供とペット、家族と住所という、エンティティ間の関連が正規化されずに単一ドキュメント内に存在しています。

　次のクエリでは、JOIN句を使って、単一ドキュメント内でのクロス結合を行い、ペットと、そのペットを飼っている子供、その子供が属する家族の名前を取得しています。

　なお、コレクション内で、異なるドキュメント間での参照整合性制約の定義や、異なるドキュメント間の結合はサポートされていないので、アプリケーション側で対処する必要があります。

第12章 Microsoft Azure DocumentDB

●リスト12-12　JOIN

```
SELECT
    f.id AS familyName,
    c.givenName AS childGivenName,
    c.firstName AS childFirstName,
    p.givenName AS petName
FROM Families f
JOIN c IN f.children
JOIN p IN c.pets

[{
    "familyName": "AndersenFamily",
    "childFirstName": "Henriette Thaulow",
    "petName": "Fluffy"
},
{
    "familyName": "WakefieldFamily",
    "childGivenName": "Jesse",
    "petName": "Goofy"
},
{
    "familyName": "WakefieldFamily",
    "childGivenName": "Jesse",
    "petName": "Shadow"
}]
```

　DocumentDB SQLは、クエリ内で使用できる組み込み関数をサポートしています。

- ●数学関数: ABS、CEILING、EXP、FLOOR、LOG、LOG10、POWER、ROUND、SIGN、SQRT、SQUARE、TRUNC、ACOS、ASIN、ATAN、ATN2、COS、COT、DEGREES、PI、RADIANS、SIN、TAN
- ●型チェック関数: IS_ARRAY、IS_BOOL、IS_NULL、IS_NUMBER、IS_OBJECT、IS_STRING、IS_DEFINED、IS_PRIMITIVE
- ●文字列関数: CONCAT、CONTAINS、ENDSWITH、INDEX_OF、LEFT、LENGTH、LOWER、LTRIM、REPLACE、REPLICATE、REVERSE、RIGHT、RTRIM、STARTSWITH、SUBSTRING、

UPPER
- 配列関数: ARRAY_CONCAT、ARRAY_CONTAINS、ARRAY_LENGTH、ARRAY_SLICE
- 空間関数: ST_DISTANCE、ST_WITHIN、ST_ISVALID、ST_ISVALIDDETAILED

　空間関数の例を見てみましょう。IDが"AndersenFamily"のドキュメントには、GeoJSON仕様に準拠した、特定の地点を表すPoint型のデータが含まれています。次のクエリは、ある緯度／経度の地点から30km以内かどうかを調べるために、空間関数の1つであるST_DISTANCE関数を使っています。なお、空間関数を使うには、デフォルトのインデックス作成ポリシーをカスタマイズする必要があります。

◉リスト12-13　空間関数

```
SELECT f.id
FROM Families f
WHERE ST_DISTANCE(f.location,
    { "type": "Point", "coordinates": [32.0, -4.7] })< 30000

[{
    "id": "AndersenFamily"
}]
```

|12-3-5|
ストアドプロシージャ、トリガ、UDF（ユーザ定義関数）、トランザクション

　ここまで紹介してきたリソースのCRUD操作やSQLクエリは、DocumentDB外部のクライアントからリクエストされるものでした。この場合、ドキュメントに対するCRUD操作やSQLクエリ以外のアプリケーションロジックは、クライアント側で動作することになります。

　これに加えて、JavaScriptサーバAPIを使うストアドプロシージャ、ト

第12章 Microsoft Azure DocumentDB

リガ、UDF（ユーザ定義関数）を作成することができます。 開発者は、
JavaScriptでアプリケーションロジックが含まれたストアドプロシージャ、
トリガ、UDFを作成し、それらをサーバ側のDocumentDBのコレクショ
ンに配置できます。

　DocumentDBでは、JavaScriptはデータベースと同じメモリ空間で
ホストされています。ストアドプロシージャやトリガで発生したリクエスト
は、データベースセッションと同じスコープで実行されます。そのため、
DocumentDBでは、単一のストアドプロシージャやトリガ内で実行される
データベース操作がアトミックトランザクションであることが保証されてい
ます。アプリケーションは、関連する複数の操作（例えば、2つの異なるド
キュメントの更新）を1つのストアドプロシージャに結合することで、すべて
が成功するかすべてが失敗するかのどちらかになることを保証できます。
例外が発生することなくJavaScriptが完了すると、データベースに対する
操作がコミットされ、例外が発生した場合は、トランザクション全体がロー
ルバックされます。

　次のコードは、JavaScriptで書かれたストアドプロシージャです。このス
トアドプロシージャは、2つのプレーヤー IDを受け取り、プレーヤーのド
キュメントが格納されているコレクションで、SQLクエリを使って2つのプ
レーヤーのドキュメントを検索します。2つのドキュメントが存在していた
ら、swapItems関数を使って、その2つのドキュメントを入れ替えます。こ
のストアドプロシージャの結果は、2つのドキュメントが正常に入れ替わる
か、エラーとなり何の変更も行われないかのいずれかになります。

❤リスト12-14　ストアドプロシージャにおけるアトミックトランザクション

```
function(playerId1, playerId2){
  var context = getContext();
  var collection = context.getCollection();
  var response = context.getResponse();
  var player1Document, player2Document;
  var filterQuery =
    'SELECT * FROM Players p where p.id = "' + playerId1 + '"';
  var accept = collection.queryDocuments(
```

390　RDB技術者のための NoSQL ガイド

```
    collection.getSelfLink(),filterQuery, {},
    function(err, documents, responseOptions){
      if(err)throw new Error("Error" + err.message);

      if(documents.length != 1)throw "Unable to find both names";
      player1Document = documents[0];

      var filterQuery2 =
        'SELECT * FROM Players p where p.id = "' + playerId2 + '"';
      var accept2 = collection.queryDocuments(
        collection.getSelfLink(), filterQuery2, {},
        function(err2, documents2, responseOptions2){
          if(err2)throw new Error("Error" + err2.message);
            if(documents2.length != 1)throw "Unable to findboth names";
            player2Document = documents2[0];
            swapItems(player1Document, player2Document);
            return;
          });
        if(!accept2)throw "Unable to read player details, abort ";
      });
    if(!accept)throw "Unable to read player details, abort ";
    function swapItems(player1, player2){
      var player1ItemSave = player1.item;
      player1.item = player2.item;
      player2.item = player1ItemSave;
      var accept = collection.replaceDocument(player1._self, player1,
        function(err, docReplaced){
          if(err)throw "Unable to update player 1, abort ";
          var accept2 = collection.replaceDocument(player2._self,
            player2,
            function(err2, docReplaced2){
              if(err)throw "Unable to update player 2, abort"
            });
          if(!accept2)throw "Unable to update player 2, abort";
        });
      if(!accept)throw "Unable to update player 1, abort";
  }
}
```

　トリガは、ドキュメントの作成時、更新時、削除時、またはそれらの処
理すべてのタイミングで、処理実行前に実行されるプリトリガ、または処理
実行後に実行されるポストトリガとして指定できます。プリトリガ、ポストト

第12章 Microsoft Azure DocumentDB

リガは、それぞれ処理のリクエスト、レスポンスにアクセスでき、必要であれば更新することも可能です。トリガは、関連する作成／更新／削除処理と同じトランザクション内で実行されます。

次のコードは、JavaScriptで書かれたトリガです。これは、ドキュメント作成前に実行されるプリトリガを想定して書かれており、作成されるドキュメントに"timestamp"プロパティがあるかどうか検証し、ない場合にはそれを追加する処理が実装されています。作成／更新前のプリトリガとして、入力ドキュメントの構造を検証し、必要とされる構造を持っていない場合にエラーを返すようにすることで、バリデーション（検証）処理を実装することができます。

●リスト12-15　トリガ

```javascript
function validate(){
    var context = getContext();
    var request = context.getRequest();

    var documentToCreate = request.getBody();

    if(!("timestamp" in documentToCreate)){
        var ts = new Date();
        documentToCreate["timestamp"] = ts.getTime();
    }

    request.setBody(documentToCreate);
}
```

UDF（ユーザ定義関数）は、DocumentDB SQLのクエリから、組み込み関数と同じように呼び出すことができるカスタム作成の関数です。

次のコードは、JavaScriptで書かれたUDFです。このUDFは、所得の税率に基づいて所得税を計算します。SQLクエリでは、このUDFを使って税金が$20,000を超える納税者を検索しています。

392　**RDB技術者のためのNoSQLガイド**

●リスト12-16 UDF

```
function tax(income){
    if(income == undefined)
        throw 'no input';

    if(income < 1000)
        return income * 0.1;
    else if(income < 10000)
        return income * 0.2;
    else
        return income * 0.4;
}
```

●リスト12-17 UDFを使うSQL

```
SELECT * FROM TaxPayers t WHERE udf.tax(t.income)> 20000';
```

　ストアドプロシージャ、トリガ、UDFの作成/更新/削除や、ストアドプロシージャの実行は、REST APIやクライアントSDK、Azureポータルなどを使って行うことができます。

12-3-6
文字列の検索

　DocumentDB SQLでは、組み込みの文字列関数であるCONTAINS、STARTSWITH、ENDSWITHなどを使って、SQLクエリで基本的な文字列の検索を行うことができます。

　また、JavaScriptの正規表現を使ったUDFを作成することで、SQLクエリで正規表現を使った検索を行うこともできます。

　DocumentDB単体は全文検索を行うことができませんが、Azureが提供する検索サービスであるAzure SearchをDocumentDBと組み合わせることで、この問題を解決することができます。

　Azure Searchは、外部データソース向けのインデクサーと呼ばれる機

能を持っています。インデクサーは、外部データソース内の検索対象データを基に、Azure Search側に検索インデックスを作成し、定期的に、またはオンデマンドで、データソースの変更とインデックスを同期します。

Azure Searchは、DocumentDB向けのインデクサーを提供しています。これを使うことで、たとえば、アプリケーションがAzure Searchに全文検索をリクエストし、その検索結果から、DocumentDB内のドキュメントを取得することができます。

12-4
高可用

12-4-1
高可用性のためのアーキテクチャ

ここでは、DocumentDBの内部アーキテクチャについて、簡単に紹介します。

マイクロソフトは、コスト効率を高めるために、多数のユーザのデータベースをマルチテナント型で運用する必要があります。ですので、多数のマシンで構成されるクラスタ内で、多数の分散ドキュメントデータベースを高い可用性、信頼性で運用し続けなければなりません。

それを実現するために、DocumentDBは、スケーラブルで信頼性の高い分散システムのためのプラットフォームであるAzure Service Fabric[8]の上に構築されています。

DocumentDBのクラスタは、特定のAzureリージョン（データセンタ）

---

[8] Azure Service Fabricについては、ドキュメントをご覧ください（https://azure.microsoft.com/ja-jp/documentation/services/service-fabric/）。

に配置されています。クラスタには、多数のマシン（バックエンドノード）が含まれています。各マシンでは、複数のDocumentDBプロセスやロードバランサーが稼働しています。DocumentDBプロセスは、複数のレプリカを持っています。各レプリカは、DocumentDBのデータベースエンジンを持っており、データベースエンジンには、JavaScriptランタイム、クエリエンジン、インデックスマネージャなどが含まれています。

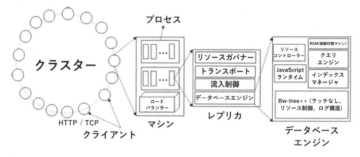

● 図12-13　DocumentDBのアーキテクチャ

　DocumentDBのコレクションは、常に1つのプライマリレプリカと、2つ以上のセカンダリレプリカを持っています。書き込みは常にプライマリレプリカで行われます。後述する設定可能な整合性レベルに従って、書き込みは同期または非同期で、プライマリレプリカからセカンダリレプリカにレプリケーションされます。DocumentDBプロセス内のレプリカは、コレクションが持つプライマリまたはセカンダリのレプリカに相当します。

　1つのコレクションに属する1つのプライマリレプリカ、複数のセカンダリレプリカは、マシンレベルの障害、ラック全体の障害に対応するために、Azure Service Fabricによって、常に異なるマシン、異なるラックに配置されます。すべてのレプリカは死活監視されており、セカンダリレプリカに障害が発生した場合は、新たに正常なセカンダリレプリカが追加されます。プライマリレプリカに障害が発生した場合は、セカンダリレプリカの1つがプライマリレプリカに昇格し、新たに正常なセカンダリレプリカが追加されます（フェイルオーバ）。これによって、1つのプライマリレプリカ、複数のセカンダリレプリカという構成が維持され続けます。

12-4-2
整合性レベルとレプリケーション

　ここでは、DocumentDBの整合性（一貫性、Consistency）について見ていきましょう。

　一般には、RDBはACID特性を備えた強い整合性を提供し、NoSQLはBASE特性を備えた結果整合性を提供すると言われています。DocumentDBでは、強い整合性から結果整合性まで異なる4種類の整合性レベルを提供しています。これらの整合性レベルには、整合性、可用性、パフォーマンスのトレードオフがあるため、自分のシステムの要件に合った整合性レベルを選択することができます。

　DocumentDBのリソースのうち、システムリソース（データベースアカウント、データベース、コレクション、ユーザ、アクセス許可）では、常に読み取りとクエリに関して強い整合性が確保されており、それ以外の整合性レベルを選ぶことはできません。一方、ユーザ定義リソース（ドキュメント、添付ファイル、ストアドプロシージャ、トリガ、UDF）では、読み取りとクエリと操作に関して、次の4種類の整合性レベルがサポートされています。

- Strong（強い整合性）
- Bounded Staleness（Bounded Staleness整合性）
- Session（セッション整合性）
- Eventual（結果整合性）

　データベースアカウントに対して整合性レベルを設定できます（デフォルトはセッション整合性）。この設定は、データベースアカウント配下の全コレクションに適用されます。ユーザ定義リソースに対して発行されたすべての読み取りとクエリに、データベースアカウントに指定されたデフォルトの整合性レベルが使用されます。REST APIの x-ms-consistency-level リクエストヘッダーを指定すれば、特定の読み取り/クエリの整合性レベルを下げることもできます。

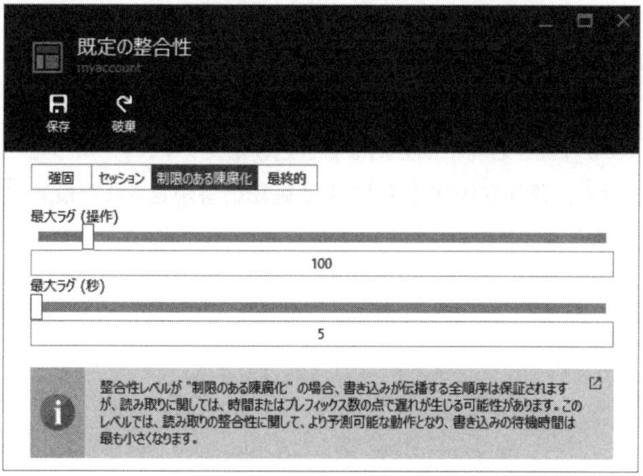

◎ 図12-14　Azure ポータルでの整合性レベルの設定

　次の表は、4つの整合性レベルの特性をまとめたものです。整合性、パフォーマンス、可用性の評価は、値が大きい方が優れていることを示しています。

◎ 表12-4　整合性レベルの特性

整合性レベル	レプリケーション	読み取り	書き込み	整合性	パフォーマンス	可用性
Strong	同期	クォーラム	クォーラム	3	1	1
Bounded Staleness	非同期	クォーラム	クォーラム	2.5	2	1
Session	非同期	最近のバージョンを持つ任意のレプリカ	クォーラム	2	2	2
Eventual	非同期	任意のレプリカ	クォーラム	1	3	3

　Strong（強い整合性）レベルでは、レプリカのマジョリティクォーラムによって過半数のレプリカでコミットされてから、書き込み結果が見える状態になることが保証されています。書き込みはプライマリレプリカで行われ、

RDB技術者のための NoSQL ガイド　397

プライマリレプリカと複数のセカンダリレプリカのマジョリティクォーラムによって同期的にかつ永続的にコミットされるか、または中止されるか、のどちらかです。読み取りは、常にマジョリティクォーラムによって確認応答されます。未コミットの書き込みや部分的な書き込みがクライアントから見えることはありません。読み取りの内容は常に、確認応答が返された最新の書き込み結果であることが保証されています。

　強い整合性では、データの整合性に関して強力な保証が得られますが、読み取りと書き込みのパフォーマンスは最も低くなります。

　Bounded Stalenesss整合性レベルでは、安定状態での待機時間と整合性のトレードオフのために、読み取りに対する操作数と秒数に関して許容可能な最大の遅延を設定します。

　書き込みがレプリケーションされるグローバルな順序は保証されています。読み取りに関しては、書き込みよりも最大で指定された操作数、秒数までの遅れが生じる可能性があります。読み取りに関しては常に、レプリカのマジョリティクォーラムから確認応答が返されます。読み取りリクエストに対するレスポンスに、操作数の観点での相対的な鮮度が記述されます。「Bounded Staleness」(制限のある陳腐化)とは、最新でないデータを読み取る可能性があるが、その古さは操作数、秒数の観点で制限されている、という意味です。

　Bounded Staleness整合性レベルでは、読み取りの整合性に関してより予測可能となり、書き込みのレイテンシは最も小さくなります。読み取りは、マジョリティクォーラムからの確認応答を伴うため、読み取りのレイテンシは最短にはなりません。Bounded Staleness整合性レベルは、強い整合性レベルが実用的ではない場合の選択肢です。Bounded Staleness整合性レベルでは書き込みのトータルなグローバル順序は維持されるため、セッション整合性レベルや結果整合性レベルよりも強力な保証が得られます。

　Bounded Staleness整合性レベルは、読み取りリクエストの(あるデー

タに対する読み取りの後、同じデータに対する後続の読み取りは、最初の読み取りと同じ結果かより新しい結果を返す）「モノトニックな読み取り」（Monotonic Reads）を保証します。

セッション整合性レベルでは、強い整合性レベルやBounded Staleness整合性レベルにおけるグローバルな整合性モデルとは異なり、特定のクライアントセッションに対して適用されます。次の3つが保証されているため、通常の要件であればセッション整合性レベルで満たすことができます。セッション整合性の読み取りは、クライアントが要求しているバージョンを返すことができるレプリカに対して発行されます。

- 「モノトニックな読み取り」（Monotonic Reads）：あるデータに対する読み取りの後、同じデータに対する後続の読み取りは、最初の読み取りと同じ結果かより新しい結果を返す
- 「モノトニックな書き込み」（Monotonic Writes）：あるプロセスによるあるデータへの書き込みが、同じプロセスによる同じデータへの後続の書き込みの前に完了する
- 「自己の書き込みの読み取り」（Read-Your-Writes）：あるプロセスによるあるデータへの書き込みが、同じプロセスによる同じデータへの後続の読み取りで見える）

セッション整合性レベルによって、セッションにおける読み取りデータの整合性に関して予測可能となり、書き込みのレイテンシは最も短くなります。通常は読み取りのレイテンシも短くなります。読み取りは、単一のレプリカから返されます。

結果整合性レベルは、最も弱い整合性レベルであり、クライアントは、過去に見た値よりも古い値を取得する可能性があります。長期間書き込みがなければ、グループ内のレプリカは最終的に収束します。読み取りは、任意のセカンダリによって処理されます。結果整合性は、読み取りの整合性については最も弱いですが、読み取りや書き込みのレイテンシは最短になります。

第12章 Microsoft Azure DocumentDB

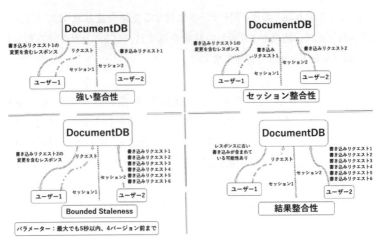

● 図12-15 4つの整合性レベル

　ここでは、SQLクエリの整合性について考えてみましょう。デフォルトのインデックス作成モードは同期（Consistent）であり、コレクションに対するドキュメントの挿入、更新、削除のたびに、インデックスが同期的に更新されます。この場合、ユーザ定義リソースに関するクエリの整合性レベルは、読み取りの場合と同じです。デフォルトでは、これにより、クエリには、ドキュメントの読み取りと同じ整合性レベルが保証されます。

　特定のコレクションのインデックスが遅れて更新されるように構成することもできます。書き込みのパフォーマンスを高めるために、インデックス作成モードを非同期（Lazy）に設定すると、インデックスの作成が非同期となるため、インデックスを使うクエリは、結果整合性となります。

　次の表は、読み取りの整合性レベルとインデックス作成モードの組合せに対して、クエリの整合性レベルがどうなるかを示しています。

12-4 高可用

◉ 表12-5　クエリの整合性レベル

読み取りの 整合性レベル	同期（Consistent） モード	非同期（Lazy） モード
Strong	Strong	Eventual
Bounded Staleness	Bounded Staleness	Eventual
Session	Session	Eventual
Eventual	Eventual	Eventual

|12-4-3|
クライアントからの接続

DocumentDBに接続するクライアントに対して、次の2つの接続モードが提供されています。

◉ 表12-6　接続モード

接続モード	プロトコル	アプリケーションの 挙動	クライアント/SDK
ゲートウェイ	HTTPS	論理URIを使ってゲートウェイノードに接続	REST API、.NET、Node.js、Java、Python、JavaScript
直接接続	HTTPS、TCP	クライアント側でルーティングを行い、レプリカに直接接続	.NET

DocumentDBのクラスタには、レプリカがあるバックエンドノードに加えて、クライアント接続の仲介を行うゲートウェイノードがあります。

RDB技術者のためのNoSQLガイド　401

第12章 Microsoft Azure DocumentDB

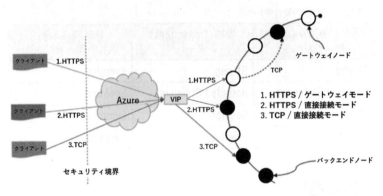

◎図12-16　接続モード

　DocumentDBは分散ドキュメントデータベースであり、コレクションのレプリカはクラスタ内の多数のマシンに分散されています。サーバ側のルーティングテーブルには、論理アドレス ([データベースアカウント名] documents.azure.com) から (実際にレプリカが稼働するバックエンドノードの) 物理アドレスへのマッピングが格納されています。

　ゲートウェイモードでは、サーバ側のゲートウェイノードがこのルーティングを行うので、クライアントのコードは単純になります。クライアントは、ゲートウェイノードにリクエストを発行します。ゲートウェイノードは、論理URIをバックエンドノードの物理アドレスに変換し、適切なバックエンドノードにリクエストを転送します。

　一方、直接接続モードでは、クライアントがルーティングテーブルのコピーをメンテナンスし定期的にリフレッシュする必要があります。クライアントは、バックエンドノードに直接接続します。

　ゲートウェイモードは、すべてのクライアントSDKでサポートされており、デフォルトです。クライアントアプリケーションがファイアウォール内部の企業ネットワークで動作している場合は、既知の論理アドレスにHTTPSの443ポートで接続するだけのゲートウェイモードが最適です。しかし、ゲートウェイモードでは直接接続に比べるとネットワークホップが1つ追加され

るため、直接接続モードの方がパフォーマンスに優れています。

　現時点では、直接接続モードは、.NET SDKでのみサポートされていますが、今後、他の言語のSDKでもサポートされる予定です。

　直接接続モードでは、プロトコルとしてHTTPS、またはTCPを選択できます。DocumentDBは、HTTPS上でRESTfulなAPIを提供しています。加えて、より効率的なTCPプロトコル上でもRESTfulな通信モデルを提供しています。パフォーマンスのためには、可能であればTCPプロトコルを使うことをお勧めします。

12-5
性能拡張

　データの水平パーティション分割（シャーディング）によって、DocumentDBのストレージとスループットをスケールアウトできます。

12-5-1
コレクション

　改めて、コレクションについて考えてみましょう。コレクションは、JSONドキュメントのコンテナです。コレクションは、ストアドプロシージャやトリガでのトランザクション境界であり、クエリやCRUD操作のエントリポイントでもある、論理コンテナです。異なるコレクションは、たとえ同じデータベースに属していても、異なるマシン（バックエンドノード）に配置されるため、コレクションは物理コンテナでもあります。

　コレクションは、RDBのテーブルとは異なります。コレクションはスキー

第12章 Microsoft Azure DocumentDB

マレスなので、様々なスキーマを持つ、異なる種類のドキュメントを同じコレクションに格納できます。もちろん、テーブルと同様に、コレクションに1種類のドキュメントだけを格納することもできます。

コレクションには、他のコレクションとは共有されない、予約済みのストレージとスループットが割り当てられ、ユーザはそのストレージとスループットに対して料金を支払います。コレクションを追加し、多数のコレクションにドキュメントを分散させることで、ストレージとスループットの両面でスケールアウトすることができます。

次の表は、2016年1月時点でのDocumentDBの料金体系です。コレクションに対して、S1、S2、またはS3のパフォーマンスレベルを設定可能です。各プランは、ドキュメントやインデックス向けに10 GBのSSDストレージを持ち、それぞれ異なるスループットが割り当てられています。DocumentDBでは、クエリなどの各操作に必要なCPU、IO、メモリなどの処理コストが、RUと呼ばれる抽象化された数値で表現され、処理コストが大きな処理ほど、RUの値も大きくなります。コレクションでRUの上限に達した際には、上限を下回るまで、リクエストがスロットリングされます。

❷表12-7　料金プラン

コレクション	SSD ストレージ	要求単位 （RU）	スケールアウトの上限	SLA	料金
S1	10ギガバイト	250/秒	最大100	99.95%	3.47円/時間 （約2,550円/月）
S2	10ギガバイト	1000/秒	最大100	99.95%	6.84円/時間 （約5,100円/月）
S3	10ギガバイト	2500/秒	最大100	99.95%	13.67円/時間 （約10,200円/月）

1つのコレクションだけを使う場合、ストレージについては10ギガバイト、スループットについてはS3レベルの2500 RU/秒が、スケールアップの上限になります。これらの上限を超えてスケールさせたい場合は、コレク

ションをパーティションと考え、複数のコレクションにデータを分散させるパーティション分割によるスケールアウトのアプローチが必要となります。

12-5-2
パーティション分割

データのパーティション分割には、範囲パーティション分割、ハッシュパーティション分割という2つの手法があります。パーティション分割では、ドキュメント内の1つの JSONプロパティがパーティションキーとして使われます。たとえば、ユーザIDやIoTシステムのデバイスIDなどが、自然なパーティションキーとなります。時系列データであれば、時間範囲で検索されることが多いので、タイムスタンプがパーティションキーに適しています。

範囲パーティション分割では、パーティションキーが特定の範囲内にあるかどうかに基づいてパーティションが割り当てられます。この手法は、(たとえば、2015年12月1日から2015年12月31日まで、といった)タイムスタンプを用いたパーティション分割で使われます。テナントIDをパーティションキーに使うことで、マルチテナントアプリケーションの制御、管理のために範囲パーティション分割を活用できます。範囲パーティション分割の特殊なパターンとして、範囲が単一値となる、個別値によるパーティション分割もあります。クエリがパーティションキーの特定の範囲の値に制限されている場合は、範囲パーティション分割をお勧めします。

2015年12月

2016年1月

2016年2月

◎図12-17　範囲パーティション分割

ハッシュパーティション分割では、ハッシュ関数の値に基づいてパーティションが割り当てられ、複数のパーティションにデータを均等に分散できます。この手法は、多数の異なるクライアントによって生成、消費されるデータのパーティション分割に適しています。ユーザプロファイル、カタログデータ、IoTデバイスからのテレメトリデータなどに便利です。エンティティ（ユーザ、デバイスなど）が多数の場合や、リクエスト数がエンティティ間で比較的均一な場合は、ハッシュパーティション分割をお勧めします。

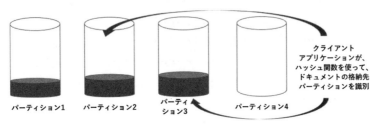

●図12-18　ハッシュパーティション分割

最適なパーティション分割手法は、データの種類とアクセスパターンによって決まります。

タイムスタンプを基に古い日付のパーティションを削除するという簡単で自然なメカニズムが利用できるため、範囲パーティション分割は、日付に関連して使用されるのが一般的です。クエリがある時間範囲に制限されている場合、それがパーティション分割の境界と一致することになるので便利です。また、テナントを組織ごとにグループ化する、国を地域ごとにグループ化するといった自然な形で、グループ化ができます。また、範囲パーティション分割では、コレクション間でのデータ移行をきめ細かく制御できます。

ハッシュパーティション分割は、ストレージやスループットを効率的に使用するために、リクエストを均等に負荷分散するのに役立ちます。コンシステントハッシングアルゴリズムによって、パーティションの追加、削除時に移動する必要があるデータの量を最小化できます。

|12-5-3|
パーティション分割に対応したアプリケーションの開発

DocumentDBでパーティション分割に対応したアプリケーションを開発する場合、次の3つの課題があります。

- どのようにして、CRUD操作やクエリを適切なコレクションにルーティングするか
- どのようにして、パーティションマップを格納、取得するか
- データやリクエストの規模に応じて、どのようにしてパーティションを追加、削除するか

ハッシュパーティション分割、範囲パーティション分割のいずれの場合でも、ドキュメント作成リクエストのルーティングは簡単です。ドキュメントは、パーティションキーに一致するハッシュ値または範囲値のパーティション上に作成されます。

クエリや読み取りは、多くの場合パーティションキーが1つに制限されているので、一致するパーティションだけにクエリをルーティングできます。全データに対するクエリの場合は、複数のパーティションにわたってリクエストをファンアウトし、その後、結果をマージする必要があります。

それぞれのパーティション（コレクション）は独立しているため、異なるコレクションにわたる整合性については、アプリケーション側で責任を持つ必要があります。

パーティションマップを格納する方法、クライアントがそれを読み込み、変更があった場合にはその更新情報を受け取る方法、複数クライアント間でそれを共有する方法について決めておくことも必要です。パーティションマップの更新が頻繁ではない場合は、単にそれをアプリケーションの構成

第12章 Microsoft Azure DocumentDB

ファイルに格納することもできます。

　または、任意の永続データストアに格納することもできます。運用環境でよく目にするパターンは、パーティションマップをJSONとしてシリアル化し、それをDocumentDBのコレクション内に格納するというものです。クライアントは、再取得の手間を省くためにパーティションマップをキャッシュに格納し、その後は変更がないか定期的にポーリングします。

　いつでも、コレクションを追加、削除し、既存コレクション上のデータを再分散できます。現時点では、データベースアカウントあたり最大100個までコレクションを作成できます（Azureのサポートに依頼すれば、この上限を拡張できます）。コレクションの容量は最大10ギガバイトなので、100個のコレクションにパーティション分割することで、最大1テラバイトまでストレージ容量をスケールアウトできることになります。

　範囲パーティション分割では、パーティションの追加、削除は単純です。新しい範囲を追加するために必要な操作は、パーティションマップに新しいパーティションを追加することだけです。既存のパーティションを複数のパーティションに分割する、または2つのパーティションをマージするには、一時的にパーティションをオフラインにするなどの、追加の操作が必要になります。

　ハッシュパーティション分割では、パーティションの追加、削除は複雑です。単純なハッシュ手法はシャッフリングを引き起こし、パーティションの追加、削除時にデータの大部分を移動する必要が生じます。コンシステントハッシングを使うことで、ごく一部のデータを移動するだけで済むようになります。

408 **RDB技術者のためのNoSQLガイド**

|12-5-4|
.NET SDK を使用したパーティション分割

　ここまでは、手動でパーティション分割を実装する手法を紹介してきましたが、これを自分でゼロから実装するのは、簡単ではありません。マイクロソフトは、パーティション分割に必要なコード量を減らすために、パーティション分割されたアプリケーションの開発を容易にする機能をDocumentDBの.NET SDKに追加しました。Java、Node.js、Python SDK向けにも、今後、パーティション分割のサポートを段階的に提供していく予定です。

　.NET SDK 1.1.0 以降では、ドキュメントの操作をデータベースに対して直接実行できます。内部では、PartitionResolverを使って、DocumentClient が適切なコレクションにリクエストをルーティングしています。

　IPartitionResolverインターフェイスは、GetPartitionKey、ResolveForCreate、ResolveForReadという3つのメソッドを持っています。LINQクエリと ReadFeed イテレーターは、ResolveForReadメソッドを内部的に使用して、リクエストのパーティションキーと一致するすべてのコレクションを反復処理します。作成操作では、ResolveForCreate メソッドを使用して、適切なパーティションに作成をルーティングします。

　ハッシュパーティション分割、範囲パーティション分割をそれぞれサポートするHashPartitionResolverクラス、RangePartitionResolverクラスは、IPartitionResolverインターフェイスを実装したクラスです。これらのクラスを使って、アプリケーションにパーティション分割ロジックを簡単に追加できます。

　次のコードは、ユーザプロファイルのユーザIDをパーティションキーに設定した、2つのコレクションを持つHashPartitionResolverを作成し、

第12章 Microsoft Azure DocumentDB

データベースの DocumentClient にその HashPartitionResolver を登録しています。

● リスト12-18　HashPartitionResolverの作成

```
DocumentCollection collection1
    = await client.CreateDocumentCollectionAsync(...);
DocumentCollection collection2
    = await client.CreateDocumentCollectionAsync(...);

HashPartitionResolver hashResolver = new HashPartitionResolver(
    u =>((UserProfile)u).UserId,
    new string[] { collection1.SelfLink, collection2.SelfLink });

this.client.PartitionResolvers[database.SelfLink] = hashResolver;
```

次のコードでは、CreateDocumentQueryメソッドに対象のデータベースと（クエリのWHERE句で使われているものと同じ）パーティションキーを渡して、クエリを実行しています。パーティションキーにマップされたコレクションに対して、クエリが実行されます。

● リスト12-19　HashPartitionResolverを使ってクエリ

```
var query = this.client.CreateDocumentQuery<UserProfile>(
    database.SelfLink, null, partitionResolver.
    GetPartitionKey(johnProfile))
    .Where(u => u.UserName == "@John");
johnProfile = query.AsEnumerable().FirstOrDefault();
```

次のコードでは、クエリのWHERE句の検索条件がパーティションキーによるものではないため、パーティションキーの引数を省略して、データベース内の全コレクションに対してクエリを実行しています。全コレクションからの結果がマージされたクエリ結果を受け取ることができます。

● リスト12-20　HashPartitionResolverを使ったファンアウトクエリ

```
query = this.client.CreateDocumentQuery<UserProfile>(database.SelfLink)
    .Where(u => u.Status == UserStatus.Available);
foreach(UserProfile activeUser in query)
{
```

410　RDB技術者のための NoSQL ガイド

12-5 性能拡張

```
    Console.WriteLine(activeUser);
}
```

　N個のコレクションに対する単純なハッシュパーティション分割では、ド
キュメントに対し、hash（d）mod Nを計算して、配置するコレクションを
決定します。この単純な手法には、コレクションの追加、削除時にうまく機
能しないという問題点があります。これらの操作では、ほぼすべてのデー
タを再配置する必要が生じるためです。コンシステントハッシングアルゴリ
ズムでは、コレクションの追加、削除の実行中に必要となるデータ移動の
量を最小限に抑えるハッシュスキームが実装されています。

　HashPartitionResolverクラスには、IHashGeneratorインターフェイス
で指定されたハッシュ関数に対してコンシステントハッシュリングを構築す
るロジックが実装されています。HashPartitionResolverはデフォルトで
MD5ハッシュ関数を使いますが、独自のハッシュ実装に置き換えることも
できます。HashPartitionResolverの内部では、16個のハッシュが「仮想
ノード」としてコレクションのハッシュリング上に作成されます。これにより、
複数のコレクションに対してドキュメントが均等に分配されます。

　範囲パーティション分割では、RangePartitionResolverクラスを使用
して、Rangeとコレクションとの間のマッピングを維持できます。Range
は、文字列や数値などあらゆる型の範囲を管理する単純なクラスで、
IComparable、IEquatableが実装されています。

12-6
運用

12-6-1
管理と監視

DocumentDBの管理、監視作業は、Azureポータルで行います。

Azureポータルで、データベースアカウント、データベース、コレクションに対するメトリックのグラフを表示できます。全リクエスト数、平均リクエスト数/秒、レスポンスのHTTPステータスコード別のリクエスト数、スロットリングされたリクエスト数といった、様々なメトリックがサポートされています。また、アラートを定義することで、メトリックが指定した閾値を超えた際に（たとえば、直近5分間で平均リクエスト数/秒が100以上になった際に）、メールやWebhook経由でアラートを受信することができます。

また、Azureの監査ログ機能を使って、管理者がDocumentDBに関して行った操作のログを取得できます。

2016年1月時点では、CUIやAPIでの管理、監視作業のサポートはなく、まだ未成熟な段階です。しかし、DocumentDBは、速いペースで続々と機能拡張が行われ続けているので、今後の改善が期待されます。

DocumentDBはサービスとして提供されています。機能拡張（バージョンアップ）は、サービスを停止することなく行われます。

|12-6-2|
バックアップ/リストア

DocumentDBサービスは、内部では、バックアップを取得しており、取得したバックアップを別のAzureリージョンにも格納することで、リージョン全体の障害時にもデータが失われることはありません。

一方、手違いでデータを削除してしまった場合などに対応するために、ユーザ側でバックアップを取得し、必要に応じてリストアしたいという要件もあります。2016年1月時点では、DocumentDBの開発チームはDocumentDB向けのバックアップサービスを開発中ですが、まだリリースされていません。

バックアップサービスがリリースされるまでは、データの移動や変換を調整し自動化するクラウドベースのデータ統合サービスであるAzure Data Factory[*9]を使う方法をお勧めします。Azure Data Factoryを使うと、DocumentDBからコレクション内のドキュメントを読み取り、それをAzure StorageのBLOBにコピーするデータパイプラインを作成し、そのパイプラインを定期的に実行することができます。リストアするには、BLOBを読み取ってDocumentDBにコピーするデータパイプラインを作成し、そのパイプラインを一度だけ実行します。

[*9] Azure Data Factoryの詳細については、ドキュメント（https://azure.microsoft.com/ja-jp/documentation/services/data-factory/）をご覧ください。

RDB技術者のためのNoSQLガイド

第12章 Microsoft Azure DocumentDB

12-7
セキュリティ

DocumentDBにアクセスするRESTfulなAPIでは、TLSベースの HTTPS、またはTCPが使われています。TCPプロトコル上でもTLSが 使われているため、通信の暗号化が保証されています。

Azureサブスクリプションの管理者は、Azureポータルで、データベー スアカウントのキー、および読み取り専用キーを取得できます。

データベースアカウントのキーがあれば、（ドキュメントを含む）データ ベースアカウント内のすべてのリソースにフルアクセスできます。また、デー タベースアカウントの読み取り専用キーがあれば、データベースアカウント 内のすべてのリソースに読み取りアクセスできます。

さらに、よりきめ細かいアクセス制御のために、リソースの一種である ユーザとアクセス許可を活用できます。アクセス許可は、特定のユーザに、 特定のリソースに対するフルアクセス、または読み取り専用アクセスするた めのものです。たとえば、ユーザAにコレクションBへの読み取り専用アク セスを与えるために、REST APIやクライアントSDKを使って、ユーザA のリソースの配下に「アクセス許可」リソースを新規作成できます。「アクセ ス許可」リソースの例を、次に示します。「アクセス許可」リソースの実体は、 他のリソースと同様にJSON形式です。

❷リスト12-21　JSON形式の「アクセス許可」リソース

```
{
    "id":"mypermision",
    "permissionMode":"Read",
    "resource":"dbs/ruJjAA==/colls/ruJjAM9UnAA=/",
    "_rid":"ruJjAFjqQABUp3QAAAAAA==",
    "_ts":1408237846,
    "_self":"dbs/ruJjAA==/users/ruJjAFjqQAA=/permissions/
```

414　RDB技術者のためのNoSQLガイド

12-7 セキュリティ

```
        ruJjAFjqQABUp3QAAAAAAA==/",
  "_etag":"00004900-0000-0000-0000-53f001160000",
  "_token":"type=resource&ver=1&sig=m32/0....."
}
```

「アクセス許可」リソースの_tokenプロパティの値は、リソーストークンです。リソーストークンは、マスターキーを知らせたくないクライアントにリソースへのアクセスを許可する場合に使えます。このような場合にマスターキーを使ってしまうと、マスターキーの漏洩や悪用の危険性があります。リソーストークンを使うと、与えられたアクセス許可に従って、マスターキーなしにリソースにアクセスできるようになります。リソーストークンには、デフォルトで1時間、最大5時間の有効期限があります。

アクセス許可とリソーストークンの典型的なシナリオを紹介しましょう。中間層サービスは、ユーザの写真を共有するモバイルアプリケーションのバックエンドであり、データベースアカウントのマスターキーを持っています。写真アプリは、エンドユーザのモバイルデバイスにインストールされています。

ログイン時に、写真アプリは、中間層サービスを使用して（アプリケーション固有の方法で）ユーザIDを確認します。中間層サービスは、そのユーザIDに基づいてアクセス許可をリクエストし、リソーストークンを取得します。中間層サービスが、電話アプリにリソーストークンを返します。電話アプリはリソーストークンを使って、リソーストークンによって定義されたアクセス許可でリソースに直接アクセスできます。リソーストークンの期限が切れると、HTTP 401エラーが返されるようになります。ここで、電話アプリは新しいリソーストークンを要求します。

RDB技術者のためのNoSQLガイド 415

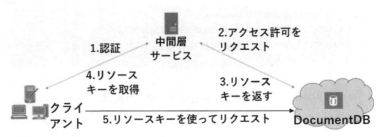

● 図12-19　アクセス許可の利用シナリオ

12-8
出来ない事

　RDBと比較して、DocumentDBにできないことは多々あります。ドキュメントデータベースであるDocumentDBは、リレーショナルモデルをサポートしていないので、外部キーによる参照整合性や複数テーブルにわたる結合はできません。DocumentDBは、SQLベースのDocumentDB SQLクエリをサポートしていますが、SELECT文のみをサポートしており、作成、更新、削除を行うには、SQLではなくREST APIやそれをラップしたクライアントSDKのメソッド/関数を使う必要があります。SELECT文についても、RDBのSQLの豊富な検索機能に比べると、DocumentDB SQLクエリの機能は限定的です。GROUP BY句、SUM関数、AVERAGE関数といった集計のための機能も、まだサポートされていません。また、成熟したRDBに比較すると、DocumentDBは特に運用管理に関する機能がまだ未成熟と言えます。

12-9
国内のサポート体制

　日本国内では、日本マイクロソフトがAzureを販売しており、料金の通貨は日本円であり、契約は日本の法律を準拠法としており、日本語での有償サポートサービスが提供されています。

12-10
効果的な学習方法

　Azureの公式Webサイト http://azure.com/ で、Azureに関する大量の公式情報を提供しています。上部の「ドキュメント」に進むと、Azureの各サービスに関する詳細な技術ドキュメント、チュートリアル、サンプルなどを入手できます。「ドキュメント」>「DataとStorage」>「DocumentDB」に進むと、DocumentDBの日本語ドキュメントを読むことができます（https://azure.microsoft.com/ja-jp/documentation/services/documentdb/）。本章で紹介している内容も含め、多くの技術情報を入手可能です。また、国内のお客様向けのWebサイト https://www.microsoft.com/ja-jp/server-cloud/azure/ でも、多くの情報を入手できます。他にも、イベント、セミナー、オンラインセミナー、自修書、ブログなど、様々な形式で情報を入手できます。また、JAZUG（Japan Azure User Group、http://r.jazug.jp/）やTwitterハッシュタグ #azurejpで、Azureに詳しいコミュニティメンバーとコミュニケーションすることもできます。

第 13 章

Neo4j

13-1 概要

　Neo4jはNeo Technology社が開発したグラフDB製品で、実用及び商用の両面で業界をリードしている汎用型グラフDBです。おそらく、現時点で汎用グラフDBと呼ぶに相応しいグラフDBは、Neo4jが唯一なのかもしれません。

　Neo4jが他のグラフDBに比べて優れている点として、データベースとしての完成度がとても高いこと、グラフ固有の問題を含めて一般のビジネスの問題に至るまで幅広いデータ処理が可能であること、誰でも簡単に覚えて使えるCypher（サイファー）というSQLライクなクエリ言語を提供していること、直観的で分かり易いユーザインターフェース、API、充実した運用性などが挙げられます。

　通常、NoSQL系のSQLライクなクエリ言語は、ANSI SQLに比べて、いろいろ制約があったりして機能的に劣るというのが普通ですが、Neo4jのクエリ言語である「Cypherクエリ」は例外です。Cypherクエリは、従来のSQLを遥かに超える論理構成の能力を持っています。

　Neo4jの開発は、2000年ごろから、RDBのパフォーマンス問題の解決に取り組み始めたのがきっかけになり、2003年には正式なプロジェクトとして発足し、現在に至っています。そして2015年10月には、Cypherの仕様を公開するopenCypherプロジェクトを発足しています。おそらく、CypherをグラフDB業界の標準とする狙いとみられます。

|13-1-1|
グラフDBに向いている処理

　グラフDBは、基本的にお互いに繋がっている複雑なネットワーク状の
データ上で、繋がりを辿って走り回るような処理に向いています。経路探し
やソーシャルネットワーク上の関係性の解明などはその典型的な例です。そ
して、今日においては、数学や科学の領域の問題だけではなく、一般ビジ
ネスで発生したデータもお互いに様々な繋がりを持っていることが分かっ
ています。特に集計などのグループ化されたデータから、そのグループを
構成している要素間の繋がりを解明したりすることでデータを理解できる
だけではなく、新しい発見に繋がったりすることも分かっています。但し、
このような認識が一般に広く知られているとは言えません。おそらく、物凄
く苦労をしているある種のデータ処理が、実はグラフDBに向いている問
題だということに気づいていないケースも沢山あると思います。

　「どのぐらいの結合や複雑さを目安にしてグラフDBを採用したほうがい
いですか」という質問をよく受けますが、そのような考え方の下で線引きを
することは困難です。重要なことは、データ間の繋がりを通してなんらかの
新しい発見や価値を見いだすことを求めているかどうかではないかと思い
ます。欧米人がNeo4jのような汎用型グラフDBに熱狂している理由は、こ
の新しいタイプの価値認識の問題が作用しているような気がします。デー
タが複雑でも解決しようとする問題が仕分けや集計処理のようなケースで
は、データがグラフ構造である必要は全くないでしょう。

　一般論で言えば、複雑に絡んでいるデータ間の関係の表現に最適化さ
れていないデータベースで複雑なデータ処理をしようとすると、様々な頭の
痛い問題にぶつかります。テーブル設計がとても難しい、SQLを書くと自
己結合やテンポラリテーブルだらけになる、別途の専用のライブラリを利
用しなければならない、結局はパフォーマンスが出ないなど、現実的にこ
のようなトラブルを抱えているとすれば、その問題はグラフDBに向いてい
る処理かもしれません。

第13章 Neo4j

最後にシステム的に言うと、グラフはメモリに展開します。ノード毎の属性数や属性値の長さはなるべく小さいほうがいいです。

|13-1-2|
グラフDBに向いていない処理

大概、現実の世界で発生したデータはそれなりの複雑さを持っています。グラフデータモデルでは、その複雑さを簡単に解決してくれるかもしれません。しかし、グラフDBは、単純な仕分けによるグループ化や集計などの処理はあまり得意ではありません。いわゆる集計系のレポーティングを主目的とするような処理では、集計した結果をチャートにするだけで十分であるケースも沢山あります。もし、グラフDBを利用する目的が、単純な集計中心のレポート作成が目的であるとするならば、それは良い選択ではない可能性があります。場合によっては、他のデータベースよりもパフォーマンスが劣る可能性があります。

さらに、グラフはメモリ展開されることから、利用目的によってはコストの面でも釣り合わない可能性もあります。端的にいうと、データ間の繋がりが紐づけ以上の価値を生まない場合、グラフDBを使う理由もありません。

最後に言うまでもないと思いますが、ログ解析のようないわゆるビッグデータの処理にはまったく向いていません。

13-2
データモデル

この節ではNeo4jがどのようなデータを扱えるのかを説明します。
Neo4jはグラフデータを扱います。グラフデータは従来のリレーショナル

データよりもシンプルな構造ですが、より緻密なデータ表現が可能です。注目して頂きたいことは、RDBにおいて関係性はデータとデータを紐づけるための手段に過ぎませんでしたが、グラフDBでは関係性も情報として扱われます。

13-2-1
グラフを構成する要素

グラフDBにおいてグラフは、データ構造でありながらデータ自体でもあります。グラフの構造は、グラフのなかに様々な情報を持つことができるプロパティグラフです。さらに、それぞれの属性をグループ化する構造や、グラフ間の関係を様々な種類に分類するための構造も加わっています。

グラフDBでグラフは、ラベル、ノードと関係性、ノード及び関係性の属性で表現します（図13-1参照）。

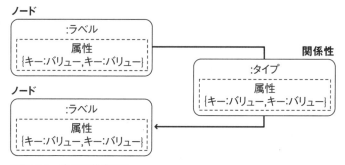

◎図13-1　グラフの構成要素

但し、スキーマレスのデータベースなので事前に構造を定義しておく必要はありません。

具体的なデータが入っていないとイメージが湧きにくいと思いますので、映画「The Matrix」の役者と映画の関係を図13-2に記します。

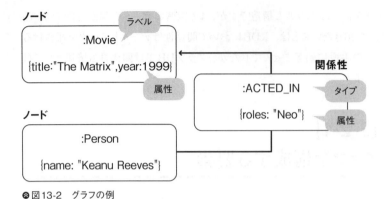

●図13-2　グラフの例

ここからはラベル、ノード、そして属性について詳しく説明していきます。

|13-2-1-1| ラベル

ラベルは同じ種類のノードを識別するためのドメインの定義です。データベースのなかで、RDBのテーブル、あるいはパーティションのような役割を果たします。ラベルは、ノード毎に一対一で付与されます。ラベルは、ドメインの構成によっては階層型にすることもできます。

例えば、映画を表すラベルは(:Movie)となり、人間の男性と女性を表すラベルは(:Person:Man)と(:Person:Woman)になります

|13-2-1-2| ノード

ノードは、RDBのレコードに値します。複数の属性を{キー:バリュー}タイプでもつことができます。ノード毎の属性の種類が同じである必要はありません。属性を持たないこともできます。

例えば、映画「The Matrix」を表すノードは(:Movie {title: "The Matrix"})となります。前半の:Movieの部分がラベルで、後半の{title: "The Matrix"}が属性となります。

13-2 データモデル

|13-2-1-3| 関係性

関係性はRDBでは存在しない概念で、永続化された結合のようなものです。関係性は、必ずノードとノードとの間に存在し、ノード間の繋がりを方向とともに表現します。関係性は単なる紐づけの印とは異なり、必ずノードを挟んで何等かの意味を表現します。ノード間で関係性は、複数持つことができて関係性の種類を「タイプ」といいます。タイプは、定義しないことも可能ですが、関係性の種類を識別する上でとても重要です。さらに、関係性は属性をもつことができます。

例えば、映画「The Matrix」と役者「Keanu Reeves」の関係をACTED_INというタイプで指定する場合、以下のようになります。

```
(:Movie { title:"The Matrix"})<-[r:ACTED_IN
{role:"Neo"}]-(:Person {name:"Keanu Reeves"})
```

この場合、{role:"Neo"}は関係性の属性になります。また、関係性には向きがあり<-[xxx]-や-[xxx]->といった文字列で向きを表現します。

|13-2-1-4| 属性

属性は、RDBのカラムに相当します。属性は、ノードと関係性の両方に複数もつことができます。かならず、{ キー : バリュー }タイプの書式で表現し、同じラベルや関係性のタイプのなかでも同じ種類や数である必要はありません。特定の属性の利用は、**ラベルの識別子.属性キー**の書式で記述します。属性は定義しないことも可能です。

|13-2-2| グラフデータの格納形式

ノードのデータはノードストア、関係性のデータは関係性ストアとして格納されます。

RDB技術者のためのNoSQLガイド **425**

- ノードストアの構造：ノードID,{属性キー：バリュー ,...},ラベル
- 関係性ストアの構造：開始ノードID, 終了ノードID, {属性キー：バリュー ,...},タイプ

前節の映画「The Matrix」のグラフデータは、以下の3つのストアとして表現されます。

◉表13-1 :Movie The Matrixのノードストア

ノードID	001	Neo4jが管理するユニークなID
属性キー	title	属性を識別するための任意の名称。複数定義可能
バリュー	"The Matrix"	属性の値
ラベル	:Movie	同じグループのノードを表す任意のドメイン名。通常、頭文字を大文字にするのがネーミングルールです。

◉表13-2 :Person Keanu Reevesのノードストア

ノードID	002	Neo4jが管理するユニークなID
属性キー	name	属性を識別するための任意の名称。複数定義可能
バリュー	"Keanu Reeves"	属性の値
ラベル	:Person	同じグループのノードを表す任意のドメイン名。通常、頭文字を大文字にするのがネーミングルールです。

◉表13-3 :ACTED_IN Neoの関係性ストア

開始ノードID	002	関連元ノードのID
終了ノードID	001	関連先ノードのID
属性キー	roles	属性を識別するための任意の名称。複数定義可能
バリュー	"Neo"	属性の値
タイプ	:ACTED_IN	同じタイプの関係性を識別するための任意の名称。通常、大文字にするのがネーミングルールです。

|13-2-2-1| より複雑なグラフの例

より複雑なグラフの例として、「The Matrix」に出演した俳優とその他の映画を例に挙げましょう。

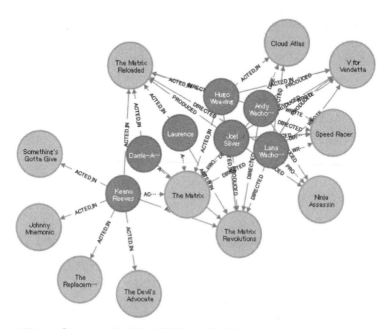

◎図13-3 「The Matrix」に出演した俳優とその他の映画

ちなみに、この画像は描画ツールなどで描いているわけではなく、後程紹介するNeo4jのWeb UIで出力されたものです。非常にきれいですよね。

|13-2-3|
グラフデータモデル

グラフDBでは「グラフデータモデル」という考え方があります。グラフデータモデルは、実際に具体的なデータを入れる前に、ドメイン（データのグループ）とその関係性を決めたものになります。

第13章 Neo4j

　例えば、先ほどの映画のグラフデータの例であれば、具体的なグラフデータとグラフデータモデルの違いは以下の通りです。

◎表13-4　グラフデータとグラフデータモデルの違い

具体的なグラフデータ	Keanu Reevesという:Personは、The Matrixという:Movieに、NeoというroleでACTED_INしている
グラフデータモデル	:Personは、:Movieに、ACTED_INしている

　グラフDBでデータモデルは、グラフの構造を表す雛形のような定義です。グラフ構造でデータを編み出していくためには、必ずデータモデルが必要です。グラフDBにおいて、データモデルの設計論は、確立していないようで、実は明確なルールが決まっています。

　例えば、前項で紹介したグラフの構成する基本要素を守らなければなりません。このルールを守らないとグラフとして機能しません。そうすると、データモデルは、ある意味では、グラフを構成する基本要素をレゴのように扱って、ある種の基本パターンを作ることに集約されます。そして、グラフDBのなかでは、その基本パターンを繰り返して無数につなぎあわせていきます。ここでは、身近な例を挙げて説明していきます。

| 13-2-3-1 | グラフデータモデル作成の例

　ECサイトの販売履歴を例にしましょう。最初の登場人物としてはドメイン（データグループ）を決める必要があります。例えば、人、オーダ、商品、日付のようなものです。どのような粒度でドメインを決めたらいいのかは確かに悩ましいかも知れませんが、グラフDBで重要なことは形式よりも、繋がりは価値を作る手段だと認識することです。例えば、ここに郵便番号を登場させるべきでしょうか。人の属性にしておくべきでしょうか。結論からいうと、それは決まっていません。もし、他のノードと郵便番号との間に繋がりを作ることで新たな価値が生まれる、あるいは価値を創出したいのであれば、郵便番号をドメインとして登場させるべきです。

13-2 データモデル

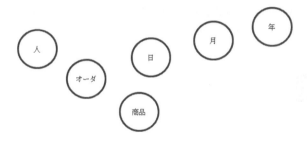

●図13-4　ドメインの抽出

　次に、実際の業務を考慮し、関係性やタイプを決めていきます。この段階では、属性まで記入するのは控えますが、主要な属性などは記入しても構いません。あるいは、この段階でどちらにするかを決めておかないと後に混乱するケースもあります。関係性の有無は、ドメインを決めるときに既に様々な考慮がなされるので関係性を作ること自体はドメインが決まった時点で自然に決まります。タイプなどのデータの種類も自ずと決まっていくことが殆どです。ただし、関係性をどちらの方向にするのかは悩ましいときがあります。これには、トリプル（triple）という英語の主語（subject）と述語（predicate）、目的語（object）でグラフの関係を表現する理論が存在しますが、ここでは簡単に道路と交通量に置き換えて考えてみたらどうでしょう。どの方向に向けて走る車が多いのか。それで、交通量が多い方に向けて関係性の方向を決めるというシンプルな考え方です。

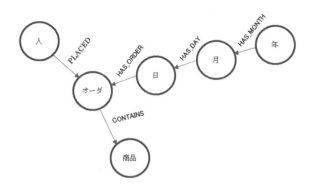

●図13-5　データモデルデザイン

第13章 Neo4j

最後に、ドメイン名と関係性、タイプなどドメインモデルの具体的な定義を行います。これでデータモデルの設計は一通りに完了です。

13-3
API

この節ではグラフデータをどのようにアプリケーションから利用するか説明します。

13-3-1
Cypherクエリ

Neo4jでは、格納したグラフデータに対してCypherと呼ばれる特別なクエリ言語を用いて、クエリをかけます。

Cypherでは、グラフデータ構造に対してパターンマッチによりパターンを検索をしたり、パターン間で比較や演算を行うことができます。

パターンマッチとは、Cypherクエリがデータ処理を行う方式を表す言葉です。グラフ構造のデータは、とても複雑に繋がっている未知のパターンが無数に重なっている構造です。パターンマッチとは、そこから特定のパターンを探し出すことをいいます。

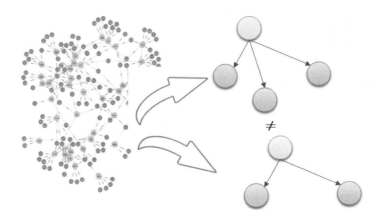

◎図13-6　パターンマッチ

　Cypherクエリの構文構造は、従来のSQL、SPARQLのようなパターン処理言語、HaskellやPythonを参考にし、セマンティック技術を備えたクエリ言語です。特にSQLの経験者には非常になじみやすいクエリ言語です。

|13-3-1-1| Cypher クエリの CRUD サンプル

　Cypherクエリのイメージをつけてもらうために、慣れ親しんだCRUDの切り口で、サンプルを交えながらクエリを紹介していきましょう。

◉CREATE

　作成にはCREATE文を用います。作成する対象は、ノード、関係性、属性の3つタイプがあります。

　次のCypherクエリは、映画のノードを作成します。厳密にいうと、{title:"The Matrix"}という属性を持つノードに「Movie」というラベルを付けます。

```
CREATE (:Movie { title:"The Matrix"})
```

◎図13-7　映画ノードの登録

次のCypherクエリは、人のノードを作成します。

```
CREATE (:Person { name:"Keanu Reeves"})
```

◎図13-8　人ノードの登録

次のCypherクエリは、映画と人のノードの関係性を作成します。

```
MATCH (movie:Movie  { title:"The Matrix"}),
 (person:Person { name:"Keanu Reeves"})
 CREATE movie<-[:ACTED_IN]-person
```

◎図13-9　映画と人との関係性の作成

このクエリでは、まずMATCH文によってノードを検索し、検索した二つのノードに対してCREATEで関係性を作成しています。

ここでmovie:Movieやperson:Personではmovieやpersonのようにラベルの前に小文字の文字列が書かれています。このmovieやpersonは:Movieや:Personなどを後方参照するための変数です。MATCH文で変数を定義して、後のCREATE文で参照するために用いられています。

⊙READ

参照にはMATCH文を用います。CypherクエリはSQLよりも遥かに柔
軟で多様な構文構成ができます。

映画のタイトルと、主人公の名を検索してみます。

```
MATCH (movie:Movie { title:"The Matrix"}),
(person:Person {name:"Keanu Reeves"})
RETURN movie.title, person.name
person.name
Keanu Reeves
```

次のようにWHERE文を使うこともできます。

```
MATCH  (movie:Movie), (person:Person)
WHERE movie.title="The Matrix" AND person.name="Keanu Reeves"
RETURN movie.title, person.name
person.name
Keanu Reeves
```

⊙UPDATE

更新にはMERGE文を使います。MERGEは暗黙的にMATCH(検索)
を行います。検索でNeo4jが管理するユニークなデータのIDを取得しま
す。そこで、一致するデータ(ノード)が存在し、属性キーが一致すれば値
を更新します。もし、属性キーが一致しなければ、追加します。この際には
ON MATCH SETが使われます。

別のケースとして一致するデータ(ノード)が存在しなければ、ノードを
追加します。この際にはON CREATE SETが使われます。

```
MEREGE (movie:Movie  { title:"The Matrix"})
ON MATCH SET tagline="ようこそ!リアルな世界へ"
ON CREAE SET released=1999,
title="The Matrix",
tagline="Welcome to the Real World"
```

第13章 Neo4j

⊙ DELETE

グラフでは、DELETEの場合も属性キーの削除、ノードの削除、関係
性の削除の3つのタイプに分かれます。

属性キーの削除は、REMOVEを使います。

```
MATCH (movie:Movie  { title:"The Matrix"})
REMOVE tagline
```

ノードの削除はノードを検索してからDELETEを使います。但し、関係
性が存在する場合は、すべての関係性を削除してから削除する必要があり
ます。強制するような機能は存在しません。

```
MATCH (movie:Movie  { title:"The Matrix"})
DELETE movie
```

関係性の削除は、そのパターンを検索してから、関係性の識別子に対し
てDELETE文を発行します。

```
MATCH
 (:Movie{title:"The Matrix"})<-[r:ACTED_IN]-(:Person{name:"Keanu Reeves"})
DELETE r
```

| 13-3-1-2 | Cypher クエリの詳細

⊙ データタイプ

Cypherでは次のようなデータ型をサポートしています。

434 RDB技術者のためのNoSQLガイド

13-3 API

◉表13-5　データタイプ一覧

タイプ	説明
boolean	TRUE/FALSE
byte	8ビット整数
short	16ビット整数
int	32ビット整数
long	64ビット整数
float	32ビット浮動小数点数
double	64ビット浮動小数点数
char	16ビット文字
String	文字列

◉演算子

　演算子として、算術演算子、比較演算子、ブール演算、比較演算子、コレクション演算子などが利用できます。

◉表13-6　演算子一覧

種類	説明
算術演算子	+,-,*,/,%,^
比較演算子	=,<>, <, >, <= ,>= , IS NULL, IS NOT NULL
ブール演算	結果値はTRUE又はFALSE。 演算子はAND,OR,XOR,NOT
文字列演算子	文字列＋文字列
コレクション演算子	IN

◉一般的な構文

　以下は、グラフ操作の結果値の変換、ソート、表示数の制限、パイプなどに使っている一般的な構文です。

RDB技術者のためのNoSQLガイド 435

第13章 Neo4j

◎ 表13-7 一般的な構文

構文	説明
RETURN	グラフ作成（CREATE）や更新（MERGE）、検索（MATCH）などの結果を返す宣言文です。
ORDER BY	ソート。SQLと同じ機能です。
LIMIT	表示するノード件数を制限します。
WITH	Cypherクエリで WITH は連続する複数のクエリブロック（MATCH）の間でリストやマップを一時的に集合し、次のクエリブロックに引き渡すパイプです。SQLのようなテンプレートではありません。次にクエリブロックに引き渡していないリストやマップは消えます。Cypherクエリの論理構成の強さを支える最も重要な特性の一つです。
UNION [ALL]	結果値のマージ又は追加
UNWIND	リストの個々の要素を行に変換します。行に変換した要素は、次の検索条件のシーズとして利用します。
CASE	条件の分岐やクロス集計などで利用できます。
リストコレクション	文字列や数字などのリスト表現です。リストはインデックスゼロ（0）から始まる文字又は数字の集合です。 例） RETURN ["あ","い","う","え","お"] [あ,い,う,え,お]
RANGE コレクション	範囲を指定する用法のリスト。FOREACHなどを併用します。 例） RETURN range (0,10,2) {0,2,4,6,8,10}

⊙ 読み取りの構文

以下は、グラフの検索やフィルタを行う構文です。

◎ 表13-8 読み取り構文一覧

構文	説明
MATCH	パターンの存在を問い合わせ
WHERE	問い合わせの結果値を作成する過程でパターンのフィルタを実行

436 RDB技術者のための NoSQL ガイド

RETURN	CREATEやMERGE、MATCHなどの結果を戻す宣言文
ORDER BY [DESC]	属性値をソート
COUNT/SUM/AVG	ノードや属性のカウント/集計/平均
MAX/MIN	数字カラムの最大値/最小値
STDEV	標本に基づいて標準偏差の推定値を計算
STDEVP	引数を母集団全体であると見なして、母集団の標準偏差を計算
percentileDisc	0.0から1.0の間のパーセンタイルを計算し、四捨五入した位に最も近い要素
percentileCont	0.0から1.0の間のパーセンタイルを線形補間（Linearinterpolation）を利用し、2つのバリューの間の加重平均値を計算
COLLECT	属性値をリストに集合
DISTINCT	属性値をユニーク化
LOAD CSV	ヘッダー付きのCSVファイルからデータの読み込み。通常、LOAD CSVから読み込んでからはCypherクエリの書き込みの構文で操作

GROUP BY句は存在しません。Cypherクエリでは、集合関数が登場すると、集合関数の前にくる識別子や属性キーをグループキーと見なして、暗黙的に集約処理します。

◉書き込みの構文

以下は、グラフの作成及び更新、削除を行う構文です。

◉表13-9　書き込み構文一覧

構文	説明
CREATE	ノードや関係性の登録
SET	ノードや関係性に対する属性の登録、更新
DELETE	ノードや関係性の削除
REMOVE	ノードや関係性に対する属性の削除

第13章 Neo4j

MERGE	検索を伴い、ノードや関係性、属性が存在すればスキップ又は更新し、存在しなければ追加
FOREACH	FOREACHはリストやマップの要素を繰り返して取り出し、書き込み文と組み合わせてノードやリレーション、属性の作成、変更、削除などの処理に利用
CREATE UNIQUE	ユニークなパターン（グラフ）作成を保障。同じパターンのグラフ作成を避けるために使用

　CREATE databaseやCREATE tableは存在しません。Neo4jはスキーマフリーなのでデータベースやテーブルを作成するような構文は存在しません。

⊙ **Cypherクエリの関数**

　Cypherクエリは、特に集合データの操作に卓越しています。ここでは、関数の種類のみを簡略に説明します。

❷表13-10　Cypherクエリの関数一覧

関数	説明
述語関数	リストコレクションの要素を比較、又はフィルタ
スカラー関数	リストやノード、タイプ、タイムスタンプ、データタイプ変換など
コレクション関数	ノード、関係性、ラベル、属性キー、グラフデータ操作（比較、抽出、計算）など
数学関数	絶対値、三角関数、アークタンジェント、コサイン、タンジェント、平方根など
文字列	データ型変換、リプレース（REPLACE）、サブストリング（SUBSTRING）、スプリット（SPLIT）、トリム（TRIM）など

| 13-3-1-3 | SQLにある機能をCypherでどう対応するか

　以下では、SQLによくある機能について、Cypherクエリでどのように実現できるかまとめています。

438　RDB技術者のためのNoSQLガイド

13-3 API

● 表13-11　SQLにある機能とCypherの対応一覧

トランザクション処理	ネイティブJava APIにおいても、REST APIにおいてもトラザクション処理は可能です。
結合	グラフ構造ではすべて繋がっているデータ構造を前提にしているので、既に結合済みの状態です。Cypherクエリでは、ただ関係性を表現するだけで結合を表現します。「<--」が強いて言えば、結合の役割を果たします。 例) MATCH（movie:Movie）<-- (actor) RETURN movie, actor
ネスト型の問い合わせ/再帰型の問い合わせ/副問い合わせ	これらの処理は、WITHを利用してSQLより優れた機能が実現できます。SQLで、このような処理は、見かけでは独立したデータセットに見えますが、実はすべてが繋がっている一塊の処理です。Cypherクエリでは、これらの処理をより効率的な方法で実現します。CypherクエリのWITHはSQLのようなテンポラリテーブルではなく、パイプです。それぞれの段階で処理した結果すべてをリストやマップの形式で保ち、グループデータ間の比較やフィルタ、WHEREの条件、次のクエリブロックでの検索処理でシーズに使うこともできます。次のクエリブロックに引き渡さなかったリストやマップは、その段階で捨てられます。
部分更新	前項の「CypherクエリのCRUD」で紹介しているように、ノードの属性値及び関係性の属性に対して、属性キーを指定し、部分的な更新が可能です。
条件検索	Cypherクエリの条件検索は、基本的にパターンマッチです。グラフはデータ構造が多次元であるだけにパターンや属性値、関係性やタイプなど、SQLよりも遥かに多様な条件検索が可能です。
正規表現	WHEREの中で属性値に対してネイティブJava同様な正規表現を使ったフィルタができます。 例) WHERE　m.title =~ "The
全文検索	全文検索の機能は存在しません。

|13-3-1-4| 実行計画者（Execution planner ）

　Cypherクエリは、実行計画者（Execution planner）が作った実行計画によってクエリが実行されます。実行計画とは、Cypherの作業順と作業方法、作業量のことであり、Cypherの作業効率を見積ることが出来て、構文のパフォーマンスチューニングに利用することができます。

RDB技術者のためのNoSQLガイド　439

第13章 Neo4j

実行計画の作成方法は、RULE BASEとCOST BASEの2種類があります。

● 表13-12 実行計画の作成方法一覧

作成方法	説明
RULE BASE	主にインデックスに頼って実行計画を作成します。統計値は参照しません。
COST BASE	統計値を利用して実行計画の代替案を作成し、コストが最も低い実行計画を使用します。2.2.xからは、デフォルトになっています。コストベースの実行計画を立てるためには、統計値を取る必要がありますが、ノードや関係性の場合は作成時、インデックスは作成時及び一定の割合の更新時に統計値を更新します。

実行計画を出す方法は、EXPLAINとPROFILEの2つがあります。

● 表13-13 実行計画の表示方法一覧

方法	説明
EXPLAIN	Cypherクエリを実行せず、実行計画だけをみることができます。使い方は、Cypherクエリ文の前にEXPLAINを付けて実行します。
PROFILE	Cypherクエリを実行し、結果値とともに実行計画をみることができます。使い方は、Cypherクエリ文の前にPROFILEを付けて実行します。実際に構文が実行され、コストをみるとことができますので、EXPLAINよりも正確な情報が得られます。

|13-3-1-5| 属性に対する制限（CONSTRAINT）

制約は、特定の属性を一意に保つ必要がある場合に利用します。内部的にユニークインデックスが作られます。既にインデックスが存在する場合は宣言できません。1つのドメイン（ラベル）のなかで複数作ることができますが、複合キーは許されません。

```
CREATE CONSTRAINT ON (movie:Movie) ASSERT movie.title IS UNIQUE;
```

|13-3-1-6| インデックス（INDEX）

インデックスは検索時に開始ノードを探すために使われます。インデックスは属性に対して宣言します。1つのドメイン（ラベル）のなかで複数作ることができますが、複合キーは許されません。

```
CREATE INDEX ON :Person (name);
```

|13-3-2|
アプリケーションからのアクセス方法

アプリケーションからCypherを実行する方法は4つあります。

- Webインターフェース（GUI）
- Neo4jシェル（CUI）
- プログラミング言語用ライブラリ
- REST

|13-3-2-1| Webインターフェース（GUI）

Neo4jは標準のWebインターフェースを提供し、http/httpsでNeo4jサーバに接続することができます。標準では、httpを使いますが、オプションでhttpsに切り替えることもできます。

◎図13-10　Webインターフェースの利用

Neo4jのWebインターフェースはとても高機能です。Cypherクエリの実行や結果値のダウンロード、REST APIのテストなど開発でも本番運用でも使えます。以下はWebインターフェースのイメージです。

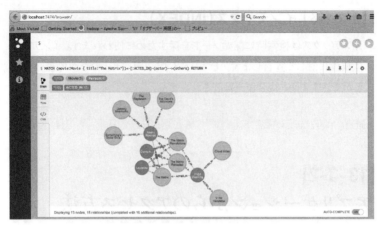

● 図13-11　Webインターフェースのイメージ

|13-3-2-2| Neo4jシェル(CUI)

Neo4jShell(Linuxの場合はneo4j-shell)は、CUIでCypherクエリの実行ができます。シェルスクリプトでCypherクエリをラッピングしてバッチ処理などを実行することもできます。ただし、グラフの出力はできません。

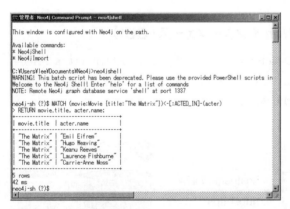

● 図13-12　Neo4jシェル

|13-3-2-3| プログラミング言語用ライブラリからの利用

プログラミング言語用に提供されているライブラリを利用します。図は

Javaを用いた場合です。

この方式は、Neo4jの発祥の頃から始まった実装方式で、ハードウェア機器、デスクトップアプリケーション、独自のアプリケーションサーバへの組み込みなどに適しています。

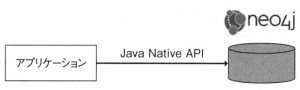

● 図13-13　プログラミング言語用ライブラリからの利用

|13-3-2-4| REST

最も一般的なNeo4jサーバへの接続方法です。Neo4jサーバは、クライアントとHTTPを介してJSON形式のリクエストを処理できるREST APIを標準で実装しています。REST APIでの接続は、クライアントのフラットフォームや特定言語に依存しない長所があります。Java、.NET、Python、Ruby、PHP、Node.jsなど多様な言語が利用できます。

● 図13-14　RESTによる利用

13-4 性能拡張

Neo4jでは、データを分散して配置しクエリを分散する、いわゆる「シャーディング」を行うことはできません。そのため単一ノードで収まらないデータ量は扱えませんし、利用できるメモリも単一ノードに限られます。つまりNeo4jはスケールアウトできません。

ただし、処理性能を向上させるために二つの手段があります。それはHAクラスタとキャッシュシャーディングです。

13-4-1
HAクラスタによる処理性能向上

一つ目は、HAクラスタです。HAクラスタ構成により複数のデータベースインスタンスで書き込みと読み取りの負荷分散をすることができます。シングルサーバで運用していたNeo4jを、HAクラスタに移行しても、特にアプリケーション側には影響がありません。強いて言うなら、接続先やポートが変わるぐらいでしょう。

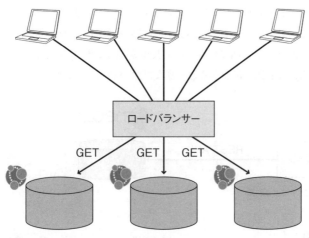

△図13-15　HAモードによる読み取り負荷分散

13-4-2
キャッシュシャーディングによる処理性能向上

二つ目は、Neo4jのエンタープライズバージョンのみで利用できる「キャッシュシャーディング」です。この機能は、あるリクエストに対するグ

ラフのサイズがとても大きくて1台のサーバのメモリに載らない場合、HA
クラスタ内の複数のNeo4jインスタンス間でサブグラフを分散してキャッシ
ングできる機能です。Neo4jはリクエストを受けたサーバ上のメインメモリ
で一部のサブグラフを見つけ、リクエストを満たすために必要なグラフが
既に存在する可能性が高いサーバにリクエストをルーティングします。ルー
ティング先のサーバに求めているグラフが存在すれば、それを利用します。
グラフが既にメモリに載っている場合はディスクから読むよりも圧倒的に効
率がいいです。しかし、これには難点があります。ルーティング先に必要と
するグラフが存在する保障がないことです。このため、ロードバランサーと
HAクラスタを組み合わせてユーザIDをベースにリクエストのルーティング
をするなど、なるべく一連の繋がっているグラフにリクエストが集中できる
ような工夫が必要です。

13-5
高可用

Neo4jはHAクラスタを組むことにより高可用性を保つことができます。

13-5-1
HAクラスタのアーキテクチャ

Neo4jのHAクラスタは、1台のマスターと複数のスレーブで構成される
レプリケーションです。

13-5-2
システム構成

典型的なNeo4jのHAクラスタの構成は、ロードバランサーをクラスタの前に置きます（図13-16参照）。ロードバランサーは、通常のリクエストの負荷分散の役割の他に、サーバがダウンしたようなケースではリクエストを別のサーバに向けるようにする耐障害性の機能を果たします。

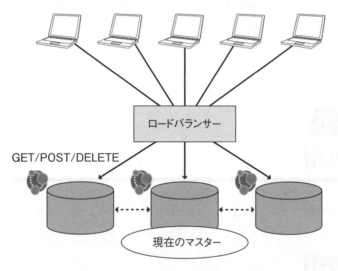

● 図13-16　HAクラスタを利用したシステム構成

通常、3台構成が一般的ですが、特にインスタンスの台数の制限があるわけではありません。おそらく、エンタープライズ版のライセンスを購入した際に1サブスクリプションで3台のインスタンスまで稼働が許されるという約款がついているのが影響しています。つまり、3台を超えるHAクラスタを構成しようとすると、3台毎に1サブスクリプションの料金を追加で支払う必要があります。なお、クォーラム構成を採用していますので、サーバ台数は3台以上で奇数が推奨されています。

|13-5-2-1| クラスタのノードの役割

　HAクラスタモードでNeo4jサーバを起動すると、複数のインスタンスのなかで1台がマスターに選出され、マスターとしての権限を持ちます。マスターは、クラスタのなかでデータベースへの書き込みをコミットする権限を持っています。それ以外のノードはスレーブとなります。

　各インスタンスではクラスタマネージャが動作しており、インスタンスのステータス（サーバダウン、ネットワーク停止）を監視します。もし、マスターに障害が発生した場合、スレーブのなかからマスターを選出します。この切り替えの時間は数秒以内です。この間のリクエストはブロックされるか、例外として失敗で終了します。

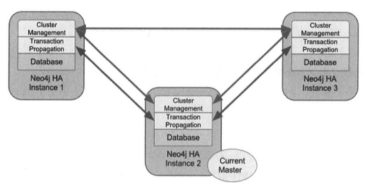

◎図13-17　HAクラスタのアーキテクチャ

|13-5-2-2| アプリケーションからの利用

　ロードバランサーによりクエリが分散され、それが読み取り負荷分散になります。

　書き込みのトランザクションは、マスターとスレーブを区別せずにどちらにリクエストを投げても構いません。どちらに投げてもHAクラスタの中のデータベースインスタンス同士が、自動的にマスターと協調してトランザクション処理を実行します。トランザクションのコミットは、マスターで実行

第13章 Neo4j

してから、スレーブにプッシュし、最終的にマスターとスレーブの間で同期が取れるようになっています。これは、他のマスタースレーブ型レプリケーションと大きく異なる点です。

また、マスターノードをHAクラスタが自動的に決める動きであるため、アプリケーションからはどのサーバがマスターなのか分からないという問題が発生します。これを解決するために、RESTエンドポイントによって各Neo4jサーバにマスターノードの場所を照会することができます。

|13-5-2-3| HAクラスタ障害時の書き込みトランザクションの伝播

Neo4jのHAクラスタは、通常のマスタースレーブ型のレプリケーションとは異なるアーキテクチャを持っており、障害時のトランザクション伝播は、次のような2つのパターンが考えられます。

◉ リクエストをマスターが受け取った場合

マスターが壊れた場合「トランザクションのコミットがどれかのスレーブに伝播されているかどうか」によって、2つの状態が想定できます。

まず、トランザクションのコミットがどれかのスレーブに伝播されている場合です。このケースでは、そのスレーブがマスターに昇格し、残りのスレーブは新マスターと同期を取りますから、データの流失は発生しません。

しかし、トランザクションのコミットがどのスレーブにも伝播されていない場合、トランザクションデータが流失される可能性があります。動作としては、残りのスレーブから新マスターが選出され、マスターの権限を引き継ぎます。それから、新マスターに書き込みが行われますと、残りのスレーブは新マスターに合わせて同期を取ります。この際に旧マスターにかかっていたトランザクションのデータ（ブランチ）は失われます。

◉ リクエストをスレーブが受け取った場合

スレーブが壊れた場合、受け取った書き込みのトラザクションがマスターに伝播されている場合は特に問題がありません。既存のマスターがトラン

448 RDB技術者のためのNoSQLガイド

ザクションをコミットし、残りのスレーブは既存のマスターと同期を取ります。

但し、スレーブが受け取った書き込みのトラザクションがマスターに伝播されていなかった場合はデータ流失の可能性が高くなります。問題のスレーブが復帰する前に既存マスターで新しい書き込みが発生すると、残りのスレーブは既存のマスターに合わせて同期を取ります。もし、その後、問題のスレーブが復帰したとしても、迷子になったトランザクション（ブランチ）は捨てられ、新マスターに合わせて同期が取られます。

13-6
運用

|13-6-1|
バックアップ

Neo4jのバックアップは、データベースファイルを他のディレクトリにコピーするようなものです。Neo4jのエンタープライズ版では、Neo4jサーバから、ローカル又はリモートのディレクトリにオンラインバックアップを実行できます。さらに、フルバックアップ又はインクリメンタルバックアップのどちらも可能です。

|13-6-2|
リストア

バックアップのリストアは、元のディレクトリ又はデータベースの復旧を想定するディレクトリにデータベースファイルをコピーします。リストアツールは別途存在しません。OSコマンドや他のファイル転送ツールなどを利用します。

第13章 Neo4j

|13-6-3|
バルクロード

LOAD CSVとNeo4jImportの2つのバルクロード方式を提供しています。

LOAD CSVはNeo4jのバルクデータ処理方式の一つです。ヘッダー（カラム名）付きのCSVファイルからデータを読み込んでCypherクエリでNeo4jに追加、変更、削除などを行います。LOAD CSV処理はNeo4jサーバが稼働中に実行できます。

Neo4jImportもNeo4jのバルクデータ処理方式の一つです。ヘッダー（カラム名）付きのCSVファイルからデータを読み込んでNeo4jに書き込みを行います。CSVファイルから処理することはLOAD CSVと似ていますが、事前にCSVのなかで関係性の整合性がとれた形で定義されている必要があります。そして、Neo4jサーバはストップした状態で実行し、既存のデータストアに対しては実行できません。結果として新しいデータベースが作成されます。

|13-6-4|
監視

Neo4jは、数パターンの監視方法を提供しています。まず、Neo4j標準のWebインターフェースモニターを利用できます（図13-18参照）。

450 RDB技術者のためのNoSQLガイド

◎図13-18　Webインターフェースモニター

　JMX及びJConsoleを利用してNeo4jのインスタンスに接続し、カーネルに関する情報を見ることができます（図13-19参照）。

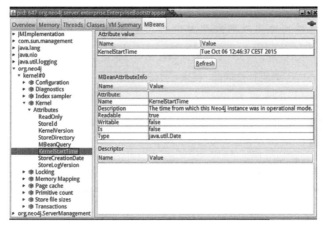

◎図13-19　JMX-JConsole

　さらに、エンタープライズ版ではGraphite、Ganglia、又は CSVに対してNeo4jインスタンスが健全な状態であるかを持続的に出力することも可能です。

第13章 Neo4j

|13-6-5|
ログ出力

　Neo4jのデータストアの配下にあるmessages.logは、Neo4jサーバの起動及び終了、リソースに関する診断、イベントに関するログが記録されます。他にもconsole.log（Neo4jサーバの起動及び終了、HTTPサービスなど）、JVMのガベージコレクションに関するログが活用できます。

|13-6-6|
稼働統計

　OracleのStatspackのような性能問題に関わる統計は提供していません。Cypherクエリの実行性能は、結果と共に返します。

13-7
セキュリティ

　Neo4jサーバへの接続はベーシック認証、通信経路はHTTPSで保護されます。

◆表13-14　セキュリティティ機能一覧

区分	内容
ユーザ認証と権限	Neo4jサーバへのアクセスはIDとパスワードによるベーシック認証です。現時点でユーザはneo4jというルートユーザのみの状態で、すべての権限を持っております。

| 暗号化 | リモートからNeo4jサーバに接続する場合、通信経路をHTTPSで保護できます。HTTPSの使用は、ベリサインのキー込みになっていて、パラメータレベルで切り替えることができます。データに対する暗号化の機能は実装されていません。 |
| 監査 | 監査に通じる機能やログ、ユーザ管理、権限管理などに関するものは実装されていません。 |

13-8
出来ないこと

　SQLの一般的な機能と比較するという想定では、他のNoSQLと違ってNeo4jのCypherクエリの論理構成能力はSQLを遥かに超えます。但し、一部の機能においては、あまり向いていない処理や提供していない機能、可能性を模索中にある機能などがあります。

　Neo4jはグラフDBとして保持できるノードや属性、関係性のタイプの数に制限があります。そのためいわゆるビッグデータ系のデータストアには向いていません。

● 表13-15　制約一覧

対象	制約
ノード	340億パターンまで登録できます。
関係性	340億パターンまで設定できます。
属性	最大数は、2,740億件まで登録できますが、属性のタイプにも依存し、組み合わせが悪い場合は680億件ぐらいまでです。
関係性のタイプ	65,000種類まで定義できます。

　その他にも以下のような制約があります。

第13章 Neo4j

- Date型をサポートしていません。但し、Timestampを返す関数は存在するので現在の時刻を属性に格納することは簡単にできます。
- Cypherクエリの記述で間違った属性キーを使っても、構文エラーになりません。結果がNULLになるだけです。そのためにCypherクエリでは結果値に意図していないNULLが交えていることは要注意のポイントです。大概、構文ミスの可能性が高いです。
- Neo4jは完全なOLTPエンジンであり、RDBのDWHエンジンなどで提供する集計関数は提供していません。
- 扱えるデータ型はASCII型のみです。
- Neo4jの1ノードに多くの属性（カラム）を持つことは賢明ではありません。Neo4jは、内部的に4個の属性を1ブロックにする構造になっています。ノードの属性はすべてメモリに載りますので、多くの属性を持つノードはパフォーマンスに悪影響を及ぼす可能性があります。もし、すべてが分析に必要な属性だとすると、データモデルの見直しを検討したほうが良いかもしれません。

13-9
国内のサポート体制

　現在、日本国内ではクリエーションライン株式会社[*1]が販売代理店となっています。

---

*1　クリエーションライン http://www.creationline.com/neo4j

13-10
主要バージョンと特徴

　この書籍を書いている段階でNeo4jの安定バージョンはv2.3であり、本書の内容もv2.3に準拠しています。Neo4jは、従来から次のような3つの課題を認識していました。

- データ数の制限
- Cypherクエリのパフォーマンス
- OLAP対応

　このなかで、2.x系では、データ数の制限が大幅にアップし、Cypherクエリのパフォーマンスが飛躍的に改善しつつあります。OLAPへの取り組みはSpark GraphXとの連携が既に始まっているので、今後の注目のポイントです。

13-10-1
Neo4jのエディション間の比較

　Neo4jのエディションは、オープンソースのコミュニティ版と有料のエンタープライズ版に分かれています。標準機能においては、コミュニティ版とエンタープライズ版との間で差は存在しません。一方で、パフォーマンスやスケーラビリティ、運用面でコミュニティ版には存在しない機能を提供しています。もちろん、製品に関するサポートもついています。

第13章 Neo4j

●表13-16　エディション間の比較

エディション	エンター プライズ	コミュニティ
Property Graph Model	○	○
Native Graph Processing & Storage	○	○
ACID	○	○
Cypher Graph Query Language	○	○
Language Drivers most popular languages	○	○
REST API	○	○
High-Performance Native API	○	○
HTTPS（via Plug-in）	○	○
Enterprise Lock Manager	○	×
Cluster-based Sharding（※）	○	×
Clustered Replication	○	×
Cypher Query Tracing	○	×
Property Existence Constraints	○	×
Hot Backups	○	×
Advanced Monitoring	○	×

※）Cluster-based Shardingはデータを分散するシャーディングではありません。詳細は13-4-2項「キャッシュシャーディングによる処理性能向上」を参照ください。

|13-10-2|
ライセンス体系

　Neo4jはNeo Technology社によるオープンソースプロジェクトであり、ソース及び権利はすべてNeo Technology社に帰属するものです。ライセンス体系は、次の通りです。

|13-10-2-1| Neo4jコミュニティ版（Community Edition）

　Neo4jコミュニティ版は、GPL v3 ライセンスです。利用者において

456　RDB技術者のためのNoSQLガイド

Neo4jコミュニティ版の利用は完全にフリーです。Neo4jコミュニティ版を組み込んだアプリケーションが組織体の内外、個人の利用などに問わず、利用においてソース公開の義務などは発生しません。

|13-10-2-2| Neo4j エンタープライズ版（Enterprise Edition）

⬗ 表13-17　商用ライセンス一覧

ライセンス	説明
商用版ライセンス	Neo4jの商用版を利用するためには、料金（サブスクリプション）を払う必要があります。料金については、代理店であるクリエーションライン株式会社に問い合わせをしてください。そして、エンタープライズ版の機能に関するソースは非公開です。
評価版ライセンス	PoCなどのために1ヶ月限定でNeo4j商用版と機能的に同等な評価版ライセンスを試してみることができます。Neo4j評価版ライセンスは、ホームページからダウンロードできます。この評価版の導入においては、メールベースでNeo4j社の専門家のアドバイスを受けることもできます。
教育ライセンス	学生や教育現場の指導者がNeo4j商用ライセンスの機能をフルセットで必要とする場合、ネオテクノロジー社は教育ライセンスを提供しています。教育ライセンスの相談は、代理店又はネオテクノロジー社の関係者に相談してください。
オープンソース	Neo4jオープンソースプロジェクトにおいて、エンタープライズ版に興味を持つ方は、こちらのホームページを参照してください。http://neo4j.com/open-source/

13-11
効果的な学習方法

　Neo4jの学習には、Neo4jの公式ホームページのチュートリアルや動画、マニュアル、グラフギースト（サンプルグラフ）、ブログなどを利用できます。

第13章 Neo4j

ただ、今のところ残念ながら日本語の資料は少ないですが、皆無というわけでもないので、以下のURLなどを参照してください。

13-11-1
公式ドキュメント

● 表13-18　公式ドキュメント一覧

情報	説明
Neo4j Docs	チュートリアル、マニュアルなどのドキュメントをNeo4jのバージョン毎に参照できます。 http://neo4j.com/docs/
GraphGist	Neo4j関係の有志によるデータモデルやCypherクエリが入手できます。 http://graphgist.neo4j.com/#!/gists/all http://gist.neo4j.org/
ユースケース	様々なユースケースをみることができます。 http://neo4j.com/use-cases/
ブログ	様々な投稿記事などが閲覧できます。 http://neo4j.com/blog/

13-11-2
ユーザ会

ユーザ会では、Neo4j関連のイベント情報などを得ることができます。

● https://groups.google.com/forum/#!forum/neo4j
● https://www.facebook.com/neo4jusersgroup/
● http://jp-neo4j-usersgroup.connpass.com/

13-11-3

書籍

英語の書籍が多数出ているなかで、日本語の書籍も出始めています。

- A Programmatic Introduction to Neo4j
- Neo4j in Action
- Neo4j Graph Data Modeling
- Beginning Neo4j
- Neo4j Cookbook
- Learning Neo4j Graph Databases
- Neo4j High Performance
- グラフデータベース —Neo4jによるグラフデータモデルとグラフデータベース入門、オライリー
- Cypherクエリ言語の事例で学ぶグラフデータベースNeo4j 、インプレスR&D（NextPublishing）
- Neo4jを使うグラフデータベース入門、リックテレコム

13-11-4

他の日本語の資料

ユーザ会やクリエーションライン社のホームページ、筆者のブログなどを参照してください。

◉ユーザ会
http://jp-neo4j-usersgroup.connpass.com/

◉筆者のブログ
http://qiita.com/awk256

第13章 Neo4j

◉クリエーションライン社のホームページ
http://www.creationline.com/neo4j
http://www.creationline.com/lab/neo4j

第14章

想定される NoSQLのユース ケース

本章ではNoSQLの想定されるユースケースを多数紹介します。紹介するユースケースは、これまで紹介した8つのNoSQLのどれかを利用したケースになっています。

一点注意いただきたいのは、紹介するユースケースがそこで利用されているNoSQLだけで実現できるものではないということです。例えばログ収集のユースケースはMongoDBを利用して紹介していますが、必ずしもMongoDBである必要はなく他のNoSQLでも実現可能です。

皆さんに知ってほしいのは、ここで紹介するユースケースはいずれもRDBが最適解ではないということです。そしてNoSQLの中に適したものがあるということです。

では、これから様々な想定されるユースケースを見ていきましょう。NoSQLの紹介の時と同様に、各NoSQLのプロフェッショナルに書いてもらったので、文章の粒度がまちまちですが、そこはご勘弁ください。

14-1
キャッシュ（Redis）

　大容量のデータを扱うWebアプリケーションへ大量のアクセスが予測されるとき、考えるべきは「ボトルネックがどこで発生するか」ということでしょう。例えば図14-1のようにWebアプリケーションのデータを永続化する先として、RDBを選んでいたとしましょう。このとき、ボトルネックとなる箇所としては書き込みや問合せが集中する①の部分が考えられます。

　また、エンドユーザからのリクエストによりアプリケーション上で何らかの処理をする必要がある場合にはその処理（②）もボトルネックになる可能性があります。

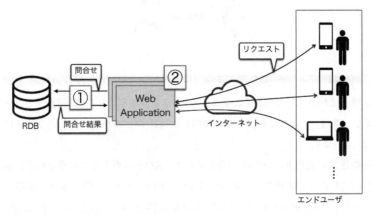

◎図14-1　Webアプリケーション事例

14-1-1
RDBのスケールアップ・スケールアウトによる対処

　ここで、RDBだけでこれらに問題に対処することを考えてみましょう。
　①の箇所がボトルネックになる原因としては、DBサーバのリソースや帯

域の圧迫が挙げられます。

リソース不足に対してはスケールアップによる対処が、一方で帯域の圧迫に関しては、マスター/スレーブレプリケーションによるスケールアウトが考えられますが、この対処はどちらも非常に高いコストがかかります。

また、RDBではスケールアウトをした場合でも一貫性や整合性の厳密な確保を実施しようとするため、単純に増やした分の性能が向上するというわけではありません。

|14-1-2|
RedisによるWebアプリケーションキャッシュ

前述したボトルネックに対処するため、図14-2のようにRedisをキャッシュとして扱うことを考えてみましょう。

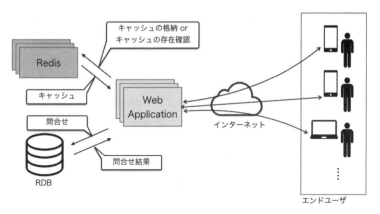

◉ 図14-2　RedisをWebアプリケーションキャッシュとして利用した場合

この構成をとった場合、Webアプリケーションはクライアントからのリクエストによって RDB上のデータが必要になると、まずRedisに対してそのクエリの結果がキャッシュとして存在するか確認します。キャッシュがヒットした場合にはRDBへの問合せは行わず、キャッシュを用いて処理を実行して、クライアントへのレスポンスを行います。一方でキャッシュがヒット

第14章 想定されるNoSQLのユースケース

しなかった場合には、RDBに対して問合せ実行して、その結果を用いて処理を実行します。ここで、RDBに対して実行されたクエリとその問合せ結果をRedisにキャッシュとして格納しておきます。

このように、Redisをキャッシュとして利用することで、同様のクエリを頻繁に実行する必要のあるアプリケーションではRDBにアクセスする頻度が格段に減るため、先に挙げたリソースや帯域の圧迫を緩和することができます。またキャッシュがヒットした際には、通常の問合せよりもレスポンス性能が向上します。

Redisにキャッシュする内容としては、クエリと問合せ結果の対応の他、アプリケーションによる処理・分析結果の他、CSS、画像データなどの静的ファイルも、ページのHTMLそのものなども考えられます。Redisの場合はHash型などの構造化したデータを持つことができますので、Memcachedなどと比べると問合せ結果をアプリケーションから扱い易い形でキャッシュしておくことが可能です。

また、Redisはマスター／スレーブレプリケーションやRedis Clusterなどの機能によって容易にスケールアウトすることが可能です。そのため、Webアプリケーションへのアクセス数に応じて時間毎に割当てるマシンリソースをコントロールすることも可能です。外部サービスを利用可能なのであれば、Amazon ElastiCacheやAzure Redis Cacheを用いることでこれらのコントロールは容易に設定できます。

この際、RDBと異なり、整合性の確保が厳密でない代わりに、増やした台数に応じて効率よく応答性能を向上させることができます。

なお、キャッシュの特性やレプリケーションが非同期で行われるという特性から、キャッシュの生存時間や同期時間によってはRedis上で扱われる情報のリアルタイム性が下がってしまう場合も考えられます。そのため、RedisをWebアプリケーションキャッシュとして利用する場合には、システム設計の段階でキャッシュするデータ・しないデータを明確に定めておくべきでしょう。

|14-1-3|
まとめ

Redis を Web アプリケーションキャッシュとして利用した場合には下記のようなメリットがあります。

- レプリケーションによって容易にスケールアウト可能。
- 同様のクエリを何度も発行する場合には、スケールによる性能向上率がRDBに比べて非常に高い。

14-2
IoT（モノのインターネット）基盤（Cassandra）

すべての“モノ”がネットで繋がる“モノのインターネット”［Internet of Things（IoT）］の時代において、“モノ”が繋がっているということの最大の利点はデータをリアルタイムで取得、把握しそれに対するアクションをリアルタイムにできることです。これは NoSQL が最もその強みを発揮する分野になります。

|14-2-1|
RDBを用いた場合の課題

例として IoT のデバイスであるセンサー（センサーA）が毎秒データを取得していたとします。

RDBでこのデータを保持する場合、毎秒のセンサーデータを1レコードとして INSERT するという形になるのが最も一般的な使われ方になりま

第14章 想定されるNoSQLのユースケース

す。これは、この"センサーA"1つで1日86400行のデータをRDBに挿入（INSERT）するということになります。毎秒1件の挿入であれば、RDBでも全く問題ないでしょう。

RDB

Sensor	Date	Time	TEMP
センサーA	2016/3/1	00:00:00	45.2℃
センサーA	2016/3/1	00:00:01	45.2℃
センサーA	2016/3/1	00:00:02	45.1℃

1日86400行をINSERT（毎秒）

行をINSERT

● 図14-3　センサーが一つであればRDBでも問題ない

　ところが、このセンサーが何千個もあった場合、データをRDBでリアルタイムに毎秒処理することはとても厄介になってきます。このパフォーマンスを24時間365日維持しなくてはいけないからです。潤沢な資金があれば、何億というお金を掛けてこれを可能にすることができるかもしれません。しかし、大抵の場合リアルタイムのオペレーションを諦めて、データを一旦ファイルに溜め、一括でバッチ処理するという方法を取るのではないでしょうか。RDBはデータを1つの集合単位でロード、検索処理する事を得意としているからです。それでも、バッチのデータ処理の時間を1日毎にするのか1時間毎にするのか、またはそれよりも短くするか、システムを作る側としては頭を悩ませる点です。1秒毎のデータが欲しいという現場の要求に対して、システム側が毎分の又は毎時間という期間でデータ取得するのが望ましいという提案を、RDBを利用する場合はすることもあるでしょう。

　それでもRDBで作った場合は、引き続きのパフォーマンスチューニング、システム障害への対応ということで頭を悩ませることになりますし、将来的に、これが数千個のセンサーではなく、何万個となったときには、すべての設計、構築を一から見直す必要が出てきます。

14-2-2
NoSQLによる課題解決

　NoSQLのCassandraでは、毎秒当たり数万件以上のオペレーションを処理するということが安価で簡単に実現可能であり、高速なパフォーマンス、ノードを追加すればリニアにスケールするという点、単一故障点がないという点においても大量に発生する"モノ"のビッグデータを取り扱うのに強みを発揮します。

　Cassandraは分散されたノードにセンサーと日付の2つでパーティションキーを持ち、そのキーに対してIoTデータを時系列に横持ちにして扱うのが良いでしょう。CassandraにおけるINSERTは同じキーに対して、カラムを追加、変更、検索をすることができ、このカラムデータの追加は1行に対して、カラム数を20億個まで持てるからです。Cassandraではカラム名と値で一つのデータとして取り扱います。

Cassandra

Sensor	Date	00:00:00	00:00:01	00:00:02
センサーA	2016/3/1	45.2℃	45.2℃	45.1℃

列をINSERT

1日1行86400列をINSERT（毎秒）

◉図14-4　Cassandraにおける大量センサー情報のインサート

　カラム名と値で1つのカラムレコードですので、レコード毎にカラム名を持っていてディスク容量を無駄にしているように見えますが（実際、以前のバージョンでは、カラム名とレコードを各カラム持っていた）、Cassandra v3.0からはこのカラム名をスキーマ定義としてストレージレベルでも管理しているので、各レコードにはカラム名は持たずにメタデータとして管理するようになっています。これによって、この例の場合1日のレコードを1行検索しただけで、すべてのデータを取得できます。RDBでは、86400行スキャンして検索してこなければいけなかった作業です。

第14章　想定されるNoSQLのユースケース

　さらに、このCassandraの横持ちの利点として、カラムは任意のカラムだけを物理的に持たせられるという点があります。様々な"モノ"からデータを取得した場合、"センサー A"と"センサー B"、または"A社のモバイル"と"B社のモバイル"から出て来るデータが違うフォーマットであるということは想定しておかなくてはいけません。先ほどのセンサーの例としても、"センサー B"は旧式のセンサーを利用しているので30分に一度しかデータが出てこないとしましょう。それでも、Cassandraの横持ちは問題ありません。もちろんRDBの場合も48行の行で済みますが。

RDB

Sensor	Date	Time	TEMP
センサーA	2016/3/1	00:00:00	45.2℃
センサーA	2016/3/1	00:00:01	45.2℃
センサーA	2016/3/1	00:00:02	45.1℃

1日86400行をINSERT（毎秒）

センサーB	2016/3/1	00:00:00	50.7℃
センサーB	2016/3/1	00:30:00	51.7℃
センサーB	2016/3/1	01:00:00	53.7℃

1日48行をINSERT（30分毎）

◎図14-5　RDBでは頻度の違う情報をテーブルを分けて挿入

　Cassandraの場合、1行に対して、毎30分のデータしかINSERTしないでデータを持たせることが可能です。

　RDBでは、カラム数の制限は数千カラムであるのが多いのに対して、先の記述通り、Cassandraにおいては、20億カラムデータを1行に持たせられるという事だけではなく、物理的にも存在するデータしかディスク上に持たないというのは、カラムにデータが存在しない場合でもNULLとしてデータを扱

14-2 IoT（モノのインターネット）基盤（Cassandra）

い、NULLポインタを物理的に持つ多くのRDBとは大きな違いです。

Cassandra

1日1行86400列をINSERT（毎秒）

Sensor	Date	00:00:00	00:00:01	00:00:02
センサーA	2016/3/1	45.2℃	45.2℃	45.1℃
Sensor	Date	00:00:00	00:30:00	01:00:00
センサーB	2016/3/1	50.7℃	51.7℃	53.7℃

．．．．

列をINSERT

1日1行48列をINSERT（30分毎）

◉図14-6　Cassandraでは頻度の違う情報でも同等に扱える

　ここで、日本におけるIoTの事例を1つ紹介しておきます。公益財団法人高輝度光科学研究センター（JASRI）が運営するSPring-8のデータ収集システムです。SPring-8は、太陽の100億倍もの明るさに達する「放射光」を使って物質の原子・分子レベルでの形や機能を見るための研究施設で、その加速器や制御装置を構成する機器から毎秒平均1万点のデータを、基本的に24時間休まずに記録するという課題の解決に取り組んでいます。

　こちらでは従来RDBで加速器のログ収集を行っていましたが、データの種類や収集頻度が増えるに従って、スケーラビリティに注意しなければならないようになりました。そのスケーラビリティの為に、Cassandraを採用しました。採用のポイントとしては、上記に加え、先ほどの横持ちの時系列データの保存に適したカラム指向データベースであること、やはり分散データベースなので拡張が容易なこと、そしてマスターレスであることにより信頼性とメンテナンス性が向上する、オープンソースであるといった点です。

　SPring-8では、機器等からのデータを中継サーバで受け取り、ZeroMQという非同期のメッセージングライブラリを使って、データを欠落なしに保存するCassandraと、メモリ上で即時の利用を目的としたNoSQLのRedisにデータを書き込むという処理を行っています。現在、12台のノードで構成されたCassandraクラスタの本格運用を行っています。

　また、海外おいては、ガスのボイラーのセンサーデータ、スマートメータ

RDB技術者のためのNoSQLガイド　469

第14章 想定されるNoSQLのユースケース

のセンサーデータ、家庭用サーモスタットのデータをCassandraで取得して分析しているというケースもすでに多く出てきています。

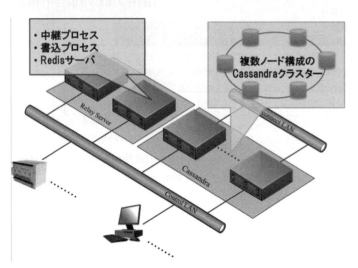

◎図14-7　RedisとCassandraを利用したSPring-8の構成

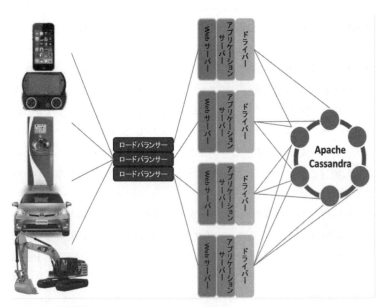

◎図14-8　典型的なCassandraのIoTにおける構成例

14-3
メッセージ基盤（Cassandra）

メッセージングシステムは、インターネットの世界では最も重要なアプリケーションの一つです。業務を遂行するにしても、メールシステムが止まってしまうと仕事が滞ってしまう人は多いでしょう。LINE、Facebook、TwitterといったSNSもメッセージングシステムと言えます。開発者同士がチャット上で一緒に仕事をするというのも世界では全く珍しくありません。メッセージングシステムは利用者がいつでも、どこからでも、どのデバイスからでも自由にストレスなく24時間365日利用できることが重要になります。ダウンタイムを許容してはいけない、かつパフォーマンスが重要であるというミッションクリティカルなシステムです。

メッセージシステムには重要な4つの要素があります。

1. 膨大なデータ量（トランザクション&容量）とピーク時への対応
2. サービスのスケーラビリティ
3. 安定したパフォーマンス
4. 24時間365日のサービス提供

加えて5つ目の要素に安価に開発、運用、継続的な管理拡張ができるという事も重大な要素になるでしょう。今までも多くNoSQLについて、語ってきており読者も理解していると思いますが、これらの要素を考慮すると、メッセージングシステムはNoSQL向きのシステムであると言うのは明確です。

第14章 想定されるNoSQLのユースケース

|14-3-1|
なぜNoSQL向きなのか
- -

前セクションの4つのケースについて考えてみましょう。

|14-3-1-1| 膨大なデータ量（トランザクション&容量）と ピーク時への対応

ビッグデータにおける、RDBを利用するのか、またはNoSQLを利用するのかは、多いに議論しなくてはいけないでしょう。多くの場合、使い慣れたRDBを利用したいと思うのがエンジニアの考えるところです。しかしながら、この本の中でも記述してきた通り、大量なデータを大量に処理するにあたっては、RDBの基本的な考え方のシェアード・エブリシングの考え方は向いていないということはおそらく読者の皆様にはすでにご理解いただけているでしょう。

|14-3-1-2| サービスのスケーラビリティが高い

1台のマシンをスケールアップしていくのは膨大なコストがかかります。30年前のメインフレームを思い出してください。現在のRDBは30年前のそれと同じではないでしょうか？高価な超特大のマシンと高価なソフトウェアそれに加えてサポートとサービス。NoSQLの分散の考え方は安価なマシンを並べて処理をスケールアウトさせる為に設計されたシステムです。真にスケールさせるにはNoSQLを選ぶのが良いでしょう。

|14-3-1-3| 安定したパフォーマンスが出せる

RDBの問題点は1台のマシンがマスターとして存在するか、同じデータを複数のマシンから共有するかというシステムが基本です。これは処理が集中してしまった時にボトルネックが発生する事になります。皆さんもチューニングを施したシステムなのに運用中に急にパフォーマンスが不安定になるということを経験された事があると思いますが、こういったケースは、調査すると、1つの重たい処理がすべての処理に影響を与えていた、

というのは日常茶飯事ではないでしょうか。分散システムであれば、1台のノードにおいて、予期せぬオペレーションによって問題が発生したとしても、残りのノードは独立して動いていれば問題ありません。

|14-3-1-4| 24時間x365日のサービスを提供できる

1台のサーバに障害が発生して、システムが止まってしまうというのは言語道断です。例えばアクティブ（本番系）・スタンバイ（待機系）のシステムであったとしても、本番系から待機系に切り替わる時には何が発生しているでしょうか？その切り替え時間は"待ち時間"でシステムは休止した状態です。それは数秒から数十分という時間の単位で"休止"しているということです。昨今のサービスではこれはかなりクリティカルな問題です。

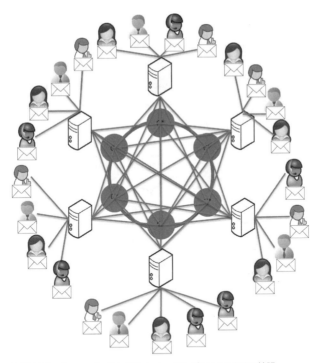

△ 図14-9　Cassandraにおけるメッセージングシステムとその拡張

14-3-2
NoSQLを用いたメッセージ基盤の具体例

メッセージ基盤のユースケースはCassandraで話を進めて行きます。前述の通りNoSQL向けのアプリケーションになりますが、ここでは、チャットルーム向けのアプリケーションを作る上で、NoSQLのCassandraでのデータモデルを見ていきます。

14-3-2-1 | USERテーブルの作成

チャットのアプリケーションを作る場合の最初はユーザテーブルのデータモデルです。メッセージングシステムにおいて、ユーザ数というのは大幅、急激に増えていく可能性があります（というより、そういう期待をしてアプリケーションを作成します）。ユーザ数の増加に耐えうるアプリケーションの基盤にするには、すべてのユーザが1台のノードに集中してしまうのではなく、各ユーザを各ノードに割り当てる必要があります。今回、一意のパーティションキーのLOGIN名を使ってデータを分散させます。これによってデータは均等にノード間に分散されます。

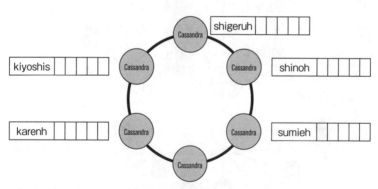

◎図14-10　ユーザのLoginでデータを分散した場合のレコードの配置例

テーブルの作成は以下のようになります。

14-3 メッセージ基盤（Cassandra）

```
CREATE TABLE mychat.users(
    login text,
    pwd text,
    lastname text,
    firstname text,
    bio text,
    email text,
    chat_rooms set<text>,
    PRIMARY KEY(login));
```

　ここで、chat_roomsにset（setはデータの集まり）を使っているのは、ユーザが利用するすべてのChat room IDをここに格納する為です。これによって、一行でユーザが利用するChat Room、ユーザのLOGIN情報をすべて格納することができます。

　分散データベースであるがゆえに、Cassandraで注意しなくてはいけない点が一つあります。分散で各ノードが完全独立しているので、同じLOGIN（パーティション・キー）が、システムトラブル等でレプリケーション先に反映されていない場合に、まれに同じキーを挿入できてしまう可能性がある、というものです。これは分散の構造上発生しうるシナリオです（事実、以前のCassandraではその可能性がありました）。

　それに対してCassandraで利用するのは軽量トランザクション（Lightweight Transaction）です。挿入前にデータがあるかどうかを確認してから、ないのであれば、挿入するという手順をCassandra側で取ってくれるので、データの重複の心配がありません。これはパフォーマンスのトレードオフを考えてもこの場合には必要かつ有効な手段です。

```
INSERT INTO mychat.users(login,…,…,…) VALUES('shigeruh',….) IFNOT EXISTS;
```

|14-3-2-2| chat_roomsの作成

　次にチャットルームの作成を考えてみましょう。chat_roomsテーブルもusersテーブルと同じです。うまく、分散させてスケーラビリティを持たせる為に、chat_roomsテーブルもroom_nameをパーティションキーにして作成します。

RDB技術者のためのNoSQLガイド **475**

第14章 想定されるNoSQLのユースケース

```
CREATE TABLE mychat.chat_rooms(
     room_name text,
     created_date timestamp,
     room_banner text,
     creator text ,
     creator_login text,
     participants set<text> ,
PRIMARY KEY(room_name));
```

　ここで注意しなくてはいけいないのは、creatorカラムとparticipantsカラムです。なぜなら、これらはアプリケーション側からみると、詳細情報が欲しいデータだからです。もちろんLOGINの情報だけ入れておいて、そのデータから、usersテーブルに検索して、creator、participantsの詳細情報を取得してくるというのは一つの方法ですが、これではRDBと同じで、複数オブジェクトを検索し、複数レコードを取得するという動きになるので、良い方法ではありません。

　Cassandraでやる場合は、1つ目の方法は、TEXTフィールドをJSONで格納するという方法です。

```
CREATE TABLE mychat.chat_rooms(
     …
     creator text ,        ←  JSONで詳細情報を格納
     participants set<text> ,  ←  JSONで詳細情報を格納
PRIMARY KEY(room_name));
```

　これで、一回のchat_roomの1行検索で必要な情報が取得できますが…。

　しかしながら、JSONってどんな形でどういうデータが入っているか取り出すまでわからないですよね?そこはちゃんとアプリケーション作成者からみてルールがあったほうが良いと思うので、2つ目の方法として、User Typeを使う方法を見てみましょう。

```
CREATE TYPE mychat.user( ← USER TYPE USERでLOGIN, Firstname, Lastnameを定義
     login text,
     firstname text,
     lastname text);
```

476 RDB技術者のためのNoSQLガイド

14-3 **メッセージ基盤（Cassandra）**

```
CREATE TABLE mychat.chat_rooms(
    room_name text,
    created_date timestamp,
    room_banner text,
    creator frozen<user> , ← このカラムには Login,firstname,lastnameが入る
    creator_login text,
    participants set<frozen<user> > ,
    ↑このカラムには Login,firstname、lastnameが複数入る
PRIMARY KEY(room_name));
```

　ここで作成されたユーザタイプはLOGIN、Firstname、Lastnameと1つのカラムに格納することができ、かつ検索はピンポイントの1つのキー検索だけで必要なデータを取得できます。ParticipantsカラムはSETを使っていますが、これはCollectionタイプのカラム定義で、このカラムに複数のLOGIN、Firstname、Lastnameを格納します。

|14-3-3|
まとめ
- -

　Cassandraの簡単な2つのテーブル設計でNoSQLでのチャットシステムのデータモデルを説明いたしました。この考え方はメッセージングシステムだけではなく、どこでも利用可能な考え方です。NoSQLにおいてシステムを考える上では、データモデルをどのようにするのか、そして、その際に、検索は、短く単純に、ピンポイントで必要データを取得、格納するようにデータモデルを設計するという事を必ず念頭においてシステム構築を行ってください。

RDB技術者のためのNoSQLガイド **477**

第14章 想定されるNoSQLのユースケース

14-4
Hadoop連携（HBase）

　Hadoopはビッグデータの世界でデファクトスタンダードとなっている、大規模データの分散並列処理のためのフレームワークです。Hadoopは全てがスケールアウトによる性能向上を踏まえた設計となっており、基本的に扱うデータの限界はありません。

　データを保存することだけを考えればデータストアの選択肢は広いでしょう。しかし、データの処理を考えた場合、そのデータの量が膨大であればあるほどHadoopの導入メリットが大きくなり、それに従いHadoopと連携できるデータストアが求められることになります。

14-4-1
RDBの課題

- -

　HadoopとRDBの連携は可能です。Sqoop[*1]を用いることで、RDB中のデータを容易にHadoopで処理できるデータ形式に変換し、Hadoopに渡すことができます。また、Hadoopのデータ処理結果をRDBに書き込むには、Hadoopの処理を実装したプログラミング言語にもよりますが、適したドライバ（ライブラリ）を用いることで実現できます。

　しかし、扱うデータの量が増えた場合、RDBには限界があります。保存するデータ容量が逼迫した時、または、RDB上のデータの読み込み・書き込みの回数が増え負荷が大きくなった時などには、基本的にはスケールアップでの解決しかありません。スケールアップは往々にして高価な手段であり、様々な制約があります。

＊1　http://sqoop.apache.org

478　RDB技術者のためのNoSQLガイド

また、RDBの多くは扱うデータの厳密なスキーマ設計を求めます。たとえば、テーブルの構造を決める際に、列を全て定義する必要があります。扱うデータの種類が少なければ大きな課題にはなりませんが、ビッグデータの世界では、データはあらゆるところから発生し、多種多様なデータの保存・連携をすることが前提になっています。RDBでは、扱うデータが多種多様になるほど、そのスキーマ設計は困難になるでしょう。

14-4-2
HBaseによる解決

HBaseもHadoopも、HDFS（Hadoop Distributed File System）上で動作するため、データの連携が容易です（図14-11）。つまり、Hadoop上で処理した結果をHBaseで参照する、または、HBaseに格納しているデータをHadoopの処理の途中で参照する、などが可能になっています。また、HBaseもHadoopと同様、スケールアウトによる性能向上を実現できるため、Hadoopとの親和性は非常に高いです。

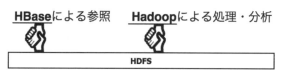

●図14-11　HBaseとHadopp

HadoopもHBaseも実装のためのプログラミング言語としてJavaが採用されています。HadoopとHBaseの親和性が高いということを、JavaのAPI上からも確認することができます。例えば、Hadoop上で動作するMapReduceアプリケーションは、HDFS上のファイルの読み込み・書き込みを通じて処理が連携されますが、HDFSを共有するHadoopとHBaseはそのための共通インターフェースを持っています。Hadoopは読み込みデータの形式を指定するためにInputFormatクラス、書き込みデータの形式を指定するためにOutputFormatクラスを定義しており、それぞ

第14章 想定されるNoSQLのユースケース

れ、HBaseからの入力のために`TableInputFormat`クラス、HBaseへの出力のために`TableOutputFormat`クラスが実装されています。

RDBのスキーマ設計の困難性に対する解として、HBaseのデータは全てバイト列で表現され、データの追加時に列を自由に追加できます。RDBのように厳密なスキーマ定義が求められず、データの追加が非常に容易です。どのような列が含まれている行も、同じテーブルに追加でき、参照する際には、その列に対するデータがあればその内容、なければ空の値を返すだけです。HBaseはデータの保存を確実にするためのデータストアという、明確な役割を担うための設計・実装を持っています。

14-4-3
HBaseとMapReduceアプリケーションの連携

HBaseとHadoopの連携の例として、Hadoop上で動作するMapReduceアプリケーションからHBaseを利用する例を示します。

図14-12に連携を簡略化した図を示します。ここでMapReduceアプリケーションは、「123」「213」「321」という3つの数字列データを入力とし、各データを数字に分解、HBaseのテーブルを参照し数字に対応する英単語(「1」に対して「One」など)を発見し、新たな文字列を生成(「123」に対して「One-Two-Three」など)、結果をHBaseに出力しています。Mapを入力データの処理、Reduceを結果の書き出しとして実装しています。

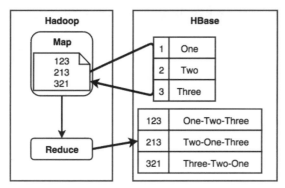

◎図14-12 HBaseとMapReduceアプリケーションの連携

　ここで、数字に対する英単語ではなく、数字に対するドイツ単語に変換する要件が出たとしましょう（「123」は「Eins-Zwei-Drei」になります）。この要件に対し、MapReduceアプリケーションの改修は必要ありません。HBase上のテーブル上のデータを書き換えるだけで対応できます（図14-13）。

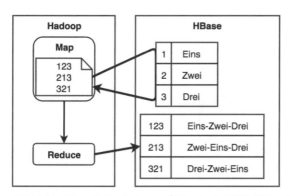

◎図14-13 HBaseとMapReduceアプリケーションの連携（HBaseテーブル内容変更後）

　入力データが膨大であるほど、Hadoopのようなデータ規模に対しスケールアウトする処理基盤が必要になり、同じくスケールアウトにより大規模なデータの参照・保存に耐えうるHBaseは価値ある選択肢となります。ここでは単純なデータの変換を目的とした例を示しましたが、たとえば数字列が顧客ID、それに対応するHBase上のデータが住所などの顧客情報

である場合を考えてみると、より具体的なMapReduceアプリケーションの例が思い浮かぶと思います。

HBaseとMapReduceアプリケーションとの連携を取り上げましたが、Spark[*2]など他のHadoop環境と親和性の高いコンポーネントも同様に、HBaseとの連携が容易です。Sparkは機械学習ライブラリMLlib[*3]を同梱していることで有名ですが、機械学習においては計算途中に生成される中間データを何度も参照・更新するイテレーションという操作が必須です。また機械学習によって得られたモデルを元に予測や推定をするためには、そのモデルデータが必要になります。図14-14のように、HBaseにこれらのためのデータ（機械学習に用いる入力データ、イテレーション途中の中間データ、機械学習の結果としてモデルデータなど）を保存することで、ファイルを介するよりも高速にデータにアクセスでき、複数台のマシンからなる分散処理環境においてもHBaseから一貫したデータの参照が可能になります。

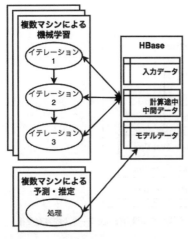

● 図14-14　HBaseと機械学習アプリケーションの連携

HDFSの世界にはファイルという概念しかありませんが、HBaseはそ

[*2]　http://spark.apache.org

[*3]　http://spark.apache.org/mllib/

れにテーブル構造データという概念を導入しています。テーブル構造というのは、私たちにとって馴染みがあり、解釈しやすいものです。HBaseはHadoop上で動くアプリケーションが入力・出力として扱うデータを扱いやすくする、Hadoopエンジニアにとってフレンドリーなシステムです。

14-5
モバイルアプリケーションに代表されるアプリケーションでの利用（DynamoDB）

　近年では、モバイルアプリケーションが主流になっています。まず、モバイルアプリケーションのデータは、シンプルな構造化データに対して、より多くの処理を捌くことが求められる傾向があります。これは、一般的にはどのNoSQLも得意にしている分野になりますが、モバイルアプリケーションは主にインターネットを経由して利用し、開発やリリースの頻度が早く、利用のピーク性の予測が非常に難しいという特徴があります。こちらの特徴が、クラウドがよく利用される理由で、NoSQLの中でもクラウドサービスであるDynamoDBがよく利用される理由の1つでもあります。クラウドは従量課金で拡張性が高く、インターネットに接続しており、モバイル用途の各種機能が備わっているため、ピーク性が読めずヒットするか分からないようなタイプの新規のモバイルアプリケーションを動かすプラットフォームとして適しています。そして、代表的なクラウドであるAWS上にシステムを構築した場合、大きな検討事項の1つにDBがあります。そして、NoSQLの選択として、このDynamoDBがあります。管理不要、信頼性、プロビジョンドスループットのチューニング、ストレージの容量制限無、といった面で管理工数を下げたい場合に採用されます。モバイルアプリケーションでNoSQLに格納されるデータは、モバイルアプリケーションのユーザ認証情報、セッション情報、アプリケーション利用履歴情報、メタデータ、バッチ制御情報の管理情報、等が代表的です。これらのデータは、データ構造

がシンプルで処理の結合の必要性が無く、大量のアクセスがあるという特徴があり、DynamoDBが向いています。逆に、課金等に代表される複雑な処理については引き続きRDBが用いられるケースもあります。

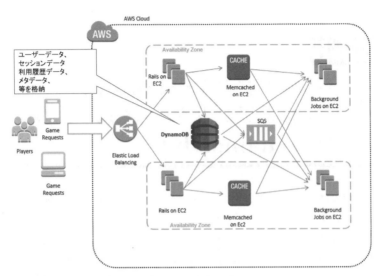

● 図 14-15　ゲームアプリでのDynamoDB利用典型構成

14-6
AWSサービスとの連動性を意識した利用（DynamoDB）

　DynamoDBの大きな特徴として、他のAWSサービスとの連動性があります。代表的な連動サービスの例としては、Elastic MapReduce、S3、Data Pipeline、Lambdaがあり、これらのサービスを活用してシステムを構築する場合にはデータストアとしてDynamoDBが多く採用されます。Elastic MapReduceとは、AWSがHadoopをマネージドサービスとして提供しているものであり、そのデータストアとしてDynamoDBが選

択できます。Data Pipelineはデータ駆動を条件設定して制御するサービスで、AWSのさまざまなデータストア間の制御が可能になっており、オブジェクトストレージであるS3、RDBであるRDS、前述のEMR、データウェアハウスであるRedshift等を条件設定に応じてデータを連動させることができ、DynamoDBもその1つとして選択できます。Lambdaはイベント制御サービスでその駆動条件や結果出力先にDynamoDBを選択できます。このようなクラウドが提供するマネージドサービスを活用したシステム構成をクラウドネイティブアーキテクチャとも呼びますが、DynamoDBはその中心の役割を担っています。

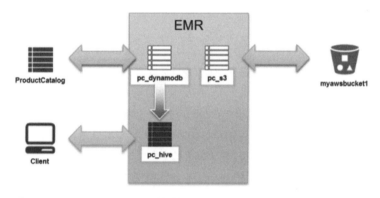

● 図14-16　EMRとDynamoDBの連携例

14-7 ログ格納システム（MongoDB）

　どこのシステムでも、アプリケーションのログやミドルウェアのログを格納するためのログ格納システムを作っていると思います。よくあるログ格納システムは図14-17のような構成でしょう。

第14章 想定されるNoSQLのユースケース

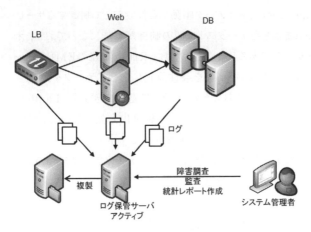

◎図14-17　よくあるログ格納システム

　各サーバは定期的なバッチでログをログ格納システムに転送します。転送方法はNFSやSCPでしょう。また、ログが消えてしまっては困るため、スタンバイ機に複製してアクティブ機が破損した場合に備えるでしょう。障害発生時には、システム管理者がログ格納システムにあるログを障害発生時刻で検索するなどして、障害調査にあたります。他にも、稼働統計レポートを出すためにログを利用したり、金融機関であれば監査のためにログを長期保存する必要があります。

14-7-1
RDBだと大変

　このログ格納システムをRDBで作ろうとすると大変です。

　はじめに、ログというものは各アプリケーションやミドルウェアによってフォーマットがバラバラで、テーブル定義が大変です。アプリケーションログであれば、タイムスタンプ、エラーレベル、利用ユーザID、ユーザアクション、メッセージなどが入っているでしょう。ミドルウェアのログであればタイムスタンプ、エラーレベル、ノード名、IPアドレス、メッセージなど

でしょうか。一行で完結するログもあれば、Javaのスタックトレースのように複数行に渡って出力されるログもあります。これらの多種多様なログ一つ一つに対してテーブル定義をするのは骨の折れる作業です。加えて、取得するログの種類が増えるたびにテーブル定義を新たに作る必要があります。

次に、システムの拡大とともにログが増えてくると、書き込み性能の向上が求められますが、RDBはスケールアウトが困難なので、簡単に書き込み性能を向上できません。ログを書き込む負荷は馬鹿にできません。例えばWebサーバのアクセスログを全て書き込む場合、Webサーバ全台が受ける負荷と同じ負荷をログ格納システムも受けることになります。

また、ログ管理にRDBはオーバースペックです。なぜならば、ログ管理システムの要件は、データを時系列で挿入できることと、絞り込みや集計ができることであるためです。トランザクション、結合、副問い合わせ、ストアドプロシージャ等、RDBに備わっている高度な機能の数々は使いません。入れて出す、ただそれだけができればよいのです。

|14-7-2|
MongoDBだと楽

ログ格納システムをMongoDBで実現するのは非常に良い選択の一つです。更に、ログ収集ミドルウェアと組み合わせるとより効果が出せます。図14-18はログの収集にFluentd[*4]を利用した例です。

[*4] FluentdはTresure Data社が中心となって開発しているOSSで、ログ収集ミドルとして最もよく使われているプロダクトの一つです。http://www.fluentd.org/

第14章 想定されるNoSQLのユースケース

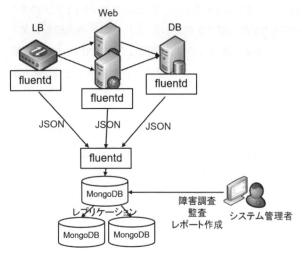

● 図14-18　MongoDBを活用したログ格納システム

この構成だといろいろとメリットがあります。

まず、テーブル定義をする必要はありません。Fluentdにログのフォーマットを指定してあげるだけで、FluentdがJSON形式に変換してくれますので、MongoDBは飛んできたJSONを格納するだけです。データを格納するコレクション（＝テーブル）の作成もFluentdのタグを利用することにより自動的に行うことができ、明示的にコレクションを作る必要もありません。RDBでかかっていたテーブル定義の工数を大きく削減できるでしょう。

次に、MongoDBはスケールアウトすることができるので、サーバが増えてきてもノードを追加するだけですぐに書き込み性能を向上させられます。高価なストレージは不要で、安価なサーバを横に並べれば実現できます。必要な分だけハードウェアを購入して不要になったら減らせばよいため、コスト効率も高いです。

レプリケーションも簡単に組めるため、データ複製のための作り込みをする必要はありません。

MongoDBにはトランザクションや結合などの機能はありませんが、ログ格納システムには不要な機能でしょう。

ここまで聞くとHadoopでもよさそうに思えますが、ログ格納システムの要件として障害対応に利用することを考えるとMongoDBのほうが向いています。障害解析に使うためには最新のログがリアルタイムに格納されている必要があります。Hadoopの基本は一括ロードした後にバッチで分析なので、リアルタイムの書き込みには向いていません。また、障害解析の際は、その場で（アドホックに）様々な条件でクエリを投げる必要があり、応答も即時にほしいです。Hadoopではクエリの応答は即時ではありませんし、アドホックに条件を変えてクエリを投げるのには向いていません。もし、障害対応の要件が無く統計レポートや監査に利用できればよいというのであれば、Hadoopでもよいでしょう。

実はこのシステムはMongoDBでなく他のNoSQLでもよいのですが、MongoDBを利用しているのにはいくつかの理由があります。まず、FluentdとMongoDBを接続する構成には沢山の実績があります。Fluentdの公式ドキュメントにもMongoDBとの接続方法が記載されていますので、NoSQLの中では最もよく組み合わされているのでしょう。次に、MongoDBであればクエリが豊富です。障害対応の際に、時刻で絞り込んでエラーレベルで集計するといった複雑なクエリも、SQLと同じ感覚で書くことができます。さらに、MongoDBはBIツールとの接続性もよいため、レポートを出す際も困らないでしょう。最後に、MongoDBには古いデータを自動で引き落とす機能があるため、旧データ削除バッチは作らなくてよいです。

|14-7-3|
まとめ

まとめると、以下のような特性からMongoDBが向いています。

第14章 想定されるNoSQLのユースケース

- ログが様々な形式なので、スキーマレスのほうが楽
- ログが増えてきたときに、スケールアウトで拡張できる
- レプリケーションが簡単で、バックアップの作成がすぐにできる
- 書き込みが多く、アドホックな検索が必要なので、Hadoopよりも NoSQL
- トランザクションや結合などの高度な機能は不要

14-8
ECサイトのカタログ管理 (MongoDB)

ECサイトにおけるカタログ管理ではMongoDBが活用できます。

14-8-1
RDBだと大変

ECサイトではアイテムをデータベースに格納しますが、アイテムごとに属性が違うことが多いです。例えば、名前や金額といった属性はどのアイテムでも同じですが、細かい仕様についてはアイテム分類ごとに異なるでしょう。このようにアイテムごとにある程度は同じだが、少しずつ異なる属性を持っているデータ群を、RDBで格納しようとすると大変です。異なっている部分をすべて列として定義しなければなりません。アイテムの種類ごとに専用の列を作る羽目になるでしょう。また、アイテムが持つ属性が増えたら、列の変更がメンテナンス作業として発生します。

また、商品数が増えてくると性能問題も出てきます。アイテムが増えてくると、メモリに乗らないものが増えてきて、検索の応答速度はどんどん遅くなってきます。性能を向上させようにも高いハードウェア費用を払ってス

490 RDB技術者のためのNoSQLガイド

ケールアップするしかありません。

アイテムが増えることの弊害は、オンラインリクエスト以外にも出てきます。それは列を増やすALTER TABLE文です。これは非常に重いクエリであるため、列を増やすために業務を一旦停止させないとできないというケースも少なくありません。これは大きなオペレーション負荷と機会損失を生みます。

14-8-2
MongoDBだと楽

このアイテム管理をMongoDBで実現すると多くのメリットがあります。まずアイテムをJSONで表現することにより、アイテムごとに異なった属性に悩まされなくてよくなります。加えて、JSONにしたことにより属性の変更もデータベースへのメンテナンス無しに行うことができます。また、商品数が増えた時もシャーディングにより負荷を分散できます。

JSONにすることによる意外なメリットとしては、ITの知識が少ない人でもJSONであればある程度読めるし、書き直せるということです。米国の事例では、JSONの生データを商品担当者が直接見てレビューすることにより、開発の生産性を上げることに成功しています。また、商品管理作業自体もDBAの力を借りることなく商品担当者が行えるようになりました。これはRDBにデータが格納されていて、結合しなければデータを取り出せない状態では、成しえなかったことです。

ただし、ECサイトのすべてのデータをMongoDBに入れるわけではありません。課金等のトランザクションが必須の業務についてはRDBに残し、カタログ管理だけをMongoDBに切り出します。MongoDBを使うかRDBを使うかは、アプリケーション側に共通部品を用意することによりアプリケーションからは透過的に利用できるようにします（図14-19）。

第14章 想定されるNoSQLのユースケース

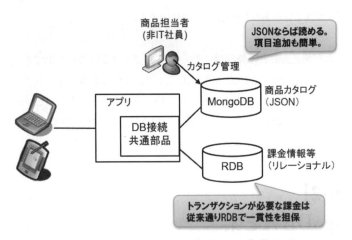

◎図14-19　ECサイトでMongoDBとRDBのハイブリッド構成

このように、スキーマがあることが弊害になる部分や性能が心配される部分のみをNoSQLに切り出すパターンは、NoSQLを活用する典型的なパターンの一つです。

14-8-3
まとめ

まとめると、以下のような特性からMongoDBが向いています。

- カタログはアイテムごとに属性が異なるのでスキーマのない方が良い
- JSONならば非IT社員でもレビューできたり更新できる
- アイテムが増えてきてもシャーディングすればよいので安心
- 課金の部分はRDBに任せる

14-9
高速開発（MongoDB）

プロトタイプ開発やアジャイル開発、ハッカソン[*5]等において短期間で機能を開発しなければならない場合MongoDBは適しています。

14-9-1
RDBだと大変

RDBの場合はデータを格納する前に必ずテーブル定義をしなければなりません。しかし一日に何回もリリースするような高速開発においては、テーブル定義が煩わしい作業となります。またテーブル定義はソースコードと違ってレポジトリで管理しにくいため、より厄介です。

また、RDBに入れたデータを使う場合はORマッパー[*6]を使うことが多いですが、設定が必要であり煩雑です。

14-9-2
MongoDBだと楽

MongoDBとJavaScriptやRuby等の軽量なスクリプト言語を用いると、非常に高速に開発できます。

[*5] ハッカソン（Hack-a-thon）とはある開発テーマの技術に興味のあるプログラマーたちが、会議室にノートPC持参で集まり、みんなで一緒にソフトウェアを開発し、最後に開発したアプリケーションやサービスを参加者全員の前でプレゼンテーションするイベントです。近年では企業がアイデア発掘の場としてハッカソンを活用することも多くなってきました。

[*6] オブジェクトとリレーショナルデータをマッピングするライブラリ。これを用いると、RDBの一行をプログラミング言語のオブジェクトに変換できます。

第14章 想定されるNoSQLのユースケース

MongoDBであればテーブル定義もデータベースの定義も必要ありません。MongoDBに接続して、その次のコマンドでいきなりデータを挿入できます。ORマッパーも必要ありません。スクリプト言語のオブジェクトをそのままの形でJSONとして保存できます。取り出す場合も何の変換もいりません。

特に高い生産性が出せるのは、Webからデータを取得してアプリケーションを作る場合です。近年WebのAPIの多くがJSONでデータを公開しています。Web APIからJSONを取得して加工してMongoDBに入れ、そしてブラウザからAJAXで取得するといったアプリケーションであれば、MongoDBとスクリプト言語の組み合わせは最適でしょう。

他のドキュメントDBを使うという選択肢も考えられますが、MongoDBは機能が多いため優位です。まず、MongoDBはJSONを強力に扱うためのクエリがそろっています。具体的には、JSONの中身の一部を更新したり、中身の配列に追記するといったことができます。他にも地理空間インデックスがあるため地図アプリを作る場合は重宝します。またアグリゲーションフレームワークによる集計は非常に強力で、SQL以上の演算力があります。

また、他のドキュメントDBと比較すると、Webを調べた時の情報量についてはMongoDBが圧倒的に多いです。高速開発において「ハマって」時間を消費してしまうことは致命的で、納期に間に合わなくなる可能性があります。MongoDBであればエラーメッセージを検索すれば、大体の場合ブログなどで解決策が見つかります。これは大きなアドバンテージでしょう。

14-9-3
Webフレームワークに組み込まれる MongoDB

JSONがデータ通信フォーマットの標準になりつつあるWebアプリケーションにおいて、JSONをそのまま扱えるMongoDBの価値はますます高まっています。その証拠に、いくつかのWebフレームワークはMongoDBをその中に取り込んでいます。

Meteorという JavaScript のフレームワークは MongoDB を組み込んでいます。Meteor は Node.js[7] をベースとしており、ブラウザ上での処理からデータベースアクセスまで全てを JavaScript で記述するフレームワークです。

MEANスタックというWebアプリケーションのスタックは、従来のLAMP（Linux、Apache HTTP Server、MySQL、PHP）にとって代わる新しいスタックで、MEANはそれぞれMongoDB、Express、AngularJS、Node.jsの頭文字を取っています。MEANスタックではデータはすべてJSONで表現し、全てをJavaScriptで記述します。

14-9-4
まとめ

まとめると、以下のような特性からMongoDBが向いています。

---

*7 Node.jsはサーバ側で動作するJavaScriptです。JavaでいうところのJDKだと思ってください。今までJavaScriptといえばブラウザで動いてWebページを動的に書き換える使い方が中心でしたが、近年ではサーバ側にJavaScriptで書かれたサーバを立てる使い方も出てきています。

第14章 想定されるNoSQLのユースケース

- 煩わしいテーブル定義が不要
- スクリプト言語であれば煩わしいORマッパー不要
- WebのAPIがJSONなので、Web開発における親和性が高い
- 機能が豊富
- ノウハウが豊富で、ハマっても直ぐに解決策が見つかる

14-10
業界横断型アプリ（MongoDB）

業界にある複数の会社からデータを集めて、一つのサイトに集約して情報提供するような「業界横断型アプリ」においては、MongoDBのようにスキーマが無いNoSQLがうまく活用できます。

業界横断型アプリの一つの例としては、不動産業界における物件情報収集サイトがあります。様々な会社から提供される不動産情報は、家賃や間取りといった共通の情報はあるものの、一戸建てにしかない属性やマンションにしかない属性（例えばオートロックの有無）など、扱うアイテムによって少しずつ属性が異なってきます。

他にも音楽配信サイトの例では、音楽の提供会社ごとに提供される情報は少しずつ異なります。病院のカルテ共通システムでは、各病院から提供されるカルテの情報は、性別、身長、体重などの基本的な項目はどの病院でも同じですが、細かい項目は病院ごとに異なります。

14-10-1
RDBだと大変

このようにアイテムごとにある程度は同じだが、少しずつ異なる属性を

持っているデータ群を、RDBで格納しようとすると大変です。異なっている部分をすべて列として定義しなければなりません。情報提供会社ごとに専用の列を作る羽目になるでしょう。また、情報提供会社から送られてくる情報が変わった場合は、列の変更がメンテナンス作業として発生します。

14-10-2
MongoDBだと楽

ここで、情報を集約するデータベースをMongoDBに変更して、各社からのデータはJSONでもらうように変更したとしましょう（図14-20）。

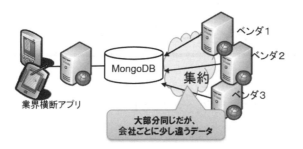

○図14-20　MongoDBで作る業界横断型アプリ

そうすると、RDBで問題であった情報提供会社ごとに少しずつ異なる属性があったとしても、まったく問題にならなくなります。また提供される情報が変わったとしても、その情報を使っていないのであれば特に何も対応する必要はありません。勝手に取り込まれます。

また、MongoDBであればJSONの中身に対してもインデックスを張り、高速に検索することができます。

14-10-3
まとめ

まとめると、以下のような特性からMongoDBが向いています。

● スキーマレスなので、会社ごとに少しずつ違う属性を気にしなくてよい
● JSONの中身にインデックスを張ることで高速に検索できる

14-11
Webアプリ(ユーザプロファイル/
セッションストレージ)(Couchbase)

ユーザ情報を扱うWebアプリケーションシステムでは、エンドユーザがログインしてから、ログアウトして操作を完了するまでユーザのプロファイル情報やセッション情報に頻繁にアクセスします。

Webページを表示し閲覧してもらう単純なアクセスから、エンドユーザが求める情報を検索し、複数のプランを提示し、必要な情報を入力してもらって商品の購入につなげるために、一連の流れをストレスなくWebアプリケーションを利用できるようにする必要があります。

Webアプリケーションが売り上げの重要な動線となっている企業にとって、Webページの表示が数秒遅れただけで、ユーザは離脱し、経済的な損失が発生します。操作中にデータベースがダウンしてアプリケーションが利用不可能となった場合のダメージは相当なものになるでしょう。キャンペーンや繁盛期など、せっかく多くのユーザが訪れてくれても、システムがダウンしてしまっては元も子もありません。

14-11 Webアプリ（ユーザプロファイル/セッションストレージ）（Couchbase）

Webアプリケーションを利用するエンドユーザの情報を扱うユーザプロファイルやセッション情報を保存するデータベースには、以下の要件が求められます。

- 低いレイテンシでユーザプロファイルにアクセスできる
- 大量のユーザからの同時接続をサポートする
- ユーザプロファイルのデータモデルを成長させる
- たとえハードウェアがダウンしてもWebアプリケーションが継続的に利用できる

|14-11-1|
RDBで実現しようとした時の課題

これらの要件に応えることは、RDBシステムでは難しいです。特に、低いレイテンシや大量ユーザからの同時接続をサポートするためには一般的なハードウェアでは厳しいため、高価なハードウェアや分散ソリューションが必要ですが、コストがかかります。加えて可用性を高く保つためにはクラスタ構成を組む必要があり、ますます複雑で高価なシステムが必要になります。

|14-11-2|
Couchbaseによる解決

そこでCouchbaseの出番です。

Couchbaseであればスケールアウトにより性能を拡張することができるため、大量ユーザがアクセスしても低レイテンシを確保できます。また、ユーザの増減に合わせてスケールできるため、スモールスタートで始めて、システムが流行したら増やすことが可能です。これは無駄なハードウェアに

RDB技術者のためのNoSQLガイド ④499

コストを払う必要がなく、コストを抑えられます。

これらのことはKVSでも実現できますが、扱うデータがユーザプロファイルという複雑なデータ構造であるため、Couchbaseが最も適しているといえるでしょう。例えば、一つのユーザデータの中に複数のプロフィール項目があり、各項目も複数の属性があるとすると、深い入れ子構造になるため、キーバリューやワイドカラムでは扱いが困難です。Couchbaseであれば、スキーマが最も自由でありデータモデルを成長させるという要件にもベストマッチです。

ユーザプロファイルやセッション以外にも、クッキー、クリックストリームや行動履歴のログデータなど、SoR（System Of Record）に永続化する必要はないが、大量の同時アクセス、頻繁な更新、複雑なデータ構造を必要とするケースにおいてはCouchbaseを利用するのは良い方法です。

最終的にトランザクションが必要な重要な更新はRDBで管理するという利用方法もあります。通常のWebアプリケーションアクセスでは、最終的なトランザクションが発生するまでに、大量にユーザとアプリケーション間のインタラクションが発生します。これらのアクセス負荷をRDBからオフロードするだけでよりレスポンシブなシステムを構築できます。

14-12
Webアプリ（オムニチャネル/パーソナライズ）（Couchbase）

エンタープライズシステムにおいて、エンドユーザとのインターフェースとなるのはWebアプリケーションだけではありません。PCやモバイル端末を始め、実店舗でのPOSなど、一人のエンドユーザがシステムとやりとりする機会は様々です。

14-12 Webアプリ（オムニチャネル/パーソナライズ）（Couchbase）

　中央集中型のユーザプロファイルストレージを構築し、同一のユーザID
でこれら複数のユーザインターフェースを管理できれば、特定顧客がシステ
ムと接触するすべての情報を一元管理することができます。

　Webサイトでの閲覧履歴から実店舗で購入につながりそうな特定のセグ
メントに対し、キャンペーンを実行したり、より良いコンテンツを個人の特
性によりパーソナライズして提供できるようになります。

　これを実現するためには、次のようなデータベース要件があります。

- Webやモバイル、POSなど、複数のユーザアクセスチャネルをサポー
  トする
- 様々な顧客情報データモデルに対応する（購入履歴、プロファイル、
  フィードバックなど）
- ユーザ数の増加に対応できるスケーラビリティ
- 特定の商品、情報にアクセス、購入したすべてのユーザを検索する
- 目立った購買行動を行っているユーザを検索する

　Couchbaseであればデータモデルに JSON を利用しているため、特定の
スキーマに縛られず、複数のデータソースから発生する多様なデータフォー
マットを許容し、集約することができます。顧客情報への中央集中型の
データベースを構築し、よりリアルタイム性の高いデータ分析が可能となり
ます。

　Couchbaseでは保存した JSON データに対し、SQLライクなクエリ言語
（N1QL）や、MapReduce を実行し集計や分析を行うことができます。ま
た、結合もサポートしており、複数の JSON ドキュメントを結合したクエリ
が可能です。

RDB技術者のためのNoSQLガイド **501**

14-13 データベースのグローバル展開/ディザスタリカバリ（Couchbase）

　より大規模なシステムではグローバルに、より多くのユーザ、市場へとサービスを展開する必要があります。

　このようなシステムでは、単一のデータセンタ内でスケールするだけではなく、複数拠点をまたがったスケーラビリティが必要になります（図14-21[*8]参照）。

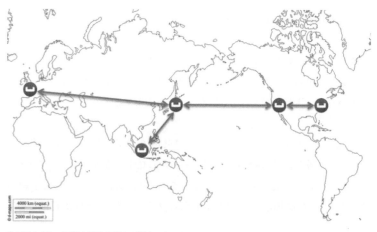

◎図14-21　複数クラスタ間レプリケーション

　Couchbaseは地理的に離れた複数のデータセンタ間でのレプリケーションに最適化した、クロスデータセンタレプリケーションを実装しています。

　例えば、日本で管理しているマスターデータを世界中のデータセンタに配置したCouchbaseクラスタに同期したり、各データセンタで作成されたデータを日本のデータセンタに集約し、データ分析を行うということもでき

[*8] 地図画像はd-maps.com（http://www.d-maps.com/carte.php?num_car=3227&lang=en）から引用しています。

ます。

　ユーザにより近い場所にデータを配置することで、データベースアクセスのレイテンシを小さく、より高性能なシステムの提供が可能です。

　クロスデータセンタレプリケーションでは、フィルタリングを行い特定のデータセットのみをレプリケーションすることができます。

　また、レプリケーションを双方向とすることで、複数のデータセンタに配置されたCouchbaseクラスタを、マルチマスター構成で利用することもできます。これにより最も近いデータセンタに書き込むことができるようになるため、よりレイテンシを下げることが出来るでしょう。

　全世界規模で展開していないサービスであっても、日本とシンガポールや、日本国内の複数のデータセンタでレプリケーションを行い、データセンタ規模の広範囲な障害が発生した場合でも継続的に稼働する、高い耐障害性を持ったシステムを構築できます。

14-14
モバイルとサーバのデータ同期（Couchbase）

　CouchbaseはバックエンドのデータベースであるCouchbase Serverに加え、モバイルアプリケーション上で利用できる軽量なNoSQLのCouchbase Liteというデータベースがあります。

　従来のモバイルアプリケーションでは、サーバサイドにマスターデータを保持するデータベースがあり、アプリから最新のデータにアクセスするためにはネットワーク経由のリクエストを送信する必要があります。

モバイルアプリケーションにとってこれは次の課題をもたらします。

- 電波が不安定、届かない場所では全く使えないアプリになってしまう
- ネットワークリクエストによる電池消耗
- サーバサイドでデータベースにアクセスするためのAPIを開発する必要がある

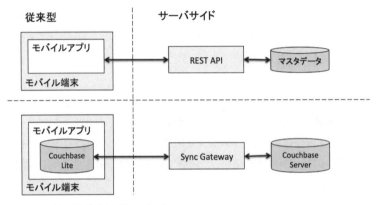

Couchbaseモバイルソリューション

● 図14-22　Couchbaseモバイルソリューション

　オフライン対応や、モバイルアプリ側でデータをキャッシュするためにSQLiteを利用して、モバイル端末上にデータを保存することもできますが、サーバサイドのデータと同期を取ったり、オフライン/オンラインのステータスを適切に処理するアプリケーションを実装するには多くの工数が必要でしょう。

　Couchbaseモバイルソリューションはこれらの課題を解決します。
　Couchbase Liteは、モバイルアプリの一部として組み込み、デバイス上のローカルデータベースとして利用します。モバイルアプリケーションのコードから行うデータの入出力はCouchbase Liteデータベースに対して行います。
　デバイス上にデータがあるので、ネットワークの接続状態に依存せず稼働するアプリが開発できます。また、データがローカルにあるので、ネットワークリクエストが不要となり、電池の消耗を抑え、レスポンスも速いアプ

リケーションとなります。

　また、デバイス上のデータベースと、サーバサイドのデータベース間での
データ同期はCouchbase LiteとSync Gatewayで実行してくれるので、自
前でデータ同期の仕組みを実装する必要はありません。

　この仕組みを利用し、従来型のモバイルアプリからCouchbaseモバイ
ルソリューションに切り替えた、格安航空会社のRyanAirの事例がありま
す。
　RyanAirでは、ユーザが航空券の検索、予約をするモバイルアプリを
提供しています。
　従来型の仕組みで実装された初期バージョンでは、予約にたどり着くま
でに多数のデバイス、サーバ間通信が発生し、レスポンスが悪くユーザか
らの評価もあまりよくありませんでした。
　Couchbaseモバイルソリューションを導入し、航空券予約プロセスで必
要となるデータをデバイス上に配置することで、予約までの操作レスポンス
を向上させています。

14-15
リアルタイム詐欺摘発システム（Neo4j）

14-15-1
概要

　欧米の銀行やカード会社は、毎年、詐欺よって数十億ドルの損失を被っ
ていると言われています。

第14章 想定される NoSQL のユースケース

この課題を解決するためにはオンライン取引のデータから詐欺を検出する必要があります。また、近年ビジネスプロセスは益々速くなる一方であり、詐欺検出にもリアルタイム性が求められます。

|14-15-2|
Neo4j による解決

このリアルタイムに詐欺を検知する方法は、Neo4jを用いた演算により、従来と異なる方法でより効率的に実現することが出来ます。

具体的な手法について説明しましょう。

オンライン取引においては、ユーザID、IPアドレス、地域、Webのクッキー、クレジット番号などの個人を識別する要素が登場します。そして、典型的にこれらの要素の間の関係性は一対一であるのが普通です。しかし、詐欺をしようとしている場合は、一人で複数のIDやクレジット番号や保有している事が多いです。このような関係は、いくつか例外があります。1つのクレジットカード番号やコンピュータを家族で共有したり、一人が複数のコンピュータを使ったりする場合です。ですから、クレジットカード番号が重複するアカウントや1台のコンピュータからの複数取引、複数のコンピュータからオンライン取引が発生しても、一概に詐欺だと判断するわけには行きません。

しかしながら、これらの要素の間の関係性が合理性を超えた場合は、詐欺が働いている可能性が高いです。次の図14-23を見てください。この図のIPはIPアドレス、CCはクレジットカード、IDはユーザアカウント、CKはCookieを表しています。この図のIP_1を見てください。IP_1から5つのオンライン取引が生じて、5つのクレジット番号が使われており、さらにCC_1は4カ所のユーザIDに、CC_5はCC_1と同じユーザIDに接続しています。その先、ユーザIDのクッキーが重複しています。

506 RDB技術者のための NoSQL ガイド

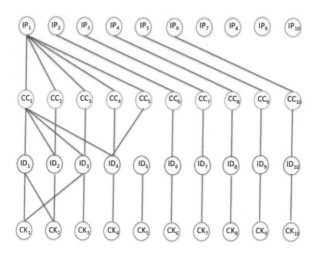

◎図14-23　ECサイトの詐欺摘発

　他のIP_2からIP_{10}までのオンライン取引とは明らかに違うパターンです。勿論、あるIPから複数のクレジットカードが使われただけでは詐欺と判断することはできませんが、その後の展開のなかで事前に想定している合理性を超えた場合、詐欺の可能性があるオンライン取引として判定し、重大な損失を避けることができます。

14-15-3
RDBでは実現が難しい

　上記の演算をRDBで行おうとした場合、多数のテーブルの結合を入れ子にしたSQLを書く必要があります。例えば、クレジットカードとユーザIDは多対多の関係であるため、それぞれ別のテーブルに格納したのち、クッキーとユーザIDを紐付ける中間テーブルを用意して、その3つを結合する必要があります。他のIPアドレスやクッキーなども同様に多数のテーブルや中間テーブルが必要であり、その数だけ結合が必要になります。

　しかし、RDBは多数の結合の入れ子は高速に処理できません。さらに、

これは詐欺ではないかという総合的な判断基準をSQLだけで記述することは困難であり、独自のアプリケーションを開発する必要があります。そのため、このようなアプリケーションはRDBでは難しいと言えるでしょう。

14-16
適材人材の検索システム（Neo4j）

|14-16-1|
概要

　今日、政府や企業などの大規模の組織体は、事業体やプロジェクトチーム、専門家集団など大小様々なグループに分かれています。そして、その中身を構成する人材は、様々な分野の専門的な知識や能力を重視し、如何に成果を上げるかに重点を置いて構成しています。ここで、従来の人材の管理においては、人と人の繋がりの連鎖を利用した管理が一般的です。

　人材管理では、属人的な繋がりに頼り過ぎると、人材の能力を評価するための客観性を見失う可能性があります。それで公平且つ客観的な人選をしようとすると、今度は膨大な仕分け作業などに悩まされます。

|14-16-2|
Neo4jによる解決

　このようなケースにおいてNeo4jは優れた能力を発揮します。なぜならば、Neo4jでは、繋がりだけではなく、類似したパターンを見付けだす事ができるためです。

　類似したパターンの検出といえば機械学習や統計処理が思いつきますが、

14-16 適材人材の検索システム（Neo4j）

Neo4jによる分類では、データが必ずしも数値化されている必要はありません。Neo4jは、人材の特性を表す様々な種類の「言葉」だけでも、十分に分類できます。また、求める人材像に対する細かいリクエストを入力として、候補者が持っている様々な要素との類似性を分析することができます。

具体的な実現手法について説明しましょう。

まずは人材グラフデータを用意します。人材グラフデータでは、人材について以下の要素をもたせます。

- 名前
- 経験年数
- 所属したプロジェクト
- 所属したプロジェクト（規模、期間、業種、役割）
- 本人のスキルセット
- 監督者やリーダ
- 監督者やリーダの評価

図14-24は作成したNeo4jのデータモデルです。

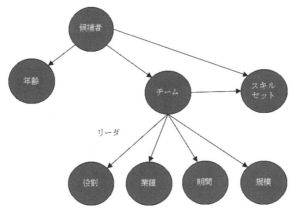

◎図14-24　データモデル

第14章 想定されるNoSQLのユースケース

次に、探したい人材のリクエストを考えます。例えば、以下の条件を指定したとしましょう。

● 経験年数
● 経験したプロジェクト（規模、期間、業種、役割）
● 必要なスキルセット

最後に、Neo4jで演算を行い、探したい人材との適合度を計算します。
Neo4jは、言葉や数字のグループに対して適合度を計算する卓越した能力をもっています。

次の例では、人材の「スキルの適合度」を計算するという想定で、計算の例を紹介します。探しているスキルが{Java,Oracle,JSP,HTML}で人材のスキルが{Java,SQL Server,JSP,HTML}だとします。これをジャカード（Jaccard similarity）という計算方法を用いて計算すると図14-25となります。

$$\frac{\{Java, SQL\ Server,\ JSP, HTML\} \cap \{Java,\ Oracle,\ JSP, HTML\}}{\{Java,\ Oracle,\ JSP, HTML\}} =$$

$$= \frac{\{Java, JSP, HTML\}}{\{Java,\ Oracle,\ JSP,\ HTML\}} = \frac{3}{4} = 0.75$$

◆ 図14-25 人材の適合度算出式

このケースでは、人材の適合度は0.75（75%）と計算されます。

|14-16-3|
RDBでは実現が困難

通常、このような適合度を評価するドメインの種類は数十にもおよび、そのような計算をRDBで実装しようとすると、テーブル設計の煩雑さはさておいて、とても複雑なSQLになってしまいます。具体的には、評価するドメインの数に相当する結合又は自己結合、入れ子、テンポラリテーブルなどが発生し、さらにパターン間の評価によるランク付けが必要になります。もし仮にそのSQLを書けたとしても、性能が出ないという別の壁にぶつかるでしょう。

14-17
経路計算システム（Neo4j）

|14-17-1|
概要

道路や鉄道、航路、海路、座標などの繋がっている関係性に従って最短経路や最長経路、すべての経路などを計算することは、最も典型的なグラフ固有の問題です。今日、経路探しのアルゴリズムは産業界で幅広く利用されています。身近な事例として、カーナビゲーションを挙げることができます。また、流通業界では、単に最短経路の計算だけではなく、CO_2の排出量や燃料の消費量、所要時間の算出など様々な方面で利用されております。

|14-17-2|
Neo4jによる解決

Neo4jは、このような問題において最も優れたソリューションです。

ここでは、図14-26のような目視でも確認できる程度の簡単な路線図を通して、最短経路やすべての経路、距離の計算など、Neo4jでどのように計算するか説明しましょう。

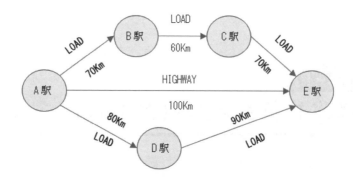

◎図14-26　路線図のグラフ

|14-17-2-1| 最短経路計算

Neo4jのshortestPath()関数を使って、A駅からE駅までの最短経路、区間数、距離を計算しています。

```
MATCH
(startLeaf:Station { name:"A駅" }),
(endLeaf:Station { name:"E駅" }),
valuePath= shortestPath((startLeaf)-[*]->(endLeaf))
RETURN
extract( n IN nodes(valuePath) | n.name ) AS 経路,
```

```
length(valuePath) AS 区間数,
reduce(totalDist=0, n IN relationships)valuePath) |
totalDist + n.distance) AS 距離
```

[結果]

経路	区間数	距離
[A駅, E駅]	1	100

|14-17-2-2| すべての経路計算

　ここでは、A駅からE駅までのすべての経路、区間数、距離を計算し、距離が短い順に並べています。すべての経路計算の関数は存在しません。最短経路計算の関数を省略し、開始ノードと終了ノードを指定すると、すべての経路を算出します。

```
MATCH
(startLeaf:Station { name:"A駅" }),
(endLeaf:Station { name:"E駅" }),
valuePath=(startLeaf)-[*]->(endLeaf)
RETURN
 extract( n IN nodes(valuePath) | n.name ) AS 経路,
 length(valuePath) AS 区間数,
 reduce(totalDist=0, n IN relationships(valuePath) |
 totalDist + n.distance) AS 距離
 ORDER BY 距離
```

[結果]

距離	区間数	距離
[A駅, E駅]	1	100
[A駅, D駅, E駅]	2	170
[A駅, B駅, C駅, E駅]	3	200

|14-17-3|
RDBでは非効率

　上記のようなグラフデータは、RDBではグラフ構造をそのまま格納でき

第14章 想定されるNoSQLのユースケース

ないためリレーショナルモデルに変換する必要があります。

加えて、最短経路やすべての経路計算は独自に開発する必要があります。そのため開発工数が大きくなってしまいます。

そして、もし開発したとしても、今までに紹介したケースと同様に、処理性能の壁にぶつかることでしょう。

第15章

NoSQLの選び方

第15章 NoSQLの選び方

本章ではこれまでの内容を踏まえて、どのようにNoSQLを選んでいくか説明します。

ですが、いきなりNoSQLの機能比較をするようなことはしません。まずは現状のデータ処理の課題を見極めるところから始めます。その上でデータ処理の課題をどのデータベースで解決すべきかを考えます。そしてNoSQLで解決すべき課題と判断できたものについて、NoSQLの選び方を説明します。

データ処理に課題がないのに、NoSQLを選定することにあまり意味はありません。これは筆者もよく体験したことなのですが、課題のない状態で新技術を調査してはいけません。企業によってはR&D専門チームが研究テーマとしてNoSQLを評価することもあるかもしれませんが、多くの場合NoSQLを比較して○×表を作ったり、ダミーデータで性能テストをしてグラフを作るだけでしょう。そして結果報告の場にて、偉い人から「で、これがなんの役に立つの?」と一蹴されるのです。

そうではなく、現状のデータ処理の具体的な課題にフォーカスして、それを解決するため「だけ」に調査すべきです。もっと言えば、企業は利益を上げることが目的なので、売上を上げるかコストを下げるのに直結した調査活動だけをするようにしましょう。そして、結果報告の場では「ビジネスの成長に合わせてRDB（OLTP）を高価な製品にすると、年間で1億円の追加が必要ですが、NoSQLにすることにより人件費を含めて年間5000万円のコストで済みます」と言えるようにしましょう。それなら偉い人は「いいじゃないか!どんどんやれ」となります。

また、課題を解決できるNoSQL以外のソリューションがあるにもかかわらずNoSQLに固執するのも良くありません。3章「データベースの中のNoSQLの位置づけ」でも説明したとおり、データベースの世界は広くRDB（OLTP）やNoSQL以外にもたくさんのデータベースがあります。直面している課題を解決するのがNoSQL以外で良いのであれば、それを使うべきです。

516 RDB技術者のためのNoSQLガイド

以上の内容を図示すると図15-1のようになります。営利企業に勤める皆さんとしては、是非ともこのフローを守っていただきたいところです。

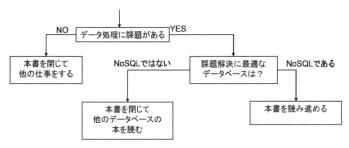

◎図15-1　課題解決のフロー

15-1
データ処理の課題を見極める

企業におけるデータ処理の課題とはどんなものなのでしょうか？

ITR社によるNoSQLに関するアンケート[*1]によると、NoSQLに対する期待の上位10は以下のとおりです。

- 1位 41.1%　クエリ（検索）の性能向上
- 2位 40.6%　データローディングの処理性能向上
- 3位 37.1%　トランザクション処理性能向上
- 4位 36.0%　バッチ処理性能の向上
- 5位 26.4%　データレイテンシの改善（例：リアルタイム処理性能）
- 6位 20.8%　パフォーマンスチューニングの簡素化
- 7位 18.8%　非構造データの処理のしやすさ
- 8位 17.8%　初期導入コストの削減

---

*1　ITRがNoSQLに関する調査結果を発表, 2015年5月12日 株式会社アイ・ティ・アール https://www.itr.co.jp/company/press/150512PR.html

- 9位 15.7% 運用管理コストの削減
- 10位 6.1% わからない

　世の中の大半がRDB（OLTP）であり「NoSQLに期待している」ということは、裏を返せば「RDB（OLTP）に失望している」ことです。みなさんの抱えているデータ処理の課題もこのどれかに入っているのではないでしょうか？

15-1-1
NoSQLで解決するのが最適な課題はどれか？

　さて、この本をここまで読み進めてきた皆さんであれば、上記の9個のNoSQLに対する期待のうち幾つかが的はずれであることに気づけたでしょうか？例えば「バッチ処理性能の向上」などは典型的なNoSQLに対する誤解の一つです。NoSQLでバッチは速くなりません。

　ここで、3章「データベースの中のNoSQLの位置づけ」で説明したデータベースの分類をもう一度思い出しましょう（図15-2）。

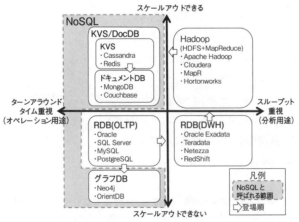

● 図15-2　データ処理の4つのエリアとそれに属するデータベース

15-1 データ処理の課題を見極める

　我々がRDB（OLTP）以外のカードとして持っているデータベースは、RDB（DWH）、Hadoop、KVS、ドキュメントDB、そしてグラフDBの5つです。なので、まずこれらのRDB（OLTP）の課題がどのデータベースで解決するのが最適なのかを見極めましょう。そしてNoSQL（KVS、ドキュメントDB、グラフDB）で解決するのが最適となったら、その先に進みましょう。

　先ほどの9つの課題を解決するデータベースを表15-1に整理しました。

❤表15-1　RDB（OLTP）の課題をNoSQLで解決できるかどうか

RDB（OLTP）の課題	NoSQLによる解決	コメント
クエリ（検索）の性能向上	○	ボトルネックが分散できるのであれば、分散して速くできる
データローディングの処理性能向上	×	HadoopもしくはRDB（DWH）を利用すべき
トランザクション処理性能向上	△	場合による
バッチ処理性能の向上	×	HadoopもしくはRDB（DWH）を利用すべき
データレイテンシの改善	○	ボトルネックが分散できるのであれば、分散して速くできる
パフォーマンスチューニングの簡素化	△	SQLとNoSQLを一概に比較できない
非構造データの処理のしやすさ	△	非構造データだとダメだが、半構造データならば得意
初期導入コストの削減	○	スケーラビリティがあるためスモールスタートできる
運用管理コストの削減	△	怪しい。性能拡張や高可用構成は簡単だが、学習コストが高い

　ご覧のとおり、それほどNoSQLで解決できる課題は多くないです。順番に説明していきましょう。

RDB技術者のためのNoSQLガイド　519

15-1-2
NoSQLでは解決できないRDB（OLTP）の課題

15-1-2-1 バッチ処理性能の向上

ほとんどの場合バッチ処理は集計処理ですので、これは明らかに分析用途におけるデータベースの得意とする所です。RDB（OLTP）やNoSQLは本来オンラインのオペレーション向きのデータベースですので、バッチ処理は不得意です。これは分析用のデータベースであるHadoopやRDB（DWH）を利用するべきでしょう。詳細な説明は3章「データベースの中のNoSQLの位置づけ」を参照してください。

一点補足すると、NoSQLの集計処理がRDB（OLTP）の集計処理より遅いということではありません。シャーディング環境にて集計すれば、集計が分散できるため、RDB（OLTP）より高速に集計できるでしょう。しかし、集計を高速にすることだけを目的にRDB（OLTP）をNoSQLに入れ替えるのは推奨しません。NoSQLの本来の用途はオンライン処理ですので、オンライン処理を主目的としてNoSQLを利用しつつ、付随してバッチも出来るというスタンスが良いでしょう。

15-1-2-2 データローディングの処理性能向上

これは分析処理などの初回データローディング時の話ですが、これはデータを高速に抽出できるRDB（DWH）が得意とする分野でしょう。また分散してローディングできるのであればHadoopも速いでしょう。

それ以外のオペレーション用途のデータベースについては、プロダクトの実装によるため速いかどうかはわかりませんが、用途が分析用途ではないため、データローディング速度に注力しているとは考えにくいです。

15-1-3
NoSQLで解決するかわからないRDB (OLTP) の課題

15-1-3-1 トランザクション処理性能向上

基幹システムの更新クエリのように厳密なACID特性を保証したトランザクションを求めている場合は、KVS/DocDBではその機能は提供していないため、解決できません。残念ながら、コストは掛かりますが、RDB (OLTP) をスケールアップするのが、多くの場合一番良いでしょう。

ただし、表形式のデータ構造そのものを見なおして、トランザクションで更新するデータが一つのJSONに収まる形や一つのワイドカラムに変えることが出来るのであれば、KVS/DocDBを利用するという選択肢が出てきます。例えばMongoDBやCouchbaseでは一つのJSONの更新はACID特性をもって行えます。

また、実はトランザクションを使う必要が無いのに、とりあえずトランザクションを使っていた場合 (これはよくあります) は、KVS/DocDBに置き換えることにより書き込み性能が改善する可能性は十分にあります。これは扱うデータモデルによって最適なNoSQLが変わってくるため、後の15-2「高い処理性能を出すためのNoSQLの選び方」で議論しましょう。

最後に、トランザクション処理がグラフ演算に置き換えられないかを考えてください。例えば、グラフ構造のデータを無理やりRDB (OLTP) に入れて自己参照型の関連を張り結合の多発になっていないでしょうか?その状況であればグラフDBを用いることで劇的に改善が見込まれます。またグラフDBはトランザクションも提供していますので、何も文句はないでしょう。

15-1-3-2 パフォーマンスチューニングの簡素化

まずRDB (OLTP) とNoSQLのパフォーマンスチューニングは全く異な

ります。RDB（OLTP）であれば、性能が出ない場合の多くは長いSQLであり、その時はSQLのプランナーなどを見てインデックスを張ったり、結合でキャッシュをうまく活用したりするでしょう。しかしNoSQLはSQLではないため、パフォーマンスチューニングの仕方はプロダクトごとに千差万別です。

またKVS/DocDBであれば、そもそもSQLほど複雑なクエリは実行できないため、チューニングが必要なほどの性能問題は発生しないかもしれませんし、発生した場合はスケールアウトすれば良いという割り切りもあります。

グラフDBであれば、SQLとはまた違った勘所のパフォーマンスチューニングになり、簡素化されるかはケースバイケースでしょう。

|15-1-3-3| 非構造データの処理のしやすさ

世間で言われる非構造データは、二つの意味があります。一つは、音声、画像、動画データのようなバイナリや生テキストデータなどの「本当に構造が無い非構造データ」です。もう一つは、JSONやXMLのように、テキストや数字からなる事前に構造を定義する必要はないが、型は定まっている「半構造データ」です。具体的なデータは図15-3を見てください。

データの分類		説明	データの例			
			社内		社外	
非リレーショナルデータ	非構造データ	バイナリやテキストなど全く構造がない。		テキスト・音声（顧客対応履歴など）	センサー情報	マルチメディア / 口コミ文章
			電子メール			位置・地図 / SNS
	半構造データ	構造はあるがスキーマが無い。頻繁に構造が変わる。	システムログ / オフィス文書		他社が保有するデータ	気象・交通 / 健康・医療
リレーショナルデータ	構造化データ	スキーマがあり、構造があまり変わらない。	経理・財務・人事 / 商品・在庫			
			営業・CRM / 決済・残高		各種統計 / 行政	金融取引

◈ 図15-3　非構造データと半構造データの例

NoSQLは前述の1つめの非構造データは得意ではありません。音声、画像、動画といったデータは、データ容量が大きいためNoSQLには向い

ていません。NoSQLは少容量のデータを細かく出し入れするのに向いて
います。ですので、マルチメディアデータはNoSQLの外において、NoSQL
はそのマルチメディアのメタデータを格納するというのが、一般的によくと
られる方法です。また、処理対象がテキストデータならば、全文検索エン
ジンを利用し、検索インデックスの保存先としてデータベースを利用する形
が一般的でしょう。その場合、利用するデータベースは全文検索エンジン
の作りに依存します。

　NoSQLが得意なのは半構造データです。半構造データには様々なデー
タモデルがありますが、NoSQLならば扱いたいデータモデルに合わせて
データベースを選択できます。またデータ構造を定義する必要が無いため、
構造が定まらない半構造データも処理しやすいです。処理する半構造デー
タによって最適なNoSQLの選択肢があります。これについては後続の
15-3「半構造データを処理しやすいNoSQLの選び方」で説明します。

| 15-1-3-4 | 運用管理コストの削減

　まず前提として運用管理コストはH/Wやライセンス費用などは含まない
人件費であるとします。そうしたときに、クラウドサービスのNoSQLを利
用するのであれば、コスト削減は大きく期待できるでしょう。なぜならば、
初期構築や運用にかかる人件費はほぼ0であり、性能はほぼ無限にスケー
ルするため、性能問題に工数を取られることもありません。

　一方、オンプレミス環境の場合、RDB（OLTP）からNoSQLにして運用
コストが下がるかというと怪しいです。

　オンプレミスのNoSQLで運用管理コストを上げる要因として考えられ
るものが2つあります。第一に、運用の作業効率の低下です。NoSQLの
経験者は日本にはほとんどいないため、多くの場合はRDB（OLTP）エン
ジニアが一からNoSQLを学習して運用することになり、作業効率は下が
るでしょう。第二に、運用管理ツールが成熟していない点です。商用RDB
（OLTP）の運用管理ツールであれば、クエリのプロファイルや診断レポー

第15章 NoSQLの選び方

トなどを出すことができますが、NoSQLにはその機能が実装されていないことがほとんどでしょう。これによりトラブルシューティングの工数は増えるでしょう。

　一方で、コストを下げる要因も2つ考えられます。第一に、性能拡張が簡単で安価になることです。NoSQLはスケールアウトをすることを前提に作られているため、性能拡張が簡単です。性能問題が発生したら、とりあえず台数を増やしてその場をしのぐといった作戦もできます。第二に、レプリケーションが簡単で高機能になることによりフェイルオーバの対応が簡単になる点です。NoSQLはRDB（OLTP）とは違いレプリケーションすることを前提に作られているため、レプリケーションは高機能で障害に強いです。RDB（OLTP）でフェイルオーバのフォローに手を取られていたとすると、その点は改善が期待できるでしょう。

|15-1-4|
NoSQLで解決が期待できるRDB（OLTP）の課題

|15-1-4-1| クエリ（検索）の性能向上やデータレイテンシの改善

　RDB（OLTP）のボトルネックが分散できるのであれば、KVS/DocDBにてシャーディングを行い、クエリを分散することにより、速くなることが期待できるでしょう。ただし、結合がある場合はそうではありません。多くのKVS/DocDBでは結合は提供していません。MongoDBやCouchbaseであれば部分的に結合機能を提供していますが、RDB（OLTP）の結合のように他のクエリから一切影響を受けない状態での結合は実現できていません。具体的にどのNoSQLを選択すべきかは15-2「高い処理性能を出すためのNoSQLの選び方」に説明します。

　ボトルネックが分散できない場合（例えばネットワークがボトルネックの

524　RDB技術者のためのNoSQLガイド

場合）は、いくらKVS/DocDBに替えても速くなりませんので注意が必要です。加えて、RDB（OLTP）に性能改善の余地があるのに、KVS/DocDBを前提として進めるのもよくありません。

|15-1-4-2| 初期導入コストの削減

KVS/DocDBは、スケールアウト構成を前提としているため、システムをスモールスタートで始められます。加えて、一般的なサーバを数台用意すればよく、ストレージなどの高価なハードウェアは必要ありません。そのため、試験段階では安価なサーバを3台程度用意してシステムを使い始め、システムが大規模になってきたらそれに合わせてサーバの台数を増やすことが出来ます。

15-2
高い処理性能を出すための NoSQLの選び方

高い処理性能と一言で言っても、扱うデータモデルやAPIによって問題の解決方法は大きく異なります。この節では、処理の種類毎にどのNoSQLを選択すればよいか説明していきましょう。

|15-2-1|
小規模なキーバリューならRedis

Webのセッション情報のように、小規模なキーバリューデータを扱う場合であれば、Redisが最適でしょう。Redisはメモリにデータを書いて取り出すだけという非常にシンプルな作りであるため、データの出し入れは他のNoSQLよりも高速です。他のKVS/DocDBも基本的にはメモリで応答しますが、Redisほどシンプルに作られているものはないため、その分遅

いです。

　Redisはコンパクトであり、かつ安全なクライアントからの接続を前提に作られているため、物理的にアプリケーションの近くにおいてキャッシュとして使う使い方が最も向いています。

　一方、大規模なデータを扱う場合、Redisは適切ではありません。なぜならばRedisの単体構成だと扱えるデータはメモリに収まる量に限られるためです。メモリ量以上のデータを扱いたい場合はRedis Clusterを組む必要がありますが、Redis Clusterのシャーディングは、一度ランダムなノードに問い合わせて、そのノードがデータを持っていなければ他のノードを教えてもらい、そこに再度問合せに行くという作りであり、効率は良くありません。またRedis Cluster自体最新バージョンでようやく登場した機能であり枯れておらず、運用していくにはコストがかかるでしょう。ですので、単体構成でコンパクトに使うのがおすすめです。

　ちなみに、これまではオンプレミス環境でRedisを用いることを前提に説明してきましたが、クラウド上にはAmazon ElastiCacheやMicrosoft Azure Redis CacheといったRedisのサービスがあります。これならば、Redis自体の運用をしなくてすむため、アプリケーションがクラウドにある場合はこちらを検討してもよいでしょう。

|15-2-2|
マルチデータセンタでどこでも書き込めるようにしたいならCassandraかCouchbase

　CassandraとCouchbaseは、データを複数のデータセンタで同期して持ち、どちらのデータセンタに対しても読み書きできる、マルチデータセンタレプリケーションの機能を備えています。

15-2 高い処理性能を出すための NoSQL の選び方

　これによりアプリケーションは、自身がいるローカルのデータセンタに対して書き込みクエリを発行できるため、ネットワークの遅延が少なくクエリの応答速度を速められます。

　これに対してマスタースレーブ型のレプリケーションの場合は、アプリケーションはデータのマスターがある特定のデータセンタに書き込みにいかなければいけません。そうすると場合によっては遠いデータセンタに書き込みに行く必要があり、ネットワークの遅延が大きく、書き込みは遅くなります。

　CassandraかCouchbaseのどちらを使うかは、データ型によって選択肢が変わってきます。即ち、データがワイドカラムなのかJSONなのかです。ワイドカラムなのであればCassandra、JSONであればCouchbaseが第一候補になるでしょう。

　データ型がワイドカラムとJSONのどちらでも良い場合は、CassandraとCouchbaseのどちらにすればよいか悩ましいところです。どちらもSQLライクな言語で問い合わせられますし、機能も充実しています。決定打になる要素があるとすると、以下の点でしょう。

- Cassandra ならではの特徴
  - スキーマが有り、事前にテーブル構造の定義を持つ
  - クエリのパフォーマンスを見ることが出来るGUIのコンソールがある
  - 軽量トランザクションがある
  - 複数のレプリカから同時に読み込んで、最も新しいデータを採用できる
- Couchbase ならではの特徴
  - 結合をはじめとして、複雑なクエリがかける
  - モバイルに組み込んで連携する機能がある
  - コンテンツ単位でキャッシュを細かく制御できる
  - 複製からの読み込みはしない

RDB技術者のためのNoSQLガイド　527

第15章 NoSQLの選び方

当然ながら、ここに挙げた以外にも両者の違いはありますので、それぞれの紹介のページを参照してください。

15-2-3
MongoDBは柔軟なデータ分散やレンジ指定クエリを速くしたい場合

MongoDBはシャーディングでデータを分散する際に、キーのハッシュ値による分散だけではなく、キーのレンジやそれらを組み合わせた複合キーによって分散できるため、柔軟なデータ分散が出来ます。そのためアプリケーションの要件に応じて最適なデータ分散をすることが出来ます。

また、キーのレンジでデータを分散できるため、一定の範囲のデータを一つのノードに集められます。そのため、一つのノードで完結するようなレンジ指定クエリであれば、他のノードへは一切負荷を与えずに完結させることができます。

15-2-4
Hadoopと一緒ならHBase

HBaseは、既存環境にHadoopがあり、Hadoopにあるデータを速い応答速度でアプリケーションに提供したい場合にのみ利用します。Hadoopに対する問い合わせは、通常MapReduceやSparkを用いて行われますが、これらはバッチ用途であるため数秒以上かかるのが普通です。HBaseを用いることによりメモリにデータをキャッシュしてミリ秒の応答が実現できます。例えば、Hadoopで計算したWebサイトのレコメンドデータをWebの画面に高速に返すためにHBaseでキャッシュするといった使い方が典型的な利用例です。

528　RDB技術者のためのNoSQLガイド

15-2 高い処理性能を出すためのNoSQLの選び方

HBaseは基本的にはHadoop環境と一緒に使うことを前提としています。HBaseを単体で使うことはあまりないでしょう。なぜならばHBaseを単体で利用しようとしても、Hadoopプロジェクトの分散ファイルシステムであるHDFSクラスタも合わせて構築する必要があり、システムは大規模になりますし、HDFSの運用もしなくてはいけません。KVSとして単体で使うのであれば、構築や運用が楽な他のKVSを検討したほうが良いでしょう。

ただし、システムのロードマップとしてHadoopを用いて分析をする予定があるのであれば、最初からHBaseを前提にアプリケーションを作ることを検討しても良いかもしれません。

|15-2-5|
クラウド上でのスケーラビリティ獲得ならばDynamoDBやMicrosoft Azure DocumentDBを検討

性能の観点において、クラウドにあるNoSQLサービスの最大の利点は、スケーラビリティが非常に高いということでしょう。

NoSQLサービスのスケーラビリティはオンプレとは段違いです。使い始めるのはWebコンソール上にて数クリックするだけでよく、使い終わったらサービスを停止してすぐにコストを0にできます。データ容量に制限はなく、性能も払った金額に応じて増えていくため、事実上どこまでもスケール出来ます。オンプレの場合、構築に初期費用が掛かりますし、有償サポートを受けるのであれば年間契約などが発生するためすぐにはやめられません。スケールアウトするにもデータセンタのファシリティ的に限界があるでしょう。

DynamoDBとMicrosoft Azure DocumentDBの違いですが、そもそも提供しているクラウドサービスが違いますので、アプリケーションの環境

RDB技術者のためのNoSQLガイド 529

第15章　NoSQLの選び方

に合わせてどちらのデータベースを利用するかが決まってくるでしょう。

　もし、どちらのクラウドでも良いということであれば、性能の観点で課金モデルに大きな違いが有ります。Amazon DynamoDBではテーブルを更新する際のスループットが課金の大きな割合を占めるのに対して、Microsoft Azure DocumentDBではデータサイズとコンピューティングリソースの割当量が課金のモデルです。

　また、性能の観点ではありませんが、Amazon DynamoDBはKVSでありキーバリューのオペレーションを中心とするのに対して、Microsoft Azure DocumentDBはドキュメントDBであり、JSONの操作に特化しているので、機能性は大きく異なります。

15-3
半構造データを処理しやすいNoSQLの選び方

　処理速度を考えずに、半構造データ処理のしやすさや開発効率を考えるのであれば、ドキュメントDBでしょう。KVSをわざわざ選ぶことはありません。なぜならば、JSONはキーバリューやワイドカラムも表現できるためです。わざわざ表現力の低いデータモデルを選ぶ必要はありません。また、KVSで利用できるAPIは、キーでアクセスしてデータを取ることを中心に作られているため、複雑なクエリや集計は苦手です。開発生産性を上げるのであれば、できるだけAPIの豊富なデータベースを選ぶべきですので、その観点からもKVSは検討から外すべきでしょう。

15-3-1
ドキュメントDBはどれを選ぶべきか

ドキュメントDBは、MongoDB、Couchbase、Microsoft Azure DocumentDB 3つがありますがどれを選べばよいのでしょうか?

特にMongoDB、Couchbase、Microsoft Azure DocumentDBはどれも機能が似ています。それぞれの違いが出る点について表15-2に整理してみました。

● 表15-2 MongoDB、Couchbase、Azure DocumentDBの違いが出る点

		MongoDB	Couchbase	Azure DocumentDB
データモデル	データ構造	DB コレクション JSON	バケット JSON	DB コレクション JSON
アクセス	REST	△	×	○
	Memcached プロトコル	×	○	×
クエリ	SQLライクの クエリ	×	○	△(SELECTの み)
	集計	○	○	×
	結合	△ (集計時のみ)	○	×
	日本語全文 検索	×	×	○
	JSONの一部 更新	○	○	×

RDB技術者のためのNoSQLガイド 531

第15章 NoSQLの選び方

インデックス	自動インデックス	×	×	○
	複合インデックス	○	○	×
	配列要素へのインデックス	○	×	×
	部分インデックス	○	×	○
	EXPLAIN、HINT	○	○	×
その他機能	データバリデーション	○	×	○
	ユーザ定義スクリプト	○	×	○
	読み取り整合性の調整	○	―（※）	○
	期限付きデータ	○	○	×
	トリガ、トランザクション、ストアドプロシージャ	×	×	○
	モバイル連携	×	○	×
非機能	マルチデータセンタ	×	○	○
	シャーディングキー	レンジとハッシュ	ハッシュのみ	レンジとハッシュ
	ディスク上のデータ暗号化	○	×	○
	運用監視	有償サービス	Webコンソール	Azure
	形態	オンプレミス	オンプレミス	サービス
	普及度	1位	2位	3位

※ Couchbaseでは複製から読み込むことはしない。

532 RDB技術者のためのNoSQLガイド

15-3 半構造データを処理しやすいNoSQLの選び方

この表を見つつ、それぞれのDBを選ぶ場合を整理してみましょう。

|15-3-1-1| MongoDBを選ぶ場合

昔はMongoDBの機能性はNoSQLの中で頭一つ抜けていましたが、今は他のドキュメントDBの機能が豊富になってきたため、MongoDBを選ぶ決定的な理由はそれほど多くなくなってきました。

MongoDBを選ぶ一番の理由は、普及度の高いことから、困ったときにインターネットから簡単にノウハウを得られることでしょう。MongoDBはWebフレームワークに組み込まれたりと、かなり普及しているため、日本語のブログや記事が豊富に見つかります。また公式ドキュメントも最も充実しています。

次点で、集計能力の高さでしょう。MongoDBの集計では、絞り込み、グループ化、ソート、配列の展開、他のコレクションからの結合、等のいろいろな集計のステージをパイプラインでつなげて集計することができます。これに慣れると複雑な集計をわかりやすく記述することができます。SQLの集約の入れ子よりも可読性が高く、慣れれば生産性が上がるでしょう。

オンプレミスである制約があるならば、Couchbaseとの比較になります。MongoDBが強い点は、ドキュメントのバリデーション、配列の中の要素へインデックスが付与できる点が大きな違いでしょう。また、開発効率とは関係ありませんが、非機能上の違いとしてMongoDBは部分インデックスをサポートしていることと、シャーディングキーにレンジが指定できることによりレンジクエリに強いという点が違います。また、クラスタの構成がCouchbaseよりもシンプルで理解しやすい半面、チューニングポイントは少ないです。最後に運用面ですが、MongoDBは有料ではあるものの機能が豊富なMongoDB Ops Managerが利用できますが、無料ではGUIはなく、CUIメインで管理する事になります。

弱い部分としては、クエリ言語が独自言語であること、結合は集計の中

RDB技術者のためのNoSQLガイド **533**

第15章 NoSQLの選び方

でしかサポートされておらず通常の検索では利用できないこと、トランザクションやトリガがないこと等でしょう。

|15-3-1-2| Couchbaseを選ぶ場合

Couchbaseは最新バージョンからSQLライクな問い合わせ言語（N1QL）が搭載され、機能性が大幅にアップしています。

Couchbaseを選ぶ一番の理由はSQLライクなクエリ言語でしょう。これはRDB（OLTP）経験者にとっては生産性向上の要因になるでしょう。Microsoft Azure DocumentDBもSQLライクなクエリ言語を利用できますがSELECTに限られています。近年NoSQLが続々とSQLをサポートし始めてきている動きをみると、SQLライクな言語でCRUD全てができるのは強いです。

また、Couchbaseは結合をサポートしており、通常のSQLと同じように結合ができる点も強いでしょう。

CouchbaseにはCouchbaseモバイルという関連プロダクトがあり、iOSやAndroid上で動作させて、サーバ側とスマートフォンでデータ同期を取ることができます。また、マルチマスターレプリケーションなのでスマートフォンとサーバが切断されてもどちらも更新できます。そして、接続が再開されたら同期を始めることができます。モバイルと連携するならばCouchbaseしかありません。

オンプレミスである制約があるならば、MongoDBとの比較になります。非機能面でCouchbaseはマルチデータセンタレプリケーションができる点が大きいでしょう。また、クラスタにおいてDataサービス、Queryサービス、Indexサービスの3つのコンポーネントを別々にスケールアウトでき、細かいチューニングができます。運用面に目を向けると、Couchbaseは無償でWebコンソールがついてきてGUIで監視ができます。しかし有償のMongoDB Ops Managerと比較すると、自動デプロイや自動バージョン

アップといった機能が、MongoDBにしかありません。

弱い部分としては、ドキュメントバリデーションが無いこと、ディスク上の
データを暗号化できない事、配列の中身にインデックスを張れない事など
でしょう。

|15-3-1-3| Microsoft Azure DocumentDBを選ぶ場合

Microsoft Azure DocumentDBは近年登場した最も新しいデータベー
スですが、打倒MongoDBを掲げて意欲的な機能を詰め込んできていま
す。特に、トランザクション、ストアドプロシージャ、自動インデックス追加、
トリガ、全文検索などの機能は非常に魅力的でしょう。

特にトランザクションがサポートされているのが大きな特徴です。
Microsoft Azure DocumentDBではストアドプロシージャで実行される
複数のクエリに対してトランザクションをサポートしており、コレクション内
の複数のドキュメントを整合性をもって更新できます。

また、自動インデックスはJSONに対して自動的にインデックスが張られ
る機能であり、いちいちインデックスを気にしなくていいのは開発者にとっ
てはうれしいでしょう。

加えて、REST APIは3つの中で最も充実しています。

ただし、MongoDBやCouchbaseと違い、Microsoft Azure上のマネー
ジドサービスであるため、Azure上でアプリを動かすのであれば利用の敷
居が非常に低いです。一方で、従量課金であるため使った分だけ費用がか
かります。MongoDBやCouchbaseの無償版を仮想マシン上で動かす場合
と比較してトータルコストが安くなるかどうかはケースバイケースでしょう。

弱い部分としては、結合や集計ができないこと、そしてSQLライクなクエ
リを用いてはSELECTしかできないことでしょう。

第15章 NoSQLの選び方

|15-3-1-4| 第四の選択肢：RDB（OLTP）のJSON格納機能を使う

　最後に、第四の選択肢としてドキュメントDBではなく、RDB（OLTP）のJSON格納機能を使う場合を簡単に説明します。

　シャーディングする必要がなく、気軽にJSONを扱いたいのであれば、近年登場し始めたRDB（OLTP）のJSON格納機能も検討すべきでしょう。例えば、MySQL、Microsoft SQL Server、PostgreSQLといったRDB（OLTP）では、JSONを一つの行として格納でき、そのJSONに対してSQLを拡張した言語でクエリを投げられます。ドキュメントDBと比較すると、JSONを操作する機能が未発達な部分もありますが、RDB（OLTP）のトランザクションの中にJSONを入れるといったRDB（OLTP）ならではの特徴があります。

15-4
その他の選定の観点

|15-4-1|
可用性の高いNoSQLの選び方

　可用性と一言でいっても読み込みと書き込みの可用性が有ります。

　読み込みの可用性であればどのNoSQLでも同程度に高いです。つまり、セカンダリからの読み込みが可能であるNoSQLであれば、プライマリが停止しても読み込みが止まることはありません。今回紹介しているNoSQLであれば問題無いでしょう。

　しかし、書き込みの可用性も高める必要があるとなると選択肢は限られます。書き込みを止めることなく実行するためにはマルチマスターレプリ

ケーションやマルチデータセンタレプリケーションができる必要があり、今回紹介した中だとCassandraかCouchbaseのどちらかになります。両者は15-2-2でも比較しているようにデータモデルやAPIが大きく異なるため、アプリケーションに適した方を選べばよいでしょう。

ただし、上記の議論はオンプレミスに限った話です。クラウドサービスのNoSQLを利用する場合、サービスの稼働率はサービスのサービスレベルに準拠します。それをチェックしてください。

|15-4-2|
セキュリティの高いNoSQLの選び方

今回紹介したNoSQLの中では、RedisとNeo4j以外であればほとんど大差は無いでしょう。RedisとNeo4j以外は、認証、アクセスコントロール、監査、暗号化に対応しています。Redisは信頼されたクライアントからの接続を前提としているため、平文によるパスワード認証という最低限の機能しか提供していません。Neo4jは、ベーシック認証とHTTPSによる通信の暗号化しか提供していません。

15-5
本書にないNoSQLを選ぶ時のポイント

本書では8つのNoSQLを紹介しましたが、それ以外のNoSQLを選定するときのポイントについてお伝えしておきます。

第15章 NoSQLの選び方

|15-5-1|
ありがちな謳い文句に踊らされない

数多くのNoSQL製品が登場しており、様々な宣伝をしてきます。NoSQL
にありがちなNoSQLの謳い文句は以下の様なものでしょう。

◉差別化にならない謳い文句

- ビッグデータ、IoTの処理に最適
- 安価なハードウェアで利用可能
- 無限にスケールする
- 柔軟にデータを扱える
- スキーマレスで、アジリティ高く開発可能
- メモリで高速に応答
- 簡単にレプリケーションでき、大事なデータを保護

本書をここまで読み進めてきていると、このような謳い文句は差別化に
はならないということがお分かりでしょう。NoSQLはどれもこのような性
質を持っています。そうではなくて、以下の様な特徴に着目しましょう。

◉差別化になる特徴

- データモデル
  - データモデルは何か？
  - データ型は何に対応しているか？
  - データ構造の事前定義は必要か？
- API
  - クエリはどのような言語か？SQLライクか？
  - トランザクションの有無、ACID特性をどこまで保証しているか？
  - セカンダリインデックスがあるか？EXPLAIN句やHINT句はあるか？
  - 条件検索、ソート、LIMIT、集計、結合、データの部分更新はあるか？
  - クエリの整合性は調整できるか？

RDB技術者のためのNoSQLガイド

15-5 本書にないNoSQLを選ぶ時のポイント

- ●性能拡張
  - どのようにデータを分散するのか?ハッシュかレンジか?
  - どうやってクエリを分散するのか?
  - データの再配置が自動でできるか?
  - 複製に対する読み書きができるか?
- ●高可用
  - レプリケーションはマスタースレーブか?マルチマスターか?
  - 原子性を持った更新はどの単位か?
- ●運用
  - 運用ツールはCUIベースか?GUIベースか?
  - 監視やバックアップが自動でできるか?
  - デプロイメントの自動化ができるか?
  - クエリのプロファイラはあるか?
- ●セキュリティ
  - 細かいアクセスコントロール、監査ができるか?
- ●その他
  - 国内でサポートが受けられるか?
  - どれくらい使われているか?事例はあるか?

|15-5-2|
性能比較を当てにしない

インターネットのブログや記事などでNoSQLの性能比較を見たことはないでしょうか?例を出すと、4つぐらいのNoSQLを挙げて、それらに対して書き込み読み込みのラッシュをかけて処理時間をグラフにプロットして、こっちの方が速かったという類の記事です。辛辣なことを言いますが、これらの記事は全く当てになりません。

第一に、NoSQLはそれぞれ全く違うデータモデルとAPIであるという点です。どれ一つとっても同じものはありません。RDBであれば、データ

RDB技術者のためのNoSQLガイド **539**

第15章 NoSQLの選び方

モデルはリレーショナルモデル、APIはSQLと統一されているため、その
ルールの中で速度比較することに多少の意味はあると思います。しかし、
データモデルもAPIも違うものを比較して、何の意味があるのでしょうか?
また、性能比較は単純ではありません。性能を決める因子は多数ありま
す。例えば、データ量、クエリ、インデックス、メモリの使い方、ロックの粒
度、フェッチの仕方、シャーディングの方式、採用する整合性などです。比
較するのであれば「データがJSON形式で1000万件あって、そのデータは
メモリに30%乗っていて、インデックスがAとBの2つがあり、Aの90%
とBの0%がメモリに乗っていて、アプリケーションからAとBを条件に指
定した結果整合性でよいクエリを投げて、件数1万件が該当して、データ
ベースがサイズ100件カーソルを返してきて、それを100回フェッチするま
での時間」のように条件を詳細に指定すれば、どんなNoSQLでも処理が
特定されて、実装の良し悪しがわかるかもしれませんが、そこまで書いてあ
る記事はないです。

第二に、全てのNoSQLを完全にチューニングできる人はいないというこ
とです。NoSQLはどれ一つをとっても重厚長大で、完全にチューニングで
きる人は日本に数えるほどしかいないでしょう。当然そうなれば、記事や
ブログを書く人が得意なNoSQLが最もよくチューニングされているのは当
たり前です。おそらくブログの著者は、自分が贔屓にしているNoSQLが一
番になるように頑張ってチューニングするでしょう(笑)。

つまり、NoSQLの性能比較、もっといえばデータベースの性能比較は
意味がありません。意味があるのは、業務リクエストを投げて性能要件を
満たすかどうかです。どんなデータベースでも業務が回ればそれでいいの
です。

ただし、定量的ではなく定性的な性能比較は意味があるでしょう。例えば
「マルチデータセンタレプリケーションは同一データに複数アプリケーション
から書き込めるから、マスタースレーブレプリケーションよりもネットワーク的
に近いノードに書き込めるため応答速度が速い」といった比較です。

15-5 本書にないNoSQLを選ぶ時のポイント

|15-5-3|
最新ドキュメントを見る

NoSQLを学習する際は、公式の最新ドキュメントを見ることが必要です。NoSQLは進化が速く、半年前にサポートされていなかった機能がサポートされているということはよくあります。例えば、Cassandraは、以前のバージョンではデータモデルが現在とは違う上にスキーマ定義も必要なく、今とは全く異なったデータベースでした。他にも、CouchbaseのN1QLというSQLライクな言語は最新バージョンで出来ましたし、Redisもシャーディング出来るようになったのは最新バージョンからです。そのため、最新情報を見ることが重要です。

また、書籍についても古い書籍に書いてあることは間違っていることが多いです。本書は2016年1月時点の最新情報を集めていますが、3年も経てば内容は古くなってしまうでしょう。

RDB技術者のためのNoSQLガイド 541

Index 索引

◉数字

2フェーズコミット	67
10gen	270

◉A

ACID特性	66
Active-Standby	75
Aerospike	106
Aggregation	279
Amazon CloudTrail	262
Amazon DynamoDB	235
Amazon ElastiCache	104
Amazon Web Services	236
AOF	129
Apache Cassandra	160
Apache HBase	206
API	116
AP特性	77
Asakusa Framework	61
Atomicity	66
Availability	74
AWS	236, 484
AWS Identity and Access Management	261
Azure	358
Azure DocumentDB	362
Azure Redis Cache	105
Azure Service Fabric	394

◉B

BASE特性	73
Big Query	58

bloom filter	175
Bounded Staleness整合性	396
BSON	273

◉C

CAPの定理	74
Cassandra	105, 159, 465, 471
Cassandra Query Language	168
CA特性	75
CBFT	349
Cloudant	110
Cloudera	60, 231
Consistency	66, 74
Coprocessor	218
Couchbase	108, 305, 498, 500, 502, 503
Couchbase Lite	344, 503
Couchbase Server	306
Couchbaseモバイル	306
Couchbaseモバイルソリューション	504
CouchDB	109
CP特性	76
CQL	168
Cypher	420, 430

◉D

DataNode	220
DataStax DevCenter	169, 186
DataStax Enterprise	165
DataStax OpsCenter	186
DocumentDB	362

Index 索 引

DocumentDB SQL ·············· 383
DSE ·························· 165
Durability ····················· 66
DWH ························· 57
DynamoDB ·············, 236, 107, 483
DynamoDB JSON ············· 240
DynamoDB Local ············· 237
DynamoDB Stream ··········· 243

⊙E
ElastiCache ················ 104, 236
Elastic MapReduce ············· 236
Elasticsearch ············ 111, 347
EMR ························· 236
Exadata ···················· 58, 85

⊙F
Fluentd ······················ 487

⊙G
Google Cloud Datastore········ 104
Greenplum···················· 85
GridFS ······················ 303
GSI ························· 315

⊙H
Hadoop ······················ 60
Hadoopコネクタ ··············· 347
Hadoop連携 ·················· 478
HappyBase ··················· 217
HBase··············· 106, 205, 478
HDFS················· 60, 78, 220
Hive ························· 206
HLog ························ 224
HMaster ···················· 220
Hortonworks················· 60, 231

HRegionServer ················ 220
HyperLogLog ················· 127

⊙I
IAM ························· 261
IBM Cloudant ················ 110
Impala ······················ 83
Internet of Things ············· 465
IoT ························· 465
Isolation····················· 66

⊙J
JSON ···················· 17, 62, 95

⊙K
Kafkaコネクタ ················· 347
Keyspace ···················· 166
KVS ························· 61
KVS/DocDB·················· 56

⊙M
M2M ························ 62
MapR ···················· 60, 231
MapReduce ················ 60, 78
Map関数 ···················· 80
MarkLogic ··················· 109
Massively Parallel Processing ··· 85
Master ······················ 220
MEANスタック················· 495
Memcached ············· 103, 308
memtable ···················· 174
Meteor ······················ 495
Microsoft Azure ··············· 358
Microsoft Azure DocumentDB
····························· 109, 357

Index 索 引

Microsoft Azure Redis Cache
.... 105
Microsoft SQL Server 57
MongoDB 107, 269, 485,
490, 493, 496
MongoDB Compass.............. 303
MongoDB Ops Manager 295
mongos ルータ 285
Mongo クエリ言語 275
Monotonic Reads 399
Monotonic Writes 399
MPP 85
MySQL 57

●N

N1QL 313, 320
NameNode 220
Neo4j 111, 419, 505, 508, 511
Neo4j シェル 442
Netezza 58, 85

●O

OLTP 57
Omid 218
Online Transaction Processing
.... 57
openCypher 112
Oracle 57
Oracle Big Data Appliance 61
Oracle NoSQL Database 104
OrientDB 112

●P

Phoenix 230
PostgreSQL 57
Presto.................................... 83

●Q

Query Playground 365
QUORUM 185

●R

RDB（DWH） 57
RDB（OLTP） 57
RDB ファイル 128
RDS 236
Read-Your-Writes 399
Redis 103, 119, 462
Redis Cluster 139, 154
Redis Hashes 125
Redis Lists 123
Redis Sets 124
Redis Strings 122
Redshift.............. 58, 236, 485
Reduce 関数 80
RegionServer 220
Relational Database Service... 236
Riak 103
RU 404

●S

SAP HANA 58, 86
Solr.................................... 172
Solr コネクタ 347
Spark 80, 173, 482
Spark Connector 172
Spark Streaming................. 206
Spark コネクタ 347
SPring-8.............................. 469
SSTable 174

●T

Teradata 58, 85

544 RDB 技術者のための NoSQL ガイド

Index 索引

Tez	83
Thrift	209

◉U
UDF	389

◉V
Vertica	58, 85

◉W
WiredTiger	300

◉X
XDCR	309, 331
XML	95

◉Z
Zookeeper	220

◉あ行
アグリゲーションパイプライン	279
アジャイル開発	493
アベイラビリティゾーン	253
インクリメンタルバックアップ	189
永続性	66
エコシステム	61
オペレーション	52
オムニチャネル	500

◉か行
カタログ管理	490
可用性	74
カラムナー	58
キースペース	166
キーバリュー	92
キーバリューストア	61

キャッシュシャーディング	444
キャパシティーユニット	251, 266
行キー	207
グラフ	96
グラフDB	63, 421
グラフデータモデル	427
グローバルセカンダリインデックス	242
クロスデータセンタレプリケーション	331, 502
クロスリージョンレプリケーション	254
軽量トランザクション	171
経路計算	511
結果整合性	72, 396
原子性	66
高可用	117
ゴシップ	177
コプロセッサ	218
コレクション	272

◉さ行
シャーディング	69
シャードキー	285
スキーマレス	29
スケールアウト	54
スケールアップ	55
ストアドプロシージャ	389
スプリットブレイン	75
スループット	53
整合性	66, 74
整合性レベル	184
性能拡張	117
セッションストレージ	498
セッション整合性	396
設定サーバ	285

RDB技術者のためのNoSQLガイド 545

Index 索 引

センサーデータ …………………… 465
双方向XDCR …………………… 331

● た行

ターンアラウンドタイム …………… 52
遅延レプリケーション ………… 293
強い整合性 ……………… 66, 396
データウェアハウス ……………… 57
データモデル ……………… 116
データローディング ………… 520
ドキュメント ………………… 94
ドキュメントDB ……………… 62
ドキュメントバリデーション …… 274
独立性 ………………… 66
トランザクション ……… 66, 389, 521
トリガ ………………… 389

● は行

パーソナライズ ………………… 500
パーティションキー ………… 166
ハッカソン ………………… 493
ハッシュキー ………………… 241
パフォーマンスチューニング …… 521
半構造データ ………… 14, 523, 530
非構造データ ……………… 14, 522
部分的トランザクション ……… 137
プロトタイプ開発 ……………… 493
プロビジョンドスループット …… 237
分散トランザクション …………… 67
分断耐性 ………………… 74

● ま行

マスターレス ………………… 177
マルチデータセンタ ……… 180, 526
マルチマスターレプリケーション … 71
マルチモデルデータベース ……… 85

メッセージ基盤 ………………… 471
メッセージングシステム………… 471
モノトニックな書き込み ……… 399
モノトニックな読み取り ……… 399
モバイルアプリケーション … 483, 503

● や行

ユーザ定義関数………………… 389
ユーザプロファイル …………… 498

● ら行

ラックゾーンアウェアネス ……… 331
リアルタイム詐欺摘発 ………… 505
列指向………………… 58
列ファミリ ………………… 207
レプリケーション ………… 71
レプリケーション係数 ………… 184
レンジキー ………………… 241
ローカルセカンダリインデックス
………………… 242
ログ格納…………………… 485

● わ行

ワイドカラム ………………… 94

546 RDB技術者のためのNoSQLガイド

Profile　著者プロフィール

河村　康爾（かわむら　こうじ）

担当：11章「Couchbase」と14章のCouchbase部分

　Couchbase Japanのソリューションエンジニアとして、トレーニング講師、プリセールス、コンサルティング、製品サポートなど国内での普及活動に奔走した後、独立。現在はCouchbaseをはじめ、Hadoop、Spark、Kafkaなど、オープンソースを活用したシステムのコンサルティング、開発サポートに従事。

北沢　匠（きたざわ　たくみ）

担当：6章「Redis」と14章のRedis部分

　立命館大学 大学院 情報理工学研究科を修了後、大手SIerに入社。現在はRedisやMongoDBを始めとするOSSのサポート業務に従事。

　趣味はサイクリングと読書とクラブに行くこと。DB以外にもWebサーバやデータ分析基盤、フレームワークなどジャンルを問わず技術を齧るのが好き。

佐伯　嘉康（さえき　よしやす）

担当：8章「HBase」と14章のHBase部分

　株式会社リクルートテクノロジーズ所属。東京大学大学院工学系研究科、ヤフー株式会社を経て現職。主にビッグデータ領域の大規模分散処理システムの研究開発や運用に従事。専門はストリーミングデータ処理、セマンティックウェブ。

　最近の趣味はセンサーデータを扱った電子工作。好きなものは時計、嫌いなものは手書き書類。

　LinkedIn ID：laclefyoshi

佐藤　直生（さとう　なおき）

担当：12章「Microsoft Azure DocumentDB」

　日本マイクロソフト株式会社所属。2010年から、Microsoft Azureのテクノロジスト/エバンジェリストとして、Azureに関する技術啓蒙活動や多数の

Profile 著者プロフィール

プロジェクト支援を行う。

Twitter ID: satonaoki

原沢　滋（はらさわ　しげる）

担当：7章「Cassandra」と14章のCassandra部分

1990年代前半にOracle社に入社してデータベースの技術のキャリアをスタートし、いくつかの会社を経て、データウェアハウスのNetezza社の日本における技術責任者として日本市場を開拓、IBM社によるNetezza社買収後はIBM社のBigData AnalyticsチームをNetezza社率いる。現在はOSSのApache Cassandraの商用版であるDataStax Enterprise（DSE）の日本展開にむけて、Datastax社のビジネス・ディベロップメント業務にコンサルタントとして従事中。

平山　毅（ひらやま　つよし）

担当：9章「Amazon DynamoDB」と14章のAmazon DynamoDB部分

東京理科大学理工学部卒業。在学時代から同学にあったSun Siteユーザ。専攻は計算機科学と統計学で電子商取引を研究。Amazon Web Servicesにて、アーキテクトとコンサルタントの両職をそれぞれ1年9か月間担当（2015年末時点では両職を経験した唯一の日本人）。AWS Certified Solutions Architect - Professional、AWS Certified DevOps Engineer - Professional、他多数の技術資格を保有。難度が高い最先端のエンタープライズ顧客のグローバル案件でクラウドネイティブにカスタマイズするプロジェクトを数多く担当し、そのゴールとしてクラウドアーキテクトの育成にも従事。

それまでは、インターネット関連のISP、広告会社でインターネット基礎技術を習得後、東京証券取引所や野村総合研究所で最先端のミッションクリティカル証券システムのオープンマイグレーションを担当し、オープン系技術のチャレンジングな適用を実践していた。

2016年2月からは、主に顧問アーキテクトとして、グローバルサービス、コグニティブコンピューティング、APIエコノミー、Fintechにも活動の幅を広げていく予定である。

尊敬するエンジニアは元Sunのビル・ジョイ。共著に『絵で見てわかるクラウドインフラとAPIの仕組み』（翔泳社）、『絵で見てわかるシステムパフォーマンスの仕組み』（翔泳社）、『サーバ/インフラ徹底攻略』（技術評論社）がある。

Twitter ID：t3hirayama

Profile 著者プロフィール

李 昌桓(LEE CHANGHWAN)

担当：13章「Neo4j」と14章のNeo4j部分、およびグラフDBの説明箇所全般

　クリエーションライン株式会社所属。韓国出身で1998年来日、主に情報系アプリケーション開発のSE、DBAとして従事し、大手通信キャリアでのデータウェアハウス構築やシステム運用管理者など、情報システムの設計、開発、運用にわたって幅広い経験を有している。近年は、IoT、ビッグデータ処理の導入支援などを手がけている。

【著書】

『Amazon Cloudテクニカルガイド―EC2/S3からVPCまで徹底解析』(インプレスジャパン、2010年)

『Amazon Elastic MapReduceテクニカルガイド ―クラウド型Hadoopで実現する大規模分散処理』(インプレスジャパン、2012年)

『Cypherクエリ言語の事例で学ぶグラフデータベースNeo4j』(インプレスR&D、2015年)

『Neo4jを使うグラフ型データベース入門』(共著、リックテレコム、2016年)

渡部 徹太郎(わたなべてつたろう)

担当：全体監修、1章、2章、3章、4章、5章、10章「MongoDB」、14章のMongoDB部分、15章

　株式会社リクルートテクノロジーズ所属。学生時代は東京工業大学大学院にてデータベースや情報検索に関する研究を実施。株式会社野村総合研究所では、証券オンライントレードシステムの基盤担当を行ったのち、オープンソース部隊に異動しオープンソースを用いたシステムコンサルティングや設計開発に携わる。特にMongoDBについては、業務でコンサルティング、サポート、トレーニングなどを実施する傍ら、MongoDBの勉強会開催、ブログ執筆、セミナ講演などのコミュニティ活動も実施。現在は、株式会社リクルートテクノロジーズにてHadoopやDWHを用いたビッグデータ分析基盤を担当している。

　趣味は自宅サーバ、エディタはemacs派。本書もemacsで書きました。

(五十音順)

RDB技術者のためのNoSQLガイド

発行日	2016年 2月24日	第1版第1刷

監修者　渡部　徹太郎
著　者　河村　康爾／北沢　匠／佐伯　嘉康／
　　　　佐藤　直生／原沢　滋／平山　毅／
　　　　李　昌桓

発行者　斉藤　和邦
発行所　株式会社　秀和システム
　　　　〒104-0045
　　　　東京都中央区築地2丁目1-17　陽光築地ビル4階
　　　　Tel 03-6264-3105(販売)　Fax 03-6264-3094
印刷所　三松堂印刷株式会社　　　　Printed in Japan

ISBN978-4-7980-4573-3 C3055

定価はカバーに表示してあります。
乱丁本・落丁本はお取りかえいたします。
本書に関するご質問については、ご質問の内容と住所、氏名、電話番号を明記のうえ、当社編集部宛FAXまたは書面にてお送りください。お電話によるご質問は受け付けておりませんのであらかじめご了承ください。